浙江省高职院校“十四五”重点立项建设教材

新编21世纪高等职业教育精品教材

电子与信息类

5G深度覆盖工程设计

主　编◎吴幸辉

副主编◎李益锋　张森洪　盛　国

李　媛　韩文理　关　敏

中国人民大学出版社

·北京·

图书在版编目（CIP）数据

5G深度覆盖工程设计 / 吴幸辉主编. --北京：中国人民大学出版社，2025.9. --（新编21世纪高等职业教育精品教材）. -- ISBN 978-7-300-33777-7

Ⅰ. TN929.538

中国国家版本馆CIP数据核字第2025Q8P111号

浙江省高职院校“十四五”重点立项建设教材
新编21世纪高等职业教育精品教材·电子与信息类

5G深度覆盖工程设计

主　编　吴幸辉
副主编　李益锋　张森洪　盛　国　李　媛　韩文理　关　敏

5G Shendu Fugai Gongcheng Sheji

出版发行	中国人民大学出版社		
社　　址	北京中关村大街31号	邮政编码	100080
电　　话	010－62511242（总编室）		010－62511770（质管部）
	010－82501766（邮购部）		010－62514148（门市部）
	010－62511173（发行公司）		010－62515275（盗版举报）
网　　址	http://www.crup.com.cn		
经　　销	新华书店		
印　　刷	唐山玺诚印务有限公司		
开　　本	889 mm × 1194 mm　1/16	版　　次	2025 年 9 月第 1 版
印　　张	15.25	印　　次	2025 年 9 月第 1 次印刷
字　　数	440 000	定　　价	48.00 元

前言

党的二十大报告指出："推动战略性新兴产业融合集群发展，构建新一代信息技术、人工智能、生物技术、新能源、新材料、高端装备、绿色环保等一批新的增长引擎。"

中国电信运营商作为建设网络强国和数字中国的主力军，以赋能数字经济和行业数字化转型、满足人民美好数字生活愿望为使命，响应国家号召，积极投身5G建设，"十四五"时期力争建成全球规模最大的5G独立组网网络，力争每万人拥有5G基站数达到26个，实现城市和乡镇全面覆盖、行政村基本覆盖、重点应用场景深度覆盖。

本教材为5G网络规划设计的专业教材，教材结合5G技术和通信设计规范，全方位介绍5G深度覆盖工程设计。教材按学生认知规律分为13章，包括：5G室内分布系统概述、室内分布系统器件、5G室内覆盖工程设计基础、室内分布系统规划和设计流程、室内分布系统勘察及模拟测试、室内分布系统容量设计及链路预算、室内分布系统的方案设计、5G室内分布系统多场景覆盖方案、5G室内分布系统多系统设计、5G室内分布系统典型场景的实施案例、5G室内分布系统验收、5G室内分布系统施工规范、5G室内分布系统建设管理。

设计是一门实践性非常强的学科，本教材在大量的5G建设工程设计和优化的实践操作上进行了总结和深化。华信咨询设计研究院有限公司的李益锋总工程师和他的团队在无线工程设计领域处于顶尖水平，浙江邮电职业技术学院作为老牌的通信院校，在5G工程设计和优化的教学方面有大量的教学和社会服务经验，校企的深度合作确保了教材的实用性和先进性。

浙江邮电职业技术学院吴幸辉负责本教材的统筹安排，主要负责第1章、第5章、第12章的编写工作。华信咨询设计研究院有限公司李益锋主要负责第3章、第4章的编写工作，提供移动工程案例，以及无线设计前沿领域的技术支撑。浙江邮电职业技术学院张森洪主要负责第2章、第9章、第13章的编写工作。浙江邮电职业技术学院盛国主要负责第7章、第8章的编写工作。四川邮电职业技术学院李媛主要负责第10章的编写工作。陕西邮电职业技术学院韩文理主要负责第11章的编写工作。安徽邮电职业技术学院关敏主要负责第6章的编写工作。

在本教材编写过程中，金波工程师提供了很多设计素材，浙江邮电职业技术学院现代移动通信技术专业的魏红、石休令等专业教师提供了教学方面的参考资料，在此表示衷心的感谢！

5G设计新方法、新设备不断涌现，全国各地的建设方案又存在一定差异，编者水平有限，教材很难全面概括，错误和疏漏在所难免，恳请大家多提宝贵意见、批评指正，让教材能够更加完善。

编者

目录

第1章

5G 室内分布系统概述

学习目标

- 掌握 5G 的特性。
- 掌握室内分布系统的定义和分类。
- 了解无源分布系统和有源分布系统的结构。

素养目标

- 深入学习中国在 5G 通信发展中的卓越表现，树立发展新质生产力的坚定信念。
- 了解室内分布工程对社会发展的积极影响，提高电信服务的荣誉感、责任感。

当前，移动通信已融入社会生活的每个角落，深刻地改变了人们的生活方式。与此同时，全球移动通信产业也日新月异，不仅创造出巨大的市场空间，还带动了移动互联网、云计算、大数据等战略性新兴产业的迅速发展，成为推动国民经济发展和提升社会信息化水平的重要引擎。

1.1 移动通信发展概述

移动通信系统中的用户终端利用无线电波来传递信息，帮助人们摆脱线缆的束缚。用户可以行动自如，大大拓展了活动空间。移动通信系统经历了数代的发展，目前正在部署的是第五代移动通信系统。

1.1.1 1G 的发展历程

第一代移动通信系统简称 1G（The First Generation），其发展历程可以追溯至 20 世纪 70 年代，这是移动通信技术蓬勃发展时期。1973 年，摩托罗拉研发出了世界上第一部手机。1976 年，国际电信联盟（International Telecommunication Union，ITU）批准了 800/900MHz 频段用于移动电话的频率分配方案。1978 年底，美国贝尔实验室成功研制出了全球第一个移动蜂窝电话系统——高级移动电话系统（Advanced Mobile Phone System，AMPS），并于 1983 年开始正式投入商用。在各种 1G 系统中，美国 AMPS 制式的移动通信系统在全球的应用最为广泛，曾经在超过 72 个国家和地区运营。AMPS 和英国 TACS（Total Access Communication System，全接入通信系统）被认为是世界上最具影响力的两个 1G 系统。

1G 作为最原始的蜂窝移动通信系统，存在较多缺陷。1G 的特点如下：使用模拟信号进行语音通信，导致通话质量较差，容易受干扰；系统使用频分多址技术，将频率资源划分为多个信道，单个通话占用一个信道；主要支持语音通话，数据传输能力非常有限；系统的基站覆盖范围较小，导致网络覆盖率较低；加密和认证方面存在不足，容易遭到窃听和欺诈攻击。

1.1.2 2G 的发展历程

第二代移动通信系统简称 2G，欧洲在 20 世纪 90 年代初完成了全球移动通信系统（Global System for Mobile Communications，GSM）标准并成功实施，美国在同期发展了窄带码分多址（Code Division Multiple Access，CDMA）。第二代移动通信取得了巨大的成功，让移动通信走入千家万户。

GSM 是一种典型的开放式结构，具有下列主要特点：

（1）GSM 系统由多个分系统组成，各分系统之间有定义明确且详细的标准化接口方案，保证任何厂商提供的 GSM 系统设备可以互联。同时，GSM 系统与各种公用通信网之间也都详细定义了标准接口规范，这使得 GSM 系统可以与各种公用通信网实现互联互通。

（2）GSM 系统既可以承载语音业务，又可以承载数据业务。

（3）GSM 系统采用 FDMA/TDMA 及跳频的复用方式，频率重复利用率较高，具有灵活方便的组网结构，可以满足用户的不同容量需求。

（4）GSM 系统抗干扰能力较强，系统的通信质量较高。

20 世纪 90 年代中后期，GSM 引入了通用分组无线业务（General Packet Radio Service，GPRS），实现了分组数据在蜂窝系统中的传输。GPRS 通常被称为 2.5G，后续又开发了增强型数据速率 GSM 演进技术（Enhanced Data Rate for GSM Evolution，EDGE），通常被称为 2.75G。EDGE 通过引入高阶调制（8PSK）、链路自适应等无线接口技术来获得更高的数据速率。

GSM/EDGE 的网络结构如图 1–1 所示。基站子系统（Base Station Subsystem，BSS）包括基站收发信机（Base Transceiver Station，BTS）和基站控制器（Base Station Controller，BSC）。BTS 主要负责无线传输，通过空中接口（Um 接口）与移动台（Mobile Station，MS）相连，通过 Abis 接口与 BSC 相连。BSC 主要负责控制和管理，通过 BTS 和 MS 的远端命令管理所有无线接口，主要进行无线信道的分配、释放以及越区切换的管理。同时，BSC 通过 A 接口与网络交换子系统（Network Switching Subsystem，NSS）相连，提供语音业务等功能；通过 Gb 接口与 GPRS 核心网相连，提供分组数据业务功能。

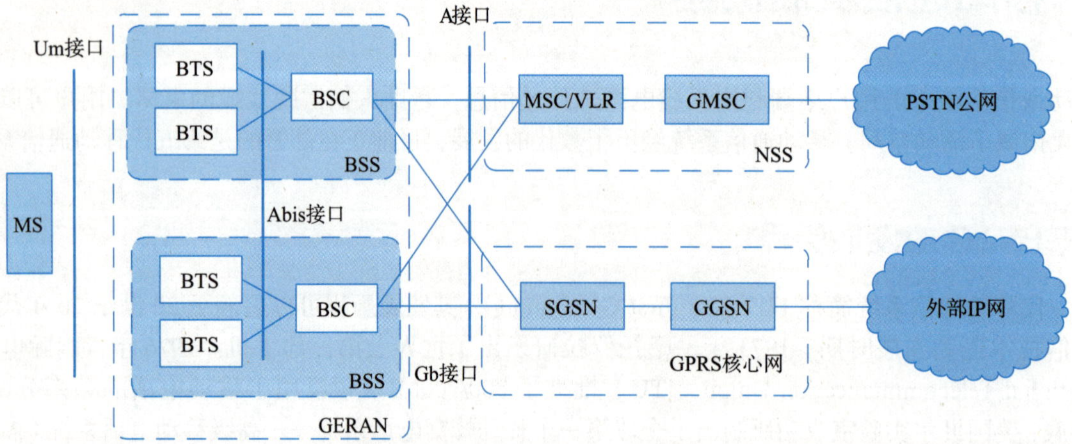

图 1–1 GSM/EDGE 的网络结构

窄带 CDMA 空中接口规范由美国电信工业协会（Telecommunications Industry Association，TIA）制定，TIA 于 1993—1995 年完成了窄带 CDMA 空中接口规范 IS-95A 的制定工作。1997 年，TIA 在 IS-95A 规范的基础上完成了 IS-95B 规范，增加了 64kbit/s 的传输能力。IS-95A 和 IS-95B 是窄带 CDMA 的空中接口标准。

窄带 CDMA 的网络结构如图 1–2 所示，与 GSM 的网络结构相似。窄带 CDMA 系统主要由以下三大部分组成：网络交换子系统 NSS、基站子系统 BSS 和移动台 MS。其功能定义和 GSM 类似，但在具体实现技术上差异较大。

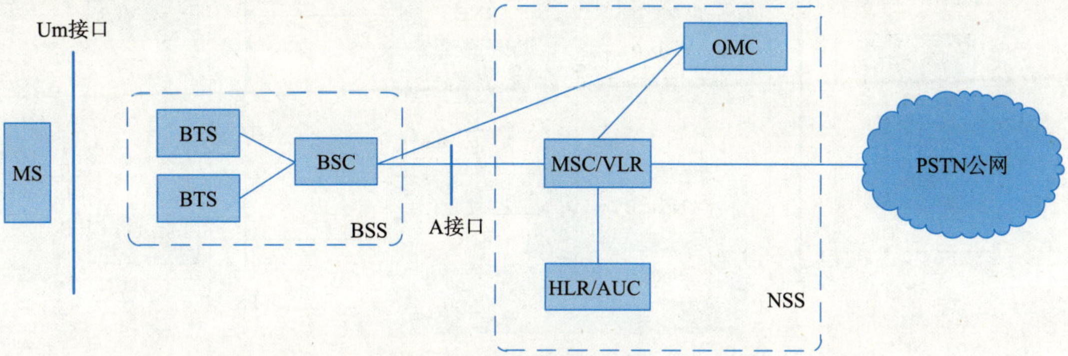

图 1–2　窄带 CDMA 的网络结构

CDMA 空中接口的关键技术包括扩频技术、功率控制技术、分集接收和切换等。

（1）扩频技术。扩频使传输信息所用信号的带宽远大于信息本身的带宽，CDMA 系统的信号速率为 9 600bit/s，带宽达到了 1.23MHz，是信号速率的 100 多倍。扩频可降低对接收机信噪比的要求，抗干扰性强，具有加密功能，易于同频使用。

（2）功率控制技术。CDMA 属于自干扰系统。为了减少离基站近的终端对离基站远的终端的干扰，CDMA 系统中需要调整终端的发射功率，使得各个终端到达基站的功率基本相同，这就需要功率控制。终端功率控制有开环功控和闭环功控：开环功控只涉及终端；闭环功控需要基站和终端共同参与，闭环功控还可以进一步细分为内环功率控制和外环功率控制。

（3）分集接收。为了对抗信号衰落，CDMA 使用多种分集技术，包括频率分集、空间分集和时间分集。时间分集也就是通常所说的 Rake 接收，即同时使用多个解调解扩器对接收信号进行解调解扩，然后将结果合并，从而达到提高信噪比、降低干扰的目的。

（4）切换。CDMA 系统支持多种切换方式，包括同一个载频间的软切换和更软切换以及不同载频间的硬切换。软切换和更软切换是 CDMA 系统特有的切换方式：软切换的定义是终端在切换时同时和相邻的几个基站保持联系，更软切换的定义是终端在同一个基站的几个扇区内切换。更软切换通过基站内部的无缝合并和快速响应，具有切换成功率高、避免了“乒乓效应”等优点。

1.1.3　3G 的发展历程

在 GSM 和 CDMA 取得巨大成功后，国际电信联盟于 1996 年推出了第三代移动通信系统 IMT-2000，于 1999 年确定了无线接口的 5 个标准，于 2000 年确定了 IMT-2000 的全部网络规范。其中，宽带码分多址（Wideband Code Division Multiple Access，WCDMA）、CDMA 2000、时分同步码分多址（Time Division-Synchronous Code Division Multiple Access，TD-SCDMA）三大流派采用 CDMA 技术，是 3G 的主流，三大流派又以 WCDMA 应用最广泛。TD-SCDMA 是中国在移动通信领域第一个主导的技术标准，自此，中国开始在移动通信领域展现中国力量。

WCDMA 的无线接入方式称为 UMTS 陆地无线接入网（UMTS Terrestrial Radio Access Network，UTRAN），UTRAN 的网络结构如图 1–3 所示。UTRAN 包含一个或多个无线网络子系统（Radio Network Subsystem，RNS），RNS 是 UTRAN 内的一个子网，它包括一个无线网络控制器（Radio Network Controller，RNC）、一个或多个 Node B。

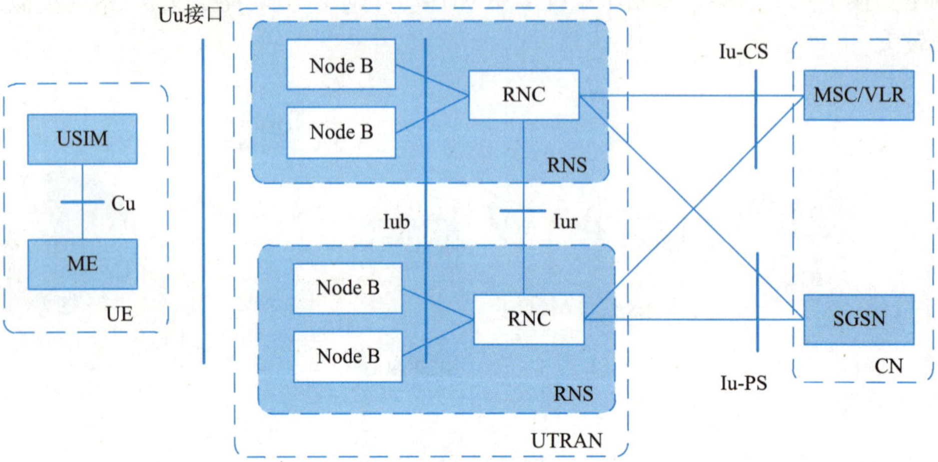

图 1–3　UTRAN 的网络结构

RNC 通过 Iur 接口彼此互联，而 RNC 和 Node B 通过 Iub 接口相连。RNC 是负责控制无线资源的网元，其逻辑功能相当于 GSM 的 BSC。RNC 通过 Iu-CS 接口连接到电路交换域的移动交换中心（Mobile Switching Center，MSC），通过 Iu-PS 接口连接到分组交换域的服务 GPRS 支持节点（Serving GPRS Support Node，SGSN）。

Node B 的主要功能是进行空中接口物理层的处理，包括信道编码和交织、速率匹配、扩频等。它也执行一些基本的无线资源管理工作，如内环功率控制。从逻辑上讲，Node B 对应于 GSM 的基站。

WCDMA 空中接口的主要特征包括以下三个方面：

（1）WCDMA 是一种基于直接序列码分多址（Direct Sequence Code Division Multiple Access, DS-CDMA）技术的宽带系统，其核心原理是通过用户数据与高速伪随机扩频码的时域相乘，实现频谱扩展，将窄带信号能量分散到宽带信道中传输。

（2）使用 3.84Mchip/s 的码片速率需要大约 5MHz 的载波带宽，WCDMA 所固有的载波带宽使其能支持高用户数据传输速率以及支持多径分集增强。

（3）WCDMA 支持两种基本的工作模式：频分双工（Frequency Division Duplexing，FDD）和时分双工（Time Division Duplexing，TDD）。在 FDD 模式下，上行链路和下行链路分别使用单独的 5MHz 载波；TDD 模式下只有一个 5MHz 的载波，在上、下行链路之间分时共享。

另外，WCDMA 的特性还包括：支持异步基站工作模式；与 GSM 协同工作，支持与 GSM 之间的切换；使用快速功率控制和 Rake 接收机在内的分集接收功能缓解信号功率衰落的问题；支持软切换和更软切换。

WCDMA 推出后版本多次演进，一个显著特征是通过高阶调制方式、多载波技术和多输入多输出（Multiple-Input Multiple-Output，MIMO）技术，实现了更高的峰值速率。

随着双小区 HSPA 技术（Dual Cell HSPA，DC-HSPA）以及 3 载波和 4 载波的使用，加之更高阶调制方案的实施（下行链路为 64QAM，上行链路为 16QAM）和多天线解决方案，下行链路和上行链路的数据传输速率都有明显的提升。Rel-9 版本中的峰值比特速率下行链路为 84Mbit/s，上行链路为 24Mbit/s。

在 2001 年 3 月的 3GPP RAN 第 11 次全会上，TD-SCDMA 被正式列入 3GPP 关于第三代移动通信系统的技术规范，包含在 3GPP Rel-4 版本中。TD-SCDMA 的行业标准由中国通信标准化协会（China Communications Standards Association，CCSA）的第五技术委员会（TC5）制定，包括系统体系、空中接口和网元接口的详细技术规范，并由原信息产业部在 2006 年 1 月 20 日正式颁布。

TD-SCDMA 仅支持 TDD 模式，它与 WCDMA 的主要差别在于低码片速率（1.28Mchip/s）以及由此导致的大约 1.6MHz 载波带宽，以及可选的高阶调制方式（8PSK）和不同的 5ms 时隙帧结构。

CDMA2000 是在 IS-95 的蜂窝移动通信标准下演进而成的。与 WCDMA 一样，关注的焦点从语音和电路交换型数据逐步转移到分组域数据和宽带数据，所采用的基本原理与 HSPA（高速分组接入）非常类似。

1.1.4　4G 的发展历程

3GPP 标准组织在 2004 年底启动了长期演进（Long Term Evolution，LTE）技术（也称为 Evolved UTRAN，E-UTRAN）和系统架构演进（System Architecture Evolution，SAE）的标准化工作。在 LTE 系统设计之初，其目标和需求指标主要包括以下几个方面。

（1）在带宽方面，支持 1.4MHz、3MHz、5MHz、10MHz、15MHz、20MHz 的信道带宽，支持成对的和非成对的频谱。

（2）在用户面时延方面，要求系统在最优情况下，单向用户面时延小于 5ms。

（3）在控制面时延方面，要求从空闲态到激活态的转换时间小于 100ms。

（4）在峰值速率方面，要求下行峰值速率达到 100Mbit/s（双天线接收）、上行峰值速率达到 50Mbit/s（单天线发送），频谱效率达到 3GPP Rel-6 的 2～4 倍。

（5）移动性要求在低速（0～15km/h）的情况下性能最优，在高速移动（15～120km/h）的情况下仍支持较高的性能，系统在 120～350km/h 的移动速度下可用。

（6）系统覆盖要求在小区半径为 5km 的情况下，系统吞吐量、频谱效率和移动性等指标符合需求定义要求；在小区半径为 30km 的情况下，上述指标略有降低；系统能够支持半径为 100km 的小区覆盖。

LTE Rel-8 版本定义了 LTE 的基本功能。在无线接入网架构方面，为了达到简化流程和缩短时延的目的，E-UTRAN 舍弃了传统的 RNC/Node B 两层结构，完全由多个 eNodeB（演进的 Node B，缩写为 eNB）的一层结构组成。E-UTRAN 的网络架构如图 1-4 所示。

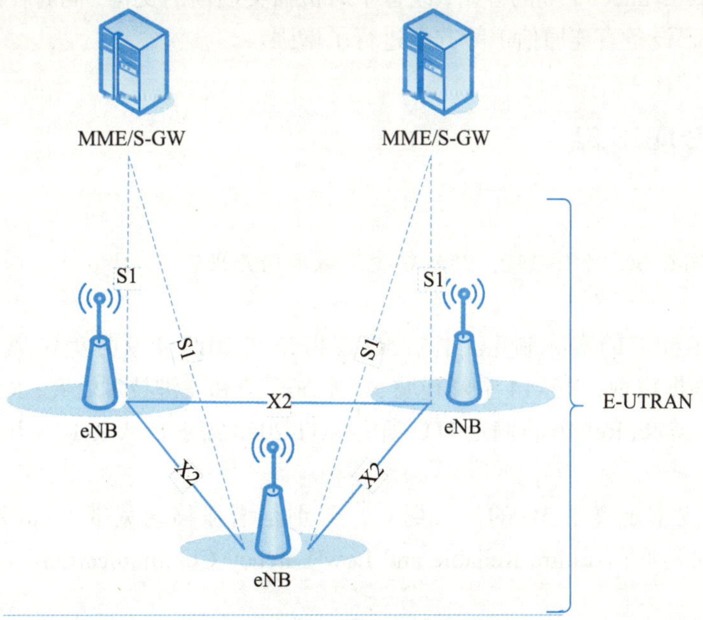

图 1-4　E-UTRAN 的网络架构

eNodeB之间在逻辑上通过X2接口互相连接，通过Mesh型网络可以有效支持UE（User Equipment，用户设备）在整个网络内的移动性，保证用户的无缝切换。每个eNodeB通过S1接口与MME/S-GW相连接，1个eNodeB可以与多个MME/S-GW互联。E-UTRAN将Node B和RNC融合为单一网元eNodeB，系统中将不再存在Iub接口，而X2接口类似于原系统中的Iur接口，S1接口类似于Iu接口。

eNodeB是在UMTS系统Node B原有功能的基础上，增加了RNC的物理层、媒体接入控制（Medium Access Control，MAC）层、无线资源控制（Radio Resource Control，RRC）层，以及调度、接入控制、承载控制、移动性管理和小区间无线资源管理等功能，即eNodeB实现了接入网的全部功能。

核心网则包括移动性管理实体（Mobility Management Entity，MME）和服务网关（Serving GateWay，S-GW），S-GW类似于UMTS的SGSN。

在物理层方面，LTE系统同时定义了FDD和TDD两种方式。

LTE下行传输方案采用传统的带循环前缀（Cyclic Prefix，CP）的OFDM（Orthogonal Frequency Division Multiplexing，正交频分复用），每个子载波间隔是15kHz。下行数据主要采用QPSK、16QAM、64QAM这三种调制方式，业务信道以Turbo编码为基础，控制信道以卷积码为基础。

LTE提高系统效率的主要手段是采用MIMO。下行MIMO天线的基本配置为：基站侧有2个发射天线，UE侧有2个接收天线，即2×2的天线配置。

LTE的上行传输方案采用带循环前缀的峰均比较低的单载波FDMA（Single Carrier-FDMA，SC-FDMA），使用离散傅里叶变换获得频域信号，然后插入零符号进行扩频，扩频信号再通过反向快速傅里叶变换，这个过程也简称为DFT扩频的OFDM（DFT Spread OFDM，DFT-S-OFDM）。上行调制主要采用QPSK、16QAM、64QAM，上行信道编码与下行相同。

上行单用户MIMO天线的基本配置为：UE侧有1个发射天线，eNodeB侧有2个接收天线。上行虚拟MIMO技术也被LTE采纳，作为提高小区边缘数据速率和系统性能的主要手段。

LTE版本后续多次演进，2010年底完成的Rel-10版本标志着LTE演进的开始。Rel-10及后续版本也被命名为LTE-Advanced，简称LTE-A。Rel-10支持的新特征包括载波聚合（Carrier Aggregation，CA）、中继（Relay）、异构网络（Heterogeneous Network，HN），同时对MIMO技术进行了增强。

LTE后续版本的更新点主要包括Rel-11版本引入了新的控制信道，即增强物理下行控制信道（Enhanced Physical Downlink Control Channel，E-PDCCH），版本还支持跨制式（即FDD和TDD）的载波聚合。Rel-13版本标志着LTE Advanced Pro的开始，改善了对机器类通信的支持，同时在载波聚合、多天线传输、D2D（Device to Device，设备直连通信）等方面进行了增强。

1.1.5 5G的发展历程

头脑风暴

为什么中国在5G时代崛起，开始领跑无线通信产业？

3GPP组织负责5G标准的实际制定工作，5G首提是在2015年9月美国凤凰城召开的关于5G的RAN工作组会议上。根据规划，Rel-14主要开展5G系统框架和关键技术研究；Rel-15作为第一个版本的5G标准，满足部分5G需求；Rel-16将满足ITU所有IMT-2020需求。从Rel-18开始，将视为5G的演进，命名为5G Advanced。

ITU发布的5G白皮书定义了5G的三大场景，分别是增强移动宽带（enhanced Mobile Broadband，eMBB）、超高可靠低时延通信（ultra-Reliable and Low Latency Communications，uRLLC）和海量机器类

通信（massive Machine-Type Communications，mMTC）。这三大场景行业应用和需求如图 1–5 所示。

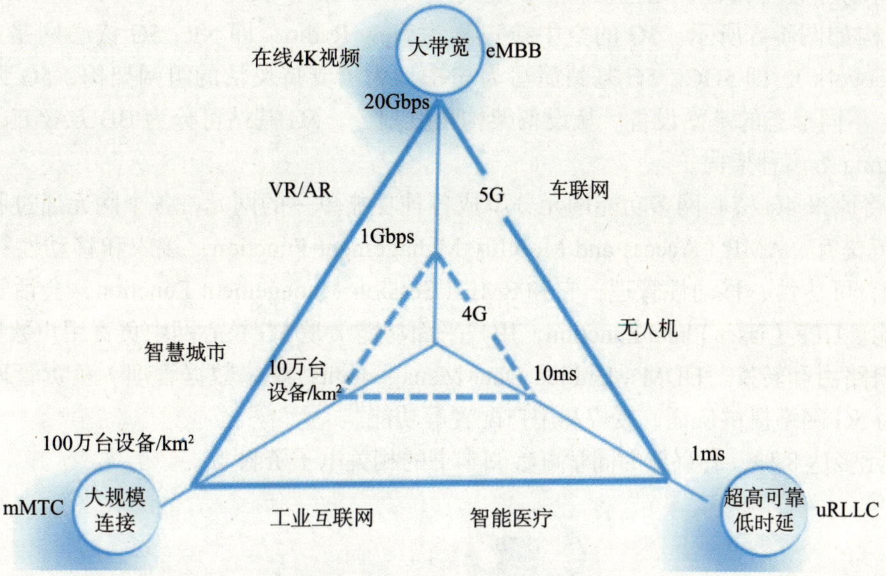

图 1–5　5G 三大场景应用图

三大场景对应的各个行业 5G 应用具体情况可参考本书的相关电子资料。

我国工信部向 ITU 输出的 5G 四大场景分别是连续广域覆盖、热点高容量、低功耗大连接和低时延高可靠。

5G 白皮书定义的三大场景

（1）连续广域覆盖场景为用户提供无缝的高速业务体验。该场景的主要挑战在于随时随地为用户提供 100Mbit/s 以上的用户体验速率。

（2）热点高容量场景主要面向局部热点区域，为用户提供极高的数据传输速率，满足网络极高的流量密度需求。1Gbit/s 用户体验速率、数十 Gbit/s 峰值速率和数十 Tbit/（s · km^2）的流量密度需求是该场景面临的主要挑战。

（3）低功耗大连接场景主要面向智慧城市、环境监测、智慧农业、森林防火等以传感和数据采集为目标的应用场景，具有小数据包、低功耗、海量连接等特点。这类终端分布范围广、数量众多，不仅要求网络具备超千亿连接的支持能力，满足 100 万台设备 /km^2 连接数密度指标要求，而且要保证终端的超低功耗和超低成本。

（4）低时延高可靠场景主要面向车联网、工业控制等垂直行业的特殊应用需求，这类应用对时延和可靠性具有极高的指标要求，需要为用户提供毫秒级的端到端时延。

5G 在演进过程中推出多种关键技术，主要包括以下四种：

（1）大规模多天线技术。Massive MIMO（Massive Multiple-Input Multiple-Output，大规模多输入多输出）技术通过增加天线来提高网络容量和信号质量，5G 的天线振子从 4G 时代的 4～16 个上升至 64～192 个（采用毫米波方案时甚至多达 512 个），提升速率及容量。

（2）网络切片。网络切片是指在同一个共享的网络基础设施上提供多个逻辑网络（切片），每个逻辑网络服务于特定的业务类型或行业用户。每个网络切片都可以灵活定义自己的逻辑拓扑、SLA 需求、可靠性和安全等级，以满足不同业务、行业或用户的差异化需求。

（3）超密集组网。超密集组网主要通过部署更加密集的无线网络基础设施，采用宏基站与微基站结合组网，达到更高的频率复用效率。

（4）边缘计算。多接入边缘计算（Multi-access Edge Computing，MEC）通常在数据源头的网络边缘实时处理数据，减少网络负担。同时，MEC 技术去除了多层级转发，从而降低了时延。

5G 关键技术除了以上四种，还包括新型多址技术、D2D 技术等。

5G 网络结构如图 1–6 所示。5G 的空中接口称为 New Radio，即 NR；5G 核心网是 5G 的大脑和核心（5G Core Network），即 5GC。5G 基站简写为 gNB。为了支持灵活的组网架构，5G 无线接入网存在多种不同架构、不同形态的基站设备。从设备架构角度划分，5G 基站可分为 BBU-AAU、CU-DU-AAU、BBU-RRU-Antenna 等多种架构。

5G 核心网将原来 4G 核心网多功能网元分解成各种功能单一的网元，各个网元通过服务化接口向外与其他网元进行交互。AMF（Access and Mobility Management Function，接入和移动性管理功能）执行 UE 注册、连接、可达性、移动性管理，它和 SMF（Session Management Function，会话管理功能）完成 4G MME 的功能。UPF（User Plane Function，用户平面功能）是 5G 核心网中负责用户数据报文处理的单元，可执行分组路由和转发。UDM（Unified Data Management，统一数据管理）负责管理和存储与用户相关的数据，为 5G 网络提供认证、授权和用户配置等功能。

5G 核心网元多达 8 种，有兴趣的同学可参阅本书的相关电子资料。

5G 核心网网元类别及功能

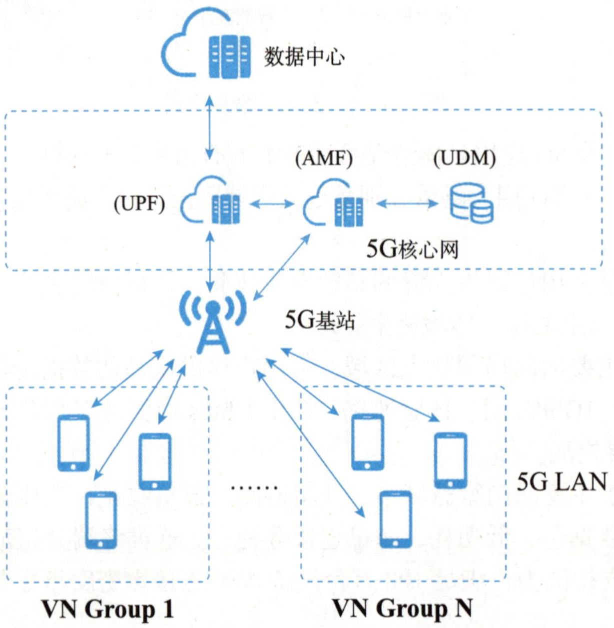

图 1–6　5G 网络结构

作为 5G 标准的第一个阶段，Rel-15 主要针对 eMBB 和部分 uRLLC 的场景，满足 5G 的商用需求。Rel-15 版本主要侧重于以下重要功能：

（1）在技术方面，Rel-15 最侧重的还是 eMBB 的提升，包括无线接入网最具创新性的 Massive MIMO 技术，其是实现频谱效率和容量密度目标的基础技术。

（2）在频谱方面，Rel-15 引入了对 Sub-6 GHz 和毫米波的支持。

（3）在架构方面，Rel-15 支持可扩展和向前兼容。在核心网层面，Rel-15 引入了服务化架构（Service-based Architecture，SBA）和软件定义网络（Software Defined Network，SDN）技术，为网络提供了更多的灵活性，能更好地实现其一张物理网络满足不同场景用户需求的目标。

Rel-16 在 Rel-15 的基础上，进一步完善了 uRLLC 和 mMTC 场景的标准规范，贡献了第一个 5G 完整标准，也是第一个 5G 演进标准。

在 Rel-15、Rel-16 的基础上，Rel-17 进一步从网络覆盖、移动性、功耗和可靠性等方面扩展 5G 能力。

Rel-18 是 5G-Advanced 的第一个标准版本，2024 年 6 月 R18 标准正式冻结。通信运营商在 2022 年开始部署 5G-Advanced，2024 年中国正式进入 5G-Advanced（5G-A）商用阶段。

关于 Rel-16、Rel-17、Rel-18，由于理论较为复杂，内容众多，有兴趣的同学可参阅本书的相关电子资料。

5G 标准 Rel-16　　5G 标准 Rel-17　　5G 标准 Rel-18

1.2 室内分布系统概述

1.2.1 室内分布发展历程

在蜂窝式移动电话的建网初期，采用蜂窝技术的小区被称为“宏蜂窝”小区。“宏蜂窝”基站发射功率大，覆盖范围广，区域内地形、建筑物结构形态多样化，在覆盖区域内往往存在两种特殊的微小区域，即盲点和热点。

由于电波在传播过程中遇到障碍物而造成的阴影区域被称为盲点，该区域通信质量严重低劣。由于空间业务负荷的不均匀分布而形成的业务繁忙区域被称为热点。

热点的解决靠增加小范围覆盖基站、分裂小区增加容量，小功率基站被称为微基站。早期微基站功率小，容量不足，难以扩频。

盲点通常发生在大楼、地下空间、隧道等较封闭的空间区域，它主要是靠直放站、室内分布系统等小范围无线覆盖技术来解决。

从 2G、3G 网络的运营经验分析可得，移动用户超过一半的话务量发生在室内。到了 4G 时代，室内电话业务占整个网络业务的七成多，室内的数据业务量更高达移动网络数据业务量的八成，室内业务的占比进一步得到提高。

建筑物的内部通常会出现很多弱信号区，存在盲区多、易掉线、网络信号不稳定等问题。

（1）从覆盖角度看，现代建筑采用了大量混凝土和金属材料，这些材料会屏蔽和衰减无线信号。在部分高层建筑物的低层，移动通信信号较弱；在超高建筑物的高层，信号杂乱或者没有信号。

（2）从容量角度看，不同类型的室内场所的业务需求有差异。在大型购物商场、会议中心等建筑物内，移动电话使用密度过大，局部网络容量不能满足用户需求，无线信道容易发生拥塞现象。

（3）从质量角度看，在部分没有完全封闭的高层建筑的中高层，由于信号杂乱，因此经常出现“乒乓切换”现象，通信质量难以保证。

为了解决以上问题，有必要在建筑物无线盲区建设室内无线系统，通过引入室外无线系统或自建系统并入无线网络，吸收室内话务量，改善室内通话及数据通信质量。

中国室内无线系统的建设主要是从 2G 时代开始的。当时中国各方面突飞猛进，各种高楼大厦建设进入爆发期，室内无线通信的需求日益迫切，上述因素导致室内无线系统的建设迫在眉睫。室内分布系统总体上可分为 4 个具有代表性的阶段，即初期补盲阶段、优化发展阶段、协同规划阶段、多技术的协同规划发展阶段。

1. 初期补盲阶段

这个阶段的室内覆盖主要是作为室外覆盖的一个延伸，起到移动网络的补盲作用。该阶段主要发生在 2G 网络的初期阶段，从 1995 年开始到 2002 年左右。早期建筑物内无线信号覆盖效果差，用户在室内采用固话通信，随着移动业务的广泛使用，用户期待在室内外都使用手机。室内无线覆盖刚开始通过采用直放站的形式引入室外信源信号，在实际操作中缺乏统一的规划指导，建设方案简单，只要能达到补盲目标覆盖区域即可，该种方式也一直是网络建设初级阶段的核心建设思路。

2. 优化发展阶段

这个阶段主要发生在 2G 网络的后期阶段。在这一阶段，室内网络覆盖建设的重要性逐步得到关注，对其建设的重视程度也逐渐达到与室外网络建设相同的级别。

此时室内覆盖系统更加关注提升室内网络覆盖质量，有效地吸收话务量，从而分担室外基站的业务负荷。

室内覆盖系统开始使用基站作为室内覆盖系统的信号源，并引入监控系统，提升网络运行质量。室内覆盖系统的新技术、新方法、新型设备器件的不断涌现，使得室内覆盖从补盲阶段的直放站直接外接天线覆盖，逐步转变到“多点位、小功率”的多天线覆盖。

室内分布（简称室分）系统是用于改善建筑物内移动通信环境的一种方案，其原理是通过各种室内天线将移动通信基站的信号均匀地分布到室内的每个角落，从而保证室内区域理想的信号覆盖。

对于这种分布系统，业界使用专用名词——分布式天线系统（Distributed Antenna System，DAS）来描述，它的正式定义是“通过传输介质连接到公共信源，通过空间上分离的天线节点在地理上或结构内提供无线服务的系统”。

3. 协同规划阶段

从 3G 网络开始，室内覆盖进入一个新阶段，移动通信网络也从单一的 GSM 网络或 IS-95 CDMA 网络，进入了 GSM、IS-95、WCDMA、CDMA 2000 1x 等多种制式网络并存的时代。室内 Wi-Fi 网络开始重点建设，使得无线频段范围从 GSM 的 900MHz 发展到 Wi-Fi 的 2.4GHz。室内分布系统设计时需要考虑同时兼容各种制式、各种频段的通信系统。

4. 多技术的协同规划发展阶段

从 4G 网络开始，室内业务占比进一步提升。室内覆盖的目标区域也开始进行场景的划分，针对不同的场景选择不同的覆盖方案。为了满足各种室内覆盖的场景的具体要求，室内覆盖的技术手段层出不穷，如 pRRU（pico Remote Radio Unit，微微射频拉远单元）分布系统、泄漏电缆分布系统、皮基站分布系统、光纤分布系统等，逐步应用到室内分布系统的建设中。

为了提升网络的整体效果，各家电信运营商也更加关注室内外网络的协同规划以及多制式网络的统一规划设计，逐步将室内分布系统建设纳入无线网络一并规划。其间，为深入贯彻国家对电信基础设施共建共享以及节能减排的要求，中国铁塔股份有限公司成立，室内分布系统逐步要求采用多制式网络共享合路的方式进行建设。

室内分布系统的引入作为室外覆盖的有效补充方案，在全面提升室内无线覆盖质量和持续保障室内通信服务的同时，能够实现多制式的接入并满足多场景和多业务的需求，增强了用户体验。另外，室内分布系统的使用还能够有效提升网络容量，分担宏站业务，保证了网络资源的合理分配。

1.2.2　室内分布系统的分类

一般情况下，室内分布系统通常按照下面三种方式进行划分。

一是按信号源的不同来分，室内分布系统可分为宏基站系统、开放小基站系统、数字化室内分布系统和信号扩展系统。

二是按信号传输介质的不同来分，室内分布系统可分为同轴电缆分布系统、光纤分布系统、泄漏电缆分布系统和双绞式电缆分布系统。

三是按室内分布系统中的设备、器件是否使用电源进行划分，室内分布系统分为无源分布系统和有源分布系统两大类，这是本教材主要采用的划分方式。

有源系统和无源系统的区别在于是否有“源”，源本来的含义是激励，电信系统中通常指“电源”。只要有信号，无须在分布系统中加电源也可工作的系统称为无源分布系统，反之就是有源分布系统。

1. 无源分布系统

根据使用信号辐射方式的不同，无源分布系统分为传统无源分布系统和泄漏电缆分布系统两大类。

传统无源分布系统由馈线传输无线信号，采用功分器和耦合器进行功率分配，系统通过分配和传输将信号传送至各小天线上，从而实现室内区域无线信号的良好覆盖。

泄漏电缆分布系统利用泄漏电缆兼具信号的传输和收发特性，替代了传统同轴电缆室内分布系统中的馈线、部分功率分配器件及天线的功能，可以使信号通过泄漏电缆均匀地分布到室内的各个区域。

无源分布系统的功率分配器件和天线均为无源器件，性能稳定、造价低，兼容多种制式的无线通信系统。此类系统一直是室内分布系统的主流，到了 5G 时代经过改造仍然适用。

2. 有源分布系统

对于有源分布系统，其分布系统的相关组成单元需要供电。根据设备类型和工作方式的不同，有源分布系统可以分为 pRRU 分布系统、皮基站分布系统、光纤分布系统、移频 MIMO 分布系统等。

室内分布系统在早期一直以无源分布系统为主，进入 4G、5G 时代后有源分布系统逐渐增多，未来有源分布系统将成为主流。这个过程将是长期的，取决于设备成本、运营商的建设支出、国家的政策等多种因素。

1.3　无源分布系统

如前所述，无源分布系统在室内覆盖中占据重要位置，在目前新建的 5G 室内分布网络中，中低流量场景绝大部分仍然采用该系统。

1.3.1　传统无源分布系统

传统无源分布系统是室内分布系统中技术最成熟的建设方式，在实际工程中得到大量应用。一个典型的传统无源分布系统结构图如图 1–7 所示。系统主要由信源设备、馈线、合路器、功分器、耦合器以及天线等设备组成。

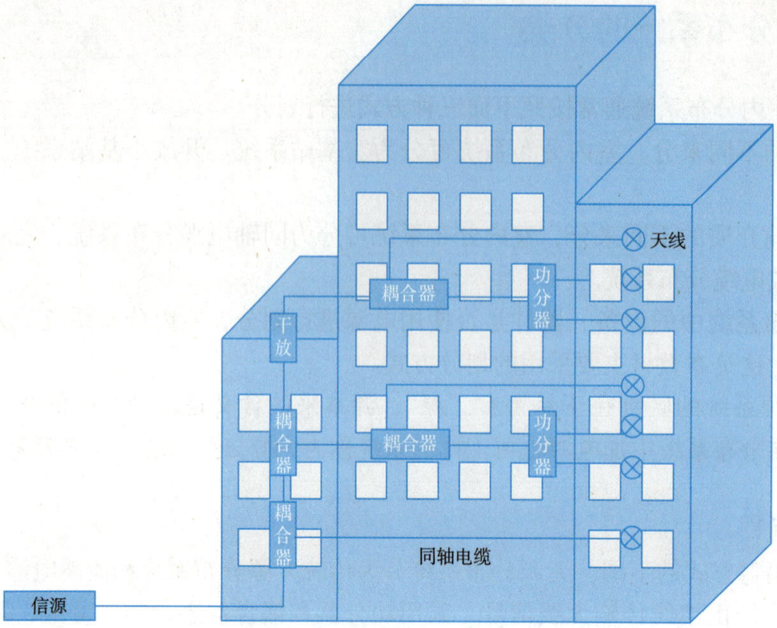

图 1–7　传统无源分布系统结构图

传统无源分布系统主要有以下优点：

（1）故障率低。系统主要由一系列无源器件组成，器件故障少。

（2）系统容量大。无源器件具有较高的功率容限，容易组成多系统的室内分布系统。

（3）升级、扩容方便。无源分布系统采用宽频无源器件，若接入的无线系统之间相互干扰小，那么频段在无源室分器件支持范围内即可接入系统。

（4）系统投资较少。系统主要由成本较低的馈线、功分器件及天线构成。

传统无源分布系统存在的主要缺点有以下两点：

（1）信源提供的功率有限，馈线和器件都会对信号造成一定的损耗，而无源分布系统中信号功率无法放大，无源室内分布系统的有效覆盖范围因功率受限存在明显制约。

（2）分布系统中的器件均为无源器件，无源器件无法通过网络逐个监测，网络故障定位无法确定到个体器件，故障排查缺乏有效手段。

在覆盖区域比较大的情况下，为了保证末端天线口的功率，需要在必要的位置加装干线放大器（简称干放）进行功率放大，将输入的低功率信号放大后进行输出，主要用于补偿信号传输和分配而引起的功率损耗。干线放大器的引入会抬升系统底噪，多级干放级联会形成噪声的累积，影响系统性能。在 2G 时代，由于移动系统制式单一，网络干扰小，因此干放有一定应用。进入 4G 时代后，多种制式并存，干放已逐渐绝迹。

1.3.2　泄漏电缆分布系统

泄漏电缆通过同轴电缆外导体上所开的槽孔，使得电缆内传输的一部分电磁能量可以辐射到外界环境中，同样，外界环境的电磁能量也能传入电缆内部。由此可知，泄漏电缆在分布系统中主要起到了电磁信号传递与收发的功能。

泄漏电缆分布系统由信号源、合路器、功分器、耦合器、干线放大器、负载等射频器件以及泄漏电缆组成。泄漏电缆兼有传输与天线的作用，系统中一般没有天线，信号的传输与收发主要通过泄漏电缆。泄漏电缆分布系统组成结构图如图 1–8 所示。

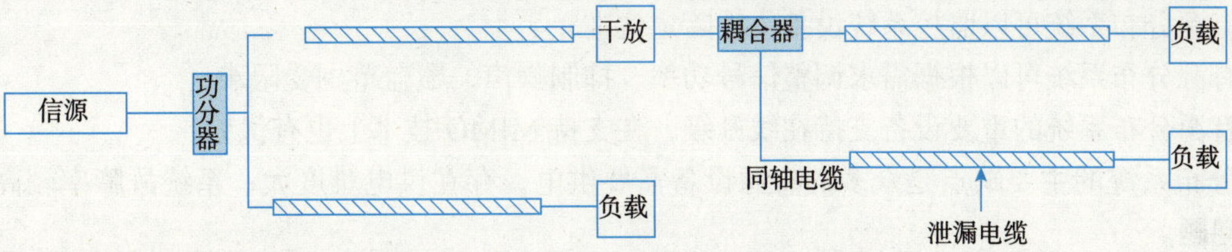

图 1-8　泄漏电缆分布系统组成结构图

由于无线信号的传播特性，为了增加覆盖范围，提升网络建设的性价比，对于一个需要泄漏电缆覆盖的场景，尽量在信号传播的中点安装信源，经过功分器后向不同方向输送信号，并进行覆盖。泄漏电缆分布系统安装方式示意图如图 1-9 所示。

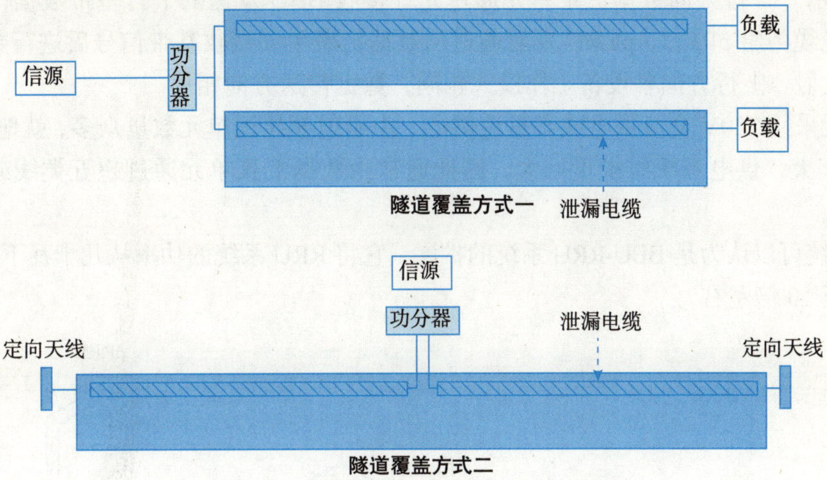

图 1-9　泄漏电缆分布系统安装方式示意图

在泄漏电缆分布系统中，可以采用干线放大器来提升功率，以保证远端信号的功率达到覆盖要求。但需要注意的是，由于干线放大器的缺陷，干线放大器应该尽量少用，若要使用也尽量避免采用级联的方式。

泄漏电缆末端要加上终端负载，防止信号反射造成驻波比过大而影响系统正常工作。终端处也可以是天线，使隧道内信号延伸到隧道外，和外面的网络形成一个比较好的切换区域。

泄漏电缆一般情况下线路比较长、线径大，造成在场景内部运输及施工比较困难，这是限制泄漏电缆广泛应用的重要原因。同时，泄漏电缆对安装方法和安装环境有一定的要求，错误的安装方法和不适合的安装环境会大大影响泄漏电缆的覆盖效果。另外，还有一个重要因素就是成本高，通信建设由于工程量巨大，对成本非常敏感，这也限制了泄漏电缆的使用。

目前泄漏电缆是地铁隧道覆盖的主流，在其他场景中也有诸多尝试，但尚处于推广阶段，未来是否大规模应用取决于各种因素。

1.4 有源分布系统

有源分布系统可以利用有源器件进行信号处理和信号放大，系统具有以下优势：

（1）pRRU 分布系统、光纤分布系统等有源分布系统通常采用光纤、网线等作为传输介质，线缆成本低，施工难度也低于馈线布放；

（2）有源分布系统可以监控系统设备，故障定位准；

（3）有源分布系统可以根据需求调整信号功率、抑制噪声，覆盖范围受限小；

（4）有源分布系统的重要设备支持在线升级，在支持 MIMO 技术上也有优势。

有源分布系统的主要缺点是众多的有源设备需要供电，存在供电难度大、系统故障率较高、设备用电量大等问题。

1.4.1 pRRU 分布系统

pRRU 分布系统由基带单元 BBU、数据汇聚单元 RHUB 和远端单元 pRRU 组成，pRRU 分布系统结构图如图 1–10 所示。下行方向数据汇聚单元通过光纤接收 BBU 发送的下行基带数据，经过分路处理后通过超五类线或光缆传给 pRRU，pRRU 发射通道从数据汇聚单元接收基带信号后进行数模转换并调制到射频后通过天线发射。上行方向各设备工作模式相同，数据传送方向相反。

数据汇聚单元采用 220V 交流供电或者直流供电。由于射频拉远单元数量众多，就地取电不但成本高，而且物业准许难度大，供电系统维护量巨大，因此通常由数据汇聚单元通过超五类线或光电混合缆给远端单元供电。

pRRU 分布系统可以认为是 BBU-RRU 系统的扩展，它将 RRU 系统的功率从几十瓦下降到 100～500mW 级别，数量扩展至 10 倍左右。

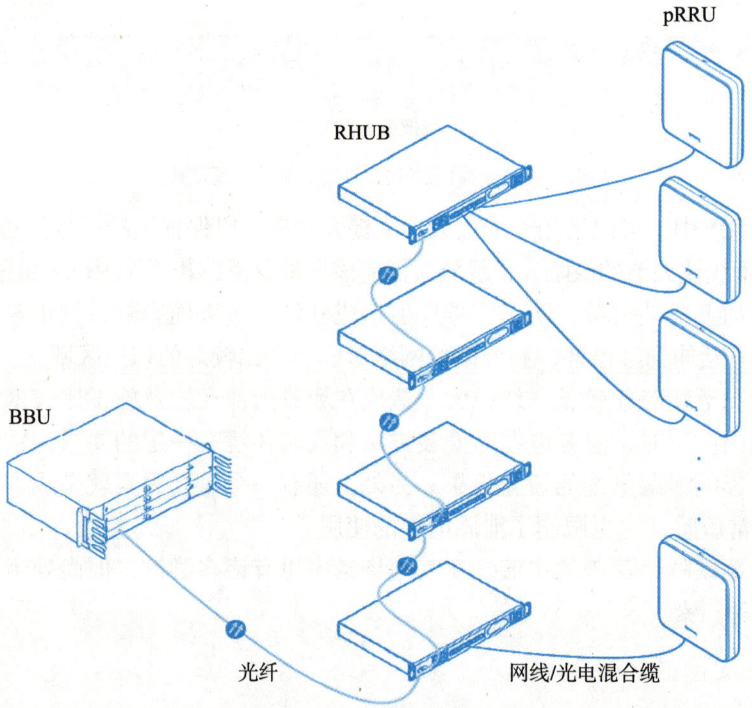

图 1–10　pRRU 分布系统结构图

考虑到部分区域的覆盖面积比较小，一般在几百平方米以下，特别是营业厅，仅需要一个射频拉远端单元安装在这个场景内。数据汇聚单元与射频拉远单元可以通过光纤连接，射频拉远单元则通过安装一个电源整流设备供电。

pRRU 分布系统的主要优点是承载话务容量大，适配各种系统，易于设计和安装；远端单元有天线内置和天线外置两种，可以根据实际需求选择。作为主设备厂家提供的有源设备，pRRU 分布系统可以直接接入主设备网管实时监控，无须额外增加网管监控。

pRRU 分布系统的最大缺点是成本高，另一个缺点是天线内置的远端单元对于覆盖层高在 3m 以下的宾馆密集型和写字楼密集型的场景，覆盖效果不佳。为了进一步降低成本，提升覆盖效果，可以采用外接天线型的远端单元。

与传统的同轴电缆分布方式相比，pRRU 分布系统布线更方便，施工时受到业主阻碍的情况相对较少；pRRU 分布系统直联 BBU，容量大且易于扩容；pRRU 可以实现更精准的室内定位，使得更多的业务应用和商业模式成为可能。例如，结合定位能力，电信运营商可以开拓智能停车业务。需要注意的是，采用网线连接的远端单元，其传输距离一般不能大于 150m。现在新建的 pRRU 分布系统大多采用光电混合缆。

根据 pRRU 分布系统的特点，适合建设的场景是空旷场景及半空旷场景，如机场、高铁站、地铁站、大型会展中心及高级写字楼等。

另外，对于空旷场景及半空旷场景，业务需求也是随着时间逐步提升的，而且对场景内的小场景的业务需求也是不平衡的，而 pRRU 分布系统的小区灵活配置，能够很好地解决这一难题。pRRU 分布系统小区配置示意图如图 1–11 所示。

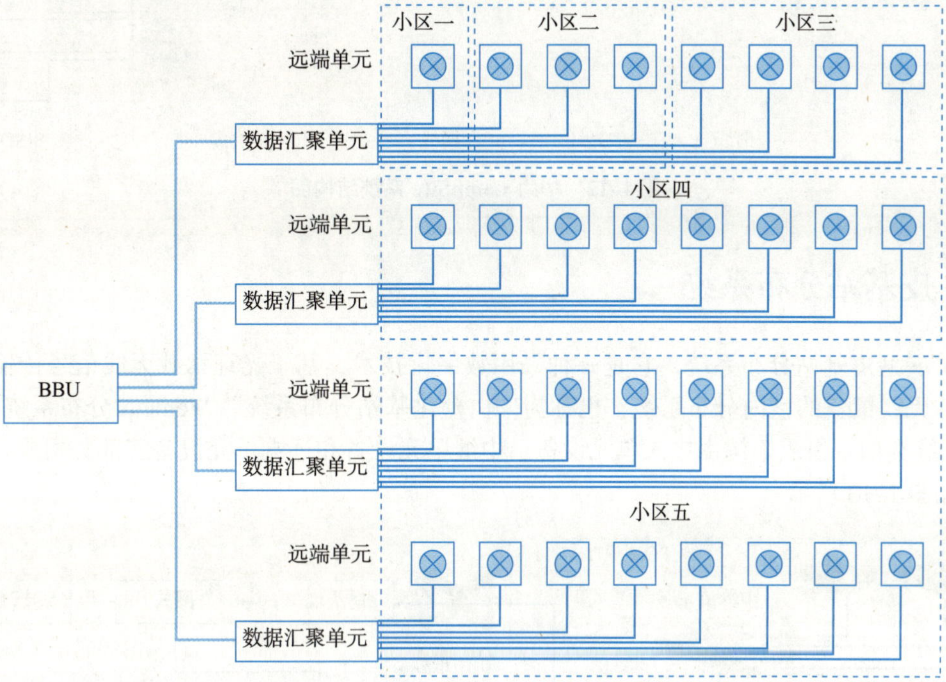

图 1–11 pRRU 分布系统小区配置示意图

pRRU 分布系统的小区配置较为灵活，在图 1–11 中，可将一个 pRRU 设置为一个小区，也可将几个同一数据汇聚单元下的 pRRU 设置为一个小区，还可以是几个数据汇聚单元为一个小区。

pRRU 分布系统是解决 5G 室内分布业务大容量覆盖的重要手段，但在推广过程中，由于系统成本高，电信运营商对它的态度有所差异。中国移动推进态度比较积极，已经大规模部署，中国电信和中国联通由于建设费用问题而推进较为缓慢。

目前，我国市面上具备 pRRU 分布系统的厂家有华为、中兴和爱立信三家，其 pRRU 分布系统的网络结构基本相同，即由基带单元、数据汇聚单元和远端单元组成。但每个厂家的名称各不相同，华为命名为 LampSite，中兴称为 Qcell，而爱立信的系统命名为 Dot System。

头脑风暴

查阅华为、中兴和爱立信等公司 pRRU 分布系统的资料，分析该系统的优势。

华为 LampSite 的数据汇聚单元称为 RHUB，不同型号的 RHUB 连接 pRRU 数量有所不同，通常在 8 个到 24 个之间。同时，RHUB 可以进行 3 级级联，远端单元 pRRU 有内置天线和外置天线。设计工程师根据网络覆盖要求选择远端 pRRU 的类型和输出功率。华为 LampSite 系统结构图如图 1–12 所示。

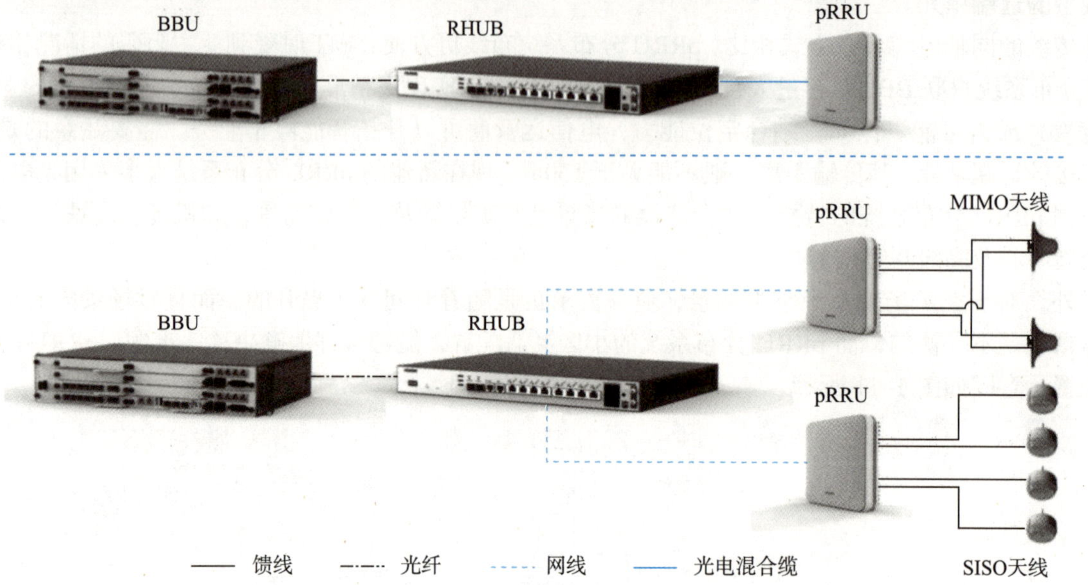

图 1–12　华为 LampSite 系统结构图

1.4.2　皮基站分布系统

这里指扩展型皮基站分布系统，它是一种采用数字化技术、基于光纤承载无线信号传输、提供低功率和小范围的无线覆盖的室内分布系统，也称为“白盒化基站分布系统”“Femeto 分布系统”。其结构和 pRRU 分布系统类似，组成架构由接入单元设备、中继单元设备和远端单元设备三部分构成。皮基站分布系统结构图如图 1–13 所示。

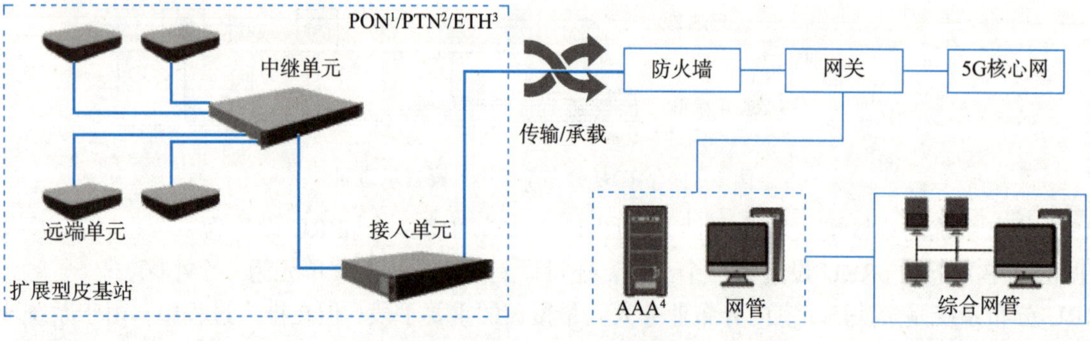

图 1–13　皮基站分布系统结构图

注：1. PON（Passive Optical Network，无源光纤网络）。
2. PTN（Packet Transport Network，分组传送网）。
3. ETH（Ethernet，以太网）。
4. AAA（Authentication Authorization Accounting，认证授权计费）。

系统通过固网宽带或者专网光纤接入，然后和小基站网关或者核心网连接。接入单元提供系统的容量，负责整个系统小区的空口资源的分配和管理，以及下行发射功率的控制，并对中继单元和远端单元进行管理；中继单元向下负责多个远端单元数据的扩展，向上负责多个远端单元数据的汇聚并提交给接入单元的主机，主机和中继单元之间通过光纤连接；远端单元主要负责其覆盖区域的空口信号的收发与处理，远端单元和中继单元之间根据网络需求采用超五类线或者光纤连接。

远端单元和中继单元之间通常采用 POE（Power Over Ethernet，以太网供电）方式供电，也可以就近安装电源整流设备供电。

皮基站分布系统的信源部分类似于传统意义上的主设备，但一般不是华为、爱立信这样的传统主设备厂家提供的，与主设备的区别有以下几点：

（1）接入单元的芯片架构和主设备厂家的不同。主设备厂家采用自有架构，而皮基站基本采用的是 intelx86 架构。

（2）在相同配置的情况下，皮基站分布系统的网络容量要低于 pRRU 分布系统。

（3）皮基站的回传方式比较灵活，可通过 PTN（Packet Transport Network，分组传送网）/ IP RAN（IP Radio Access Network，IP 无线接入网）直连 5G 核心网，或者通过无源光纤网络（Passive Optical Network，PON）等非专用 IP 网络回传。

（4）由于皮基站的回传方式呈多样化，因此网络有一定的风险，需要增加网关、网管，保证其数据安全后接入 5G 核心网，而 pRRU 分布系统可以直接接入 5G 核心网。

皮基站的产品形态除上述扩展型皮基站外，还有一体化小功率皮基站和一体化大功率皮基站。一体化小功率皮基站分为家庭级和企业级，一般以功率和容量区分，家庭级的发射功率为 50mW/ 通道，企业级的发射功率为 250mW/ 通道，企业级的网络容量比家庭级的大。

一体化皮基站集基带单元、射频单元和天线于一体。一体化小功率皮基站实物示意图如图 1–14 所示，家庭级和企业级在发射功率和处理能力上有一定差异。

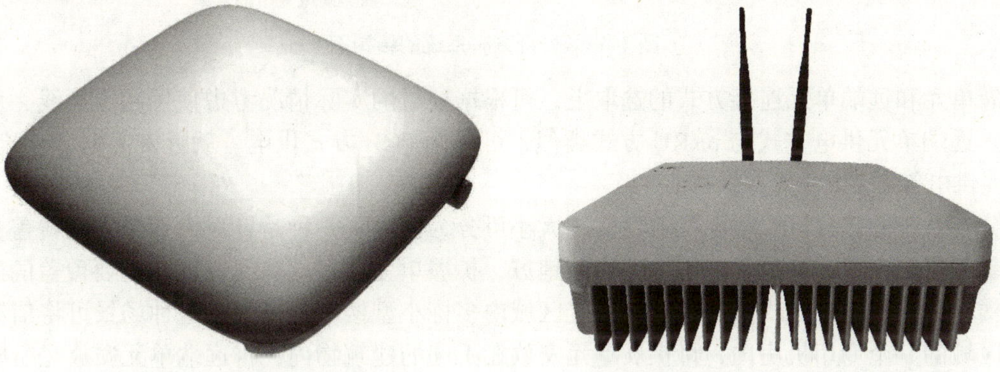

(a) 家庭级一体化小功率皮基站　　(b) 企业级一体化小功率皮基站

图 1–14　一体化小功率皮基站实物示意图

皮基站大多由非传统主设备厂家开发，产品的性能及相关自适应能力不能与无线主设备完美结合，建议在比较密闭和切换少的区域使用，例如小区地下室。目前皮基站在各大电信运营商都有部署，作为部分覆盖困难的小区域场景的低成本解决方案。

1.4.3　光纤分布系统

光纤分布系统是利用光纤传输的低损耗特点而设计的，在服务区域间隔距离远、需要覆盖的区域面积较大的情况下，采用光纤分布系统较为有利。

光纤分布系统可视为分布式光纤直放站，通常由主单元、扩展单元和远端单元三个功能部件组成。

它们的功能如下：

（1）主单元：完成下行链路射频电信号转中频电信号，并进行“电—光”转换；完成上行链路的“光—电”转换，并进行中频电信号转射频电信号；汇总系统监控信息，实施集中和远程监控。

（2）扩展单元：完成下行链路的中频“光—电”转换；完成上行链路的中频“电—光”转换；汇总其所带远端单元及自身的监控信息，实现监控数据的双向传输；对远端单元供电。

（3）远端单元：完成下行链路的中频电信号转射频电信号；完成上行链路的射频电信号转中频电信号。它可以内置信号发射天线，也可以外接室内分布系统天线。

光纤分布系统的结构图如图 1–15 所示。在下行链路中，光纤分布系统中的主单元把信源的射频信号先变为中频信号再转换为光信号，通过光纤传输到分布在建筑物各个区域的扩展单元，扩展单元把光信号转换为中频电信号，再发送给远端单元。远端单元收到中频信号后，先转换为射频信号，再经放大器放大，最终将信号传送给天线并对室内各区域进行覆盖。上行链路的传输过程与下行链路相对应，只是方向相反。

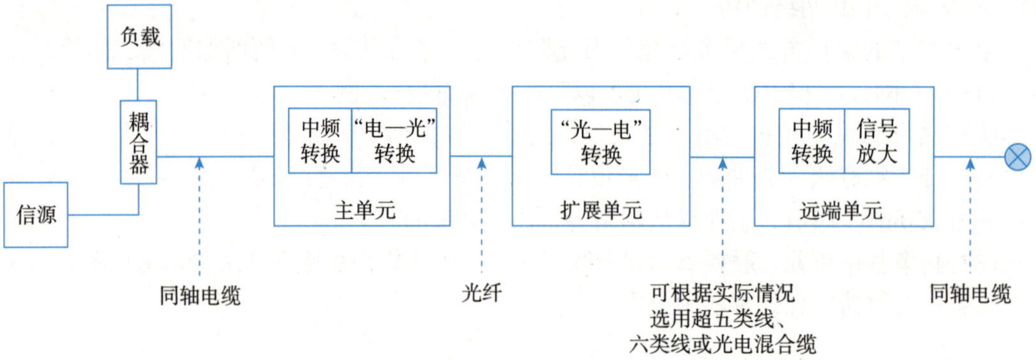

图 1–15　光纤分布系统的结构图

在扩展单元和远端单元连接方式的选取上，可根据项目的实际情况考虑使用超五类线、六类线或光电混合缆。远端单元供电方式与 pRRU 方式类似，可采用 POE 方式供电、就近安装电源整流设备供电、光电混合缆供电等。

光纤分布系统的建设模式根据覆盖范围的大小可分为两种。一种是针对大型楼宇的覆盖，该方式将信源与主单元集中安放在建筑物内一个适当的地方，扩展单元和远端单元安放在所要覆盖的区域。另一种是针对楼群的覆盖，该方式主要是针对一定区域内多栋小型楼宇的场景。这种场景可将信源和主单元安放在该区域的一个专用机房内，将扩展单元安放在不同的建筑物内，将远端单元安放在所要覆盖的区域内。

光纤分布系统与传统室内分布系统相比，主要有以下优点：

（1）光纤传输信号损耗较小，传输的距离较远，性能稳定可靠，适合于大型建筑低业务需求的室内分布系统建设。

（2）光纤分布系统采用分布式的结构，建设方式灵活，设备体积小，重量轻，便于安装，选址难度小。

（3）光纤铺设方便。与同轴电缆相比，光纤分布系统的光纤尺寸更小且弯曲度更好，对周围环境的影响较小。

（4）光纤分布系统可以通过网管进行实时监控，若出现故障就能很快定位故障，以方便后期维护。

同样，光纤分布系统也有一些缺点，主要包括以下几点：

（1）需要建设额外网管进行实时监控。

（2）扩展单元需要供电，故光纤分布系统在供电受限的环境下不能使用。

（3）光纤分布系统的网络容量受限，无法满足数据流量需求较大的场景。

（4）存在有源系统固有的故障率高等缺点。

光纤分布系统在室内分布工程中的主要应用是规模大且数据流量需求不大的楼宇覆盖，易于扩容，能够承载不同电信运营商、不同制式、不同频段的移动通信系统。

1.4.4　移频 MIMO 分布系统

移频 MIMO 分布系统，是一种在原有无源室内分布系统无法支持高频信号传输的情况下，将高频信号变频为无源室内分布系统支持的频段进行传输，在发射端将信号复原成原来频率发射的系统。

移频 MIMO 分布系统主要由移频管理单元（近端机）、移频覆盖单元（远端机）、供电单元和管理平台等部分组成。移频 MIMO 分布系统结构图如图 1–16 所示。

目前 5G 室内分布系统的部分信号频率较高，如中国电信和中国联通 3.5GHz 频段的 5G 信号、中国移动 4.9GHz 频段的 5G 信号，原有的 4G 分布系统无法支持这些高频信号，在不改变原有分布系统的情况下，移频 MIMO 分布系统使分布系统满足高频信号的发射，同时可以与原有 2G/3G/4G 射频信号进行合路，在单根馈线上实现 5G 信号 2×2 MIMO 覆盖的目标。

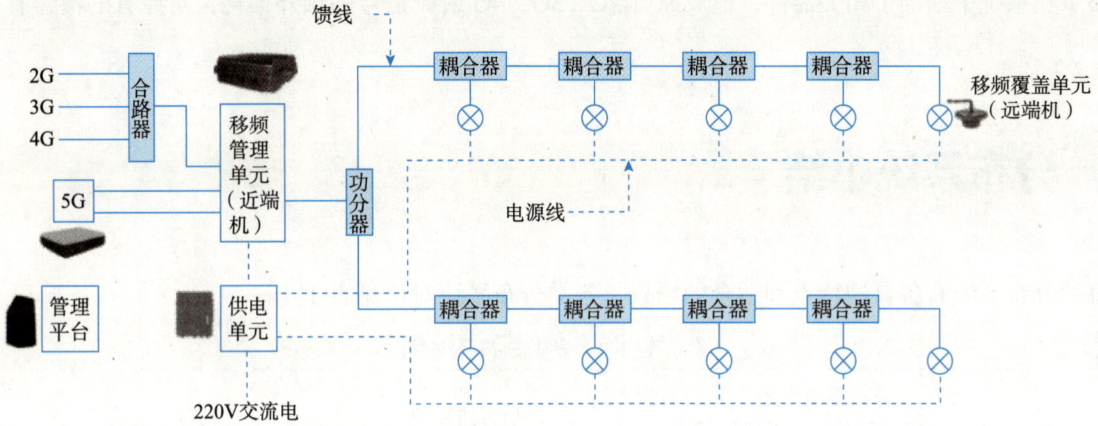

图 1–16　移频 MIMO 分布系统结构图

改造原有无源分布系统的时候，需要用移频覆盖单元替换原有传统无源分布系统的天线。一般而言，移频覆盖单元的重量大，存在原有天线支架不能满足移频覆盖单元安装要求的问题，安装时需要重新核实并加固、改造天线支架。

移频 MIMO 分布系统最大的难点是对移频覆盖单元进行供电，供电的方式有以下两种。

一种是采用电源线的方式。这种方式通过供电单元，使用 2×2.5mm^2 的电源线对移频覆盖单元进行供电。每台供电单元支持最大 6 路输出，同时可以给 50 台远端机供电。单路电源线长度建议不超过 300m，采用接电端子的方式并联接入。这种方式的一路电源不能截断，或者分叉接电导致电源线路由重复迂回，加大了施工难度，增加了建设成本。

另一种是采用网线供电。这种方式通过 HUB（集线器），使用网线对移频覆盖单元进行供电，每个 HUB 支持 16 台远端机供电，网线长度不超过 200m。这种方式的网线与移频覆盖单元为一对一供电，需要大量的网线，施工复杂且难度大。

进入 5G 时代，pRRU 成为室内分布网络的重要设备，移频 MIMO 分布系统可采用一个外接天线型的 pRRU 作为 5G 信源。这种方案灵活性强，可利用原有室内分布系统实现重点区域的 5G 覆盖。 5G pRRU 接入移频 MIMO 分布系统结构图如图 1–17 所示 。

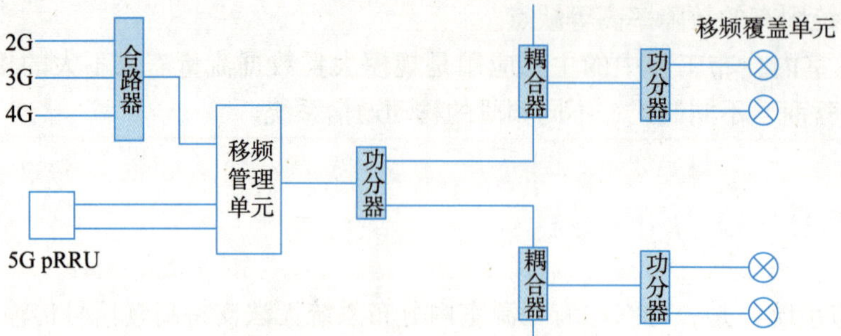

图 1–17　5G pRRU 接入移频 MIMO 分布系统结构图

移频 MIMO 分布系统解决了原有 4G 分布系统无法支持高频 5G 信号的难题，但是也有以下几个缺点：

（1）需要解决远端供电的问题；

（2）需要用移频覆盖单元替换原有室内分布系统天线；

（3）需要额外增加专用网管进行实时监控；

（4）其本身不带网络容量，需要增加信源以保证网络容量；

（5）在系统中增加了相关器件，造成原有 2G、3G、4G 射频信号的额外损耗，对原有的覆盖有一定的影响。

1.5 分布系统小结

每种分布系统有各自的特点和适合的场景，各类分布系统对比见表 1–1。

表 1–1　各类分布系统对比

分布系统类型	分布系统性质		高频支持		是否需要原有分布系统	设计难度	施工难度	建设成本	后期扩容
	是否需要电源	是否有容量	3.5GHz	4.9GHz					
传统无源分布系统	否	否	是	否	否	难	一般	低	一般
泄漏电缆分布系统	否	否	是	否	否	难	难	较低	一般
pRRU 分布系统	是	是	是	是	否	容易	容易	高	容易
皮基站分布系统	是	是	是	是	否	一般	一般	较高	一般
光纤分布系统	是	否	是	是	否	一般	容易	较高	难
移频 MIMO 分布系统	是	否	是	是	是	一般	较难	较高	难

在实际工程建设中，电信运营商需要比较和分析各类分布系统的优点和缺点，了解它们不同的技术特点，综合考虑覆盖效果、建设成本、施工难度以及后期扩容维护等因素，选取适合的分布系统进行室内分布系统建设。另外，电信运营商也可以根据建筑的实际情况，选择两种或多种分布方式混合的分布系统进行建设。

本章小结

随着社会和移动通信技术的发展，用户对移动通信系统的要求越来越高，移动通信系统的标准也从 3G、4G 逐步发展到 5G。

国际电信联盟定义了 5G 的三大类应用场景，即 eMBB、uRLLC 和 mMTC。伴随着 5G 网络的迅速扩张，5G 技术的应用边界不断拓宽，手持信息终端、物联网（IoT）模块、5G 摄像头、车载终端等新型终端不断普及，使 5G 技术深入更多领域，加速了行业数字化转型。

随着室内移动网络的流量及连接需求大幅增加，电信运营商必须考虑室内用户的业务需求，提升室内的网络容量。建设室内分布系统已经成为电信运营商无线网络建设的重要内容。

目前室内分布网络已经进入“多技术的协同规划发展”阶段，针对不同的场景选择不同的覆盖方案，pRRU 分布系统、泄漏电缆分布系统、皮基站分布系统、光纤分布系统等覆盖新手段逐步应用到室内覆盖系统的建设中。

室内分布系统最常见的分类为无源分布系统和有源分布系统。无源分布系统是 2G、3G、4G 分布系统的主流，在 5G 时代也将发挥重要作用，而 pRRU 等有源分布系统更能发挥 5G 特性，在未来高数据流量场景将成为主流。

课后习题

一、单选题

1. GSM 系统中，BSC 通过（　　）接口与网络交换子系统（NSS）相连，提供语音业务等功能。

A. A　　B. Abis　　C. B　　D. Gb

2. 华为 LampSite 的 RHUB 可以进行（　　）级级联。

A. 1　　B. 2　　C. 3　　D. 4

二、多选题

1. 光纤分布系统可视为分布式光纤直放站，通常由（　　）等功能部件组成。

A. 主单元　　B. 从单元　　C. 扩展单元　　D. 远端单元

2. 室内覆盖总体上可分为多个具有代表性的阶段，具体包括（　　）。

A. 初期补盲阶段　　B. 优化发展阶段

C. 协同规划阶段　　D. 多技术的协同规划发展阶段

三、填空题

1. ITU 发布的 5G 白皮书定义了 5G 的三大场景，分别是________、________和________。

2. 传统无源分布系统主要由信源设备、馈线、合路器、功率分配器件、耦合器以及天线等设备组成。功率分配器件主要是________和________。

3. 泄漏电缆在分布系统中主要起到了电磁信号________功能。

4. pRRU 分布系统由基带单元、________和________组成。

四、简答分析题

1. 基站作为无线接入的基础，在移动通信发展过程中功能和名称不断变化，请说明 LTE 系统中 eNodeB 的功能。

2. 传统无源分布系统是应用最多的分布系统，请说明无源分布系统的主要优势。

3. pRRU分布系统在5G时代将会成为高数据流量场景的重要解决方案，请分析该方式的优势和劣势。

4. ITU 发布的 5G 白皮书定义了 5G 的三大场景，中国在 5G 网络建设中取得了巨大成就，但 5G 业务的推广也存在很多困难，请查阅网络资料，结合 5G 产业现状，分析超高可靠低时延通信场景的业务发展存在的困难，并对未来业务的开展提出建议。

第2章

室内分布系统器件

学习目标

- 熟悉室内分布系统器件。
- 了解室内分布系统信源设备。
- 掌握室内分布系统的功率分配。
- 掌握室内分布系统中常见无源器件的特性和应用场景。

素养目标

通过对室内分布系统器件的学习，了解新器件、新设备，培养学生学习新科技、新设备的兴趣，树立科技兴国的理念。

室内分布系统的核心组成部分包括信号源和信号分布系统，各种不同类型的器件构成了系统。深入学习常用的室内分布系统器件的工作原理、分类和使用场景是室内分布系统设计的基础。

2.1 室内分布系统器件概述

室内分布系统通过有线传输将信源信号分配至各天线终端，其核心器件主要包括信源设备、信号放大或数字化处理设备、传输介质、无源器件、辐射单元及监控与辅助设备等，部分无源系统不存在信号放大或数字化处理设备。根据功能特性，室内分布系统器件可分类如下：

（1）信源设备：宏蜂窝基站、微蜂窝基站、皮 / 飞蜂窝基站等。

（2）信号放大或数字化处理设备：干线放大器、直放站、远端汇聚单元等。

（3）传输介质：射频馈线（含连接头）、光纤及五类 / 六类数据电缆等。

（4）无源器件：合路器、功分器、耦合器、电桥、衰减器、负载及 POI（多系统合路平台）等。

（5）辐射单元：各类室内分布天线及泄漏电缆等。

（6）监控与辅助设备：监控单元、环境传感器、电源系统、防雷与接地装置、门禁与安防设备等。

我们对室内分布器件进行分类的时候，通常会提到有源器件和无源器件。器件是由很多元件组成的。无源元件主要是一些电阻类、电感类和电容类元件，只要有信号，不需要在电路中加电源就可工作。有源元件一般是集成电路、二极管、晶体管等，它们只有在存在外加电源的时候才能发挥作用。

无源器件最基本的组成就是无源元件，不会存在有源元件。室内分布系统的无源器件一般用于功率传输、分配或信号转换，如合路器、功分器、耦合器、POI 等，其中部分 POI 需要供电才能工作，但我们通常将 POI 大类归为无源器件。

有源器件既需要有源元件，一般也需要无源元件。有源器件一般用于信号处理或功率放大，如信源、远端汇聚单元、有源天线、直放站等。

由于监控与辅助设备通常属于无线工程配套，不属于室内分布设计工程师的设计范畴，因此本教材将不展开详述。

2.2 室内分布系统信源

室内分布系统的信源主要包括宏蜂窝基站、微蜂窝基站、皮 / 飞蜂窝基站。不同信源各自的特点使得室内分布系统可以适应不同场景下的应用。

室内分布信源设备在工程应用中存在概念混淆的现象，部分技术文件将直放站、RHUB 等设备纳入信源范畴，但严格意义上的室内分布信源是指专门为室内无线覆盖系统提供原始通信信号的专用设备或系统模块。根据《无线通信室内覆盖系统工程技术标准》（GB/T 51292—2018）第 4.2.2 条，“信号源应包括不同网络的各种基站设备或AP设备”“分布系统可由有源设备、无源器件、缆线和天线等组成”。该标准在对4.6.3的条文解释中，明确说明“有源设备包括直放站、干线放大器、光放大设备、光分路设备等”。本教材据此将直放站、RHUB 等无基带处理功能的设备归类为信号放大或数字化处理设备，而非信源设备。

按 3GPP 规定标准分类，基站可分为宏基站（Macro Site）、微基站（Micro Site）、皮基站（Pico Site）和飞基站（Femto Site），它们的主要区别在于发射功率和处理容量。在 20MHz 带宽前提下，单载波发射功率大于 10W 的为宏基站，500mW～10W 的为微基站，100mW～500mW 的为皮基站，小于 100mW 的为飞基站。

2.2.1 宏蜂窝基站

宏蜂窝基站又称为宏基站、宏站等。室内无线系统早期从宏蜂窝基站引入一些空闲载频作为信源，基站射频单元直接接入室内分布网络。

宏蜂窝基站作为信源覆盖目标楼宇时，其特点在于输出功率大、覆盖范围广。若配置较多载频，则宏蜂窝基站可服务更多小区，支持更大话务量。早期的宏蜂窝基站数字处理和射频变换集成于一体，对机房条件要求高，安装难度较大。

早期一体化宏蜂窝基站因灵活性不足，难以适应复杂场景，且对机房要求高、投入大，在 LTE 阶段已被淘汰。5G 网络普遍采用分布式基站或云化基站架构。

2.2.2 微蜂窝基站

微蜂窝基站又称为微基站、微站等。微蜂窝基站作为信源发生在 2G、3G 时代，通过小型化、低功率的基站设备为覆盖区域提供信源。它可支持的载波数、小区数较少，覆盖范围有限，但是其体积的减小使得施工安装更为灵活。

微蜂窝基站可适用的室内场景有：楼宇业务需求不大，有限容量信源即可满足用户需求。

早期微蜂窝基站通常采用单基带单元连接单射频单元的设计，容量受限。与一体化宏蜂窝基站类似，进入 5G 时代后，由于设备模块固化、配置灵活性不足且容量有限，因此这类微蜂窝基站已基本被淘汰。传统意义上的独立微蜂窝基站在 5G 时代逐渐演进为更灵活的有源室分设备或小型化基站（如 5G Book RRU）。

2.2.3　皮基站

皮基站是低功率、小覆盖范围的无线接入设备，通常覆盖半径为 50～200m，适用于中高密度用户场景。

随着无线网络覆盖的要求越来越高，皮基站作为无线网络覆盖的重要补充，主要应用于以下两种场景：（1）无法有效覆盖的室内复杂环境；（2）高人流、高流量密度区域。通常，第一类场景采用低功耗隐蔽型皮基站，第二类场景采用高容量分布式皮基站。

2.2.4　分布式基站

分布式基站架构通过功能解耦实现了网络部署的革新。该架构的核心设计理念是将传统一体化基站的基带处理与射频功能进行物理分离，形成两个独立的功能实体：基带单元（BaseBand Unit，BBU）和射频拉远单元（Remote Radio Unit，RRU），二者通过光纤前传链路连接。实际部署时，BBU 与核心网设备集中部署在本地机房或云化数据中心，通过光纤网络与分布在覆盖区域的多个射频拉远单元连接，从而实现更灵活的站点部署，降低建设和维护成本。

基带单元主要实现无线接入网的基带处理功能，包括空中接口协议处理、无线资源管理（接入控制、移动性管理、调度分配等）。在组网架构中，BBU 上行通过传输网络连接核心网，下行通过光纤前传链路连接 RRU。图 2–1 展示了某 BBU 的硬件组成模块，包括控制子系统、传输子系统、基带子系统、时钟子系统、电源子系统等。

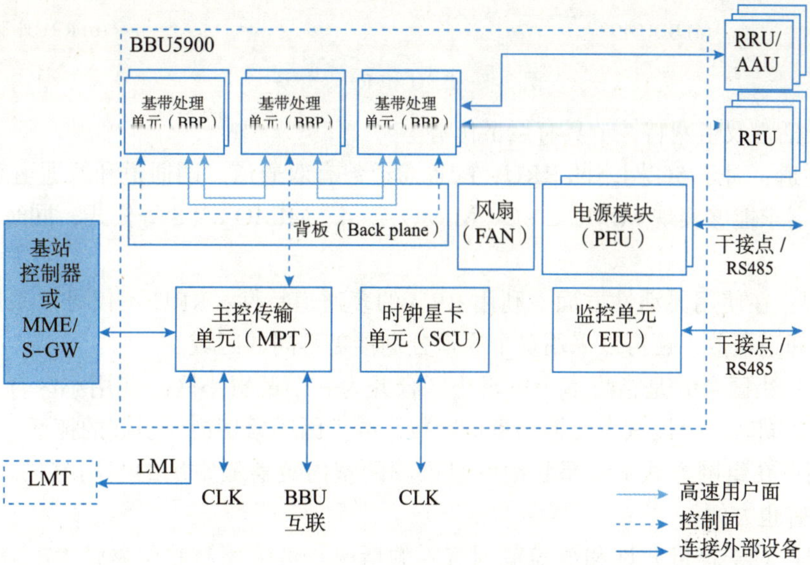

图 2–1　BBU 的各组成模块

BBU 是无线覆盖的重要设备，功能强大。目前国内主要厂家有华为、中兴等，它们占据了国内主要份额，华为更是连续多年无线主设备份额居世界第一。国外厂家有爱立信、诺基亚等。某 BBU 产品的外观图如图 2–2（a）所示。

RRU 的工作原理是：下行方向数字基带信号经数模转换后，通过数字上变频至中频，经混频器转换为射频信号，再通过带通滤波和线性功率放大，最终经双工器馈送至天线系统。上行方向将天线接收的无线信号经射频前端滤波、低噪声放大、增益控制、下变频及模数转换采样后，进行数字中频处理。

RRU 的射频发射功率因型号差异显著，室外型典型功率为 20W/ 通道，室内型可低至 2W/ 通道。5G 时代采用 MIMO 技术后，室外宏基站 RRU 功率配置更加多样，包括 4T4R、8T8R、64T64R 等架构，总功率显著提升，如 64T64R 型总功率达 400 ～ 600W（单通道为 6 ～ 10W），而室内型 RRU 多为 2T2R 或 4T4R 配置，4T4R 型总功率约为 20W（单通道为 5W）。

RRU 与基站的接口主要采用两种标准化协议：CPRI（Common Public Radio Interface，通用公共无线电接口）及 OBSAI（Open Base Station Architecture Initiative，开放基站架构倡议）。CPRI 组织成员包括爱立信、华为、NEC、北电、西门子等。OBSAI 组织成员包括诺基亚、中兴、LG、三星、现代等。理论上，接口类型相同的不同厂家之间可以互换，但通常电信运营商使用同一厂家的 BBU 和 RRU 协同工作。RRU 的型号类型繁多，某 RRU 外观图如图 2–2（b）所示。

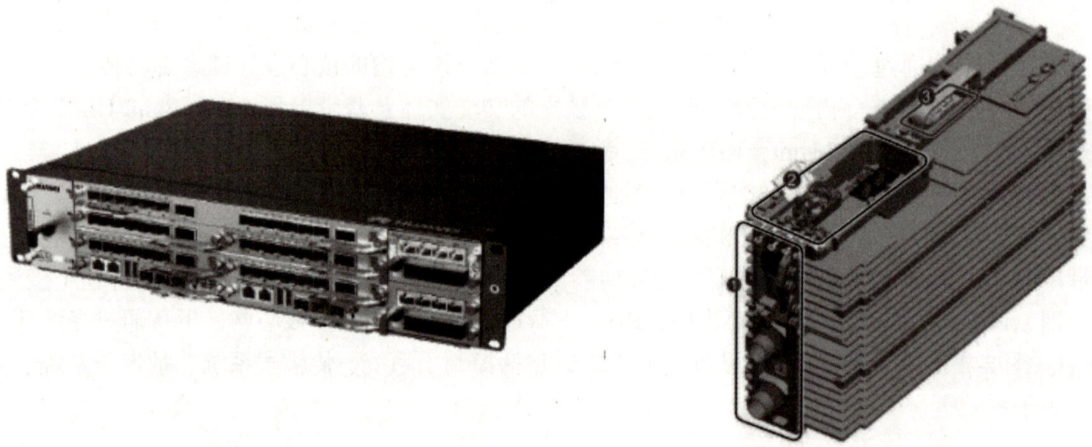

(a) BBU外观　　(b) RRU外观

图 2–2　BBU 和 RRU 外观

RRU 在应用灵活性及组网特性上具有以下优势。

（1）RRU 多通道：对于 5G 网络的 RRU，配置通道数有双通道、四通道和八通道等。RRU 在室内覆盖应用中根据场景需求能够实现 MIMO 2×2、MIMO 4×4、MIMO 8×8 等模式，同时具有功率大、安装灵活等特点。

（2）RRU 分裂：在使用灵活性方面，利用 RRU 的多通道特性，RRU 不仅可以采用多个通道同时覆盖一个区域形成多通道覆盖，还可以采用多个通道分别覆盖不同的区域。

（3）小区合并：小区合并是指将多个逻辑小区合并为一个逻辑小区。使用小区合并技术，在有效扩大单小区覆盖范围的同时，可以减少切换和重选次数，减少因频繁切换而引起的掉话。

（4）星状组网：在组网方式上，星状组网是推荐的室内覆盖最常用的组网方式。该方式可靠性高，维护方便，后期扩容也方便。

（5）链状组网：对于容量允许和覆盖范围有限的情况，可采用链状组网使 RRU 级联来扩大小区覆盖范围和覆盖距离，减少基站站址数量。RRU 级联数量需要根据各设备厂家的 BBU 性能而定，级联的

RRU 可以同属一个小区，也可以设置在不同的小区。为减少系统故障，室内分布工程中 RRU 级联数量不建议超过 3 个。

分布式基站信源的室内分布系统示意图如图 2–3 所示。

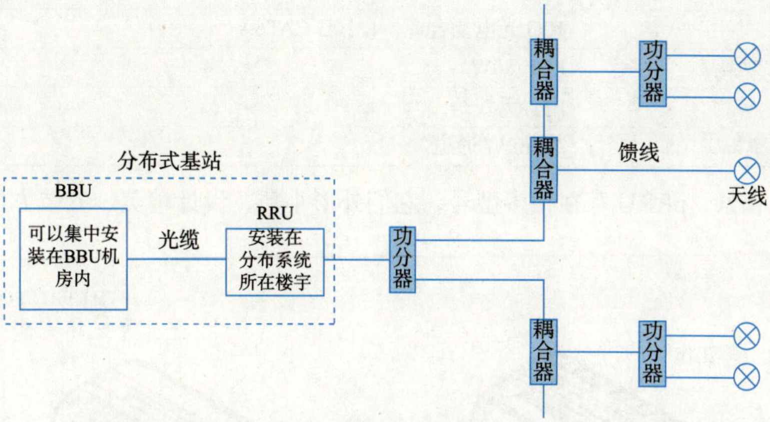

图 2–3　分布式基站信源的室内分布系统示意图

分布式基站的特点在于覆盖方式比较灵活。根据不同的场景，电信运营商可将 BBU 集中放置在高等级机房（中国电信较多采用此类模式）内，也可安装在工作环境较好的基站机房内，还可安装在室内分布站点楼宇内。

RRU 可采用级联的方式，也可采用并联的方式，主要取决于覆盖区域的话务量需求。对于话务量较大的覆盖区域，建议 RRU 单独占用一个扇区；话务量要求不大的覆盖区域，则可采用级联的方式进行覆盖，为 BBU 节约光口数量。

可适用室内场景：除极低数据流量需求的纯覆盖类场景外，绝大部分场景都适合 BBU＋RRU 模式。

头脑风暴

分析 5G 室内分布系统信源选择分布式基站的主要原因。

2.2.5　pRRU

pRRU 的全称为 pico RRU，也就是微微射频拉远单元或数字化皮站，为了体现功率级别差距，所以用了 pico 这个词，皮是 10^{-12} 的中文数量级表述。

pRRU 的功能和用于广覆盖的传统 RRU 基本相同，具备接收机和发射机两部分的功能。它在远端将基带信号调制到发射频段，经滤波放大后，通过天线发射。它从天线接收射频信号，经滤波放大后，将射频信号下变频，经模数转换为数字信号后发送给 BBU 进行处理。

pRRU 分为放装型和室分型。放装型是内置天线，将 pRRU 功能和天线功能合二为一，可以认为是 5G 宏覆盖设备 AAU 的微型版。室分型需要外接天线，根据不同需求可外接二天线、四天线等。

pRRU 功能强大，如放装型存在 2T2R、4T4R 等多天线类型，可以极大地提升室内分布容量，增大室内分布信号覆盖强度。表 2-1 为某款 pRRU 的性能指标。

表 2-1　某款 pRRU 的性能指标

条目	性能指标
频段	四频 900M＋ 1.8G ＋ 2.3G＋ 2.6G（160MHz）

续表

条目	性能指标
频段	5GNR 100MHz ＋ 5 个 20MHz LTE 载波
体积 / 质量	2.8L/2.8kg
接口	10G 光电复合缆，1*10G CAT6A
供电方式 / 功耗	POE/80W
天线	内置天线
机顶功率	250mW/ 通道

根据无线覆盖的场景，pRRU 存在很多型号，它们外形小巧、设计精美、安装方便。某款 pRRU 外观如图 2–4 所示。

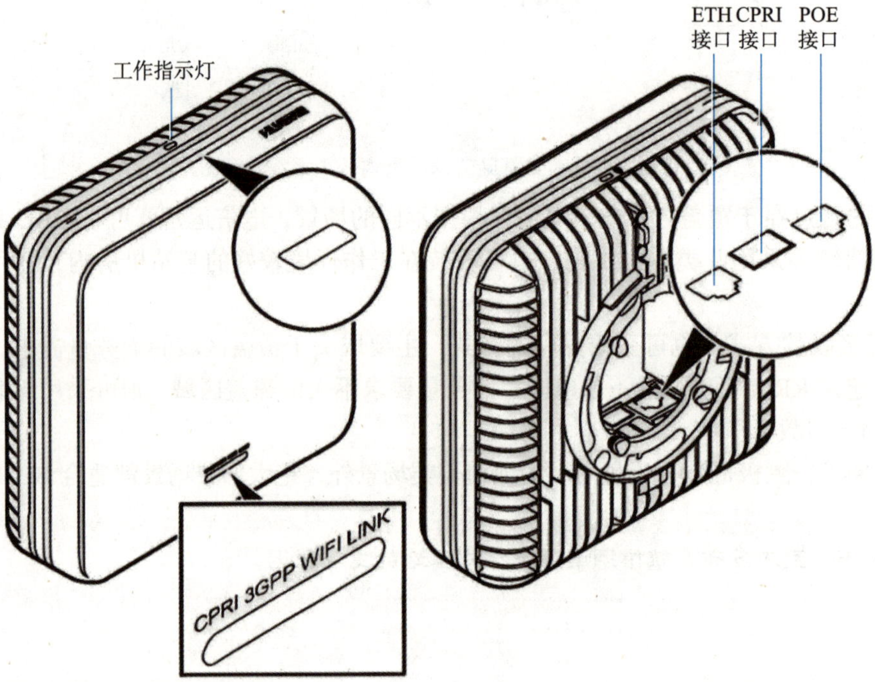

图 2–4　某款 pRRU 外观

2.3 信号放大或数字化处理设备

室内分布信号放大及数字化处理设备是无线通信室内分布系统中的重要组成部分。信号放大设备包括干线放大器、直放站，数字化处理设备包括远端汇聚单元、数字中继设备等。

2.3.1　干线放大器

干线放大器的简称是"干放"。它属于射频信号放大器，主要功能是使功率增强、信号放大。它可以补偿信号在功率分配或进行长距离传输时的损耗，以覆盖更多的区域。干线放大器的引入可能使基站接收的底噪明显提高，会引起上行覆盖半径减小，故设置时需要调整上行增益，减少基站的噪声干扰。

干线放大器用于室内分布系统主干线上的信号增强，扩大室内分布系统本身的覆盖区域。干线放大器结构简单，组成模块除双工器、电源、监控外，还包括上下行低噪声放大器、功率放大器，没有直放站的选频、选带、移频、光模块、业务天线和施主天线等。

干线放大器放大有一个可以保证其正常工作的、允许输入信号大小的范围。输入信号不能过大，否则干线放大器工作在放大器饱和区域，输出信号不能线性地反映输入信号的变化，进而引起信号失真。

一般在室内分布系统干线上的信号强度不足（通常在 0dBm 以下）的时候，才考虑使用干线放大器。系统使用耦合度较高（常用 30dB、35dB、40dB）的耦合器在主干线上耦合出一个弱信号，然后将该弱信号接到干线放大器上进行功率放大。由于干线放大器应用越来越少，本教材不详细展开，以了解为主。

2.3.2　直放站

1. 直放站的概念

直放站是一种射频信号功率增强设备，即无线信号放大设备。它提供无线信号发射中转，也可以称为中继器。

直放站种类众多，按传输方式可分为无线直放站、光纤直放站和移频传输直放站。

无线直放站是一体化设备，下行从基站接收信号，经放大后向用户方向覆盖。光纤直放站可以分为近端和远端两部分，近端通常放置在基站，它通过光纤连接到放置在覆盖区域的远端。移频传输直放站是一种通过频率搬移技术实现信号中继的设备，其典型工作流程为：在下行链路中将接收信号下变频至中频，经滤波和放大后上变频至新频段发射，上行链路则进行反向处理。该技术通过频段转换有效解决了传统直放站的系统自激问题。（注：随着 4G、5G 网络的演进，移频传输直放站因频谱效率较低而已逐步被数字化室内分布系统取代，故本教材不再详述其技术细节。）

（1）无线直放站。

在下行链路中，无线直放站通过施主天线从基站的覆盖区域中拾取（接收）信号，将经过带通滤波后的信号放大，然后通过业务天线把信号发射到覆盖区域，从而实现信号从基站到手机的传送。

在上行链路中，直放站接收其目标覆盖区域内的手机信号，经过滤波放大，然后把信号发射到基站，从而实现从手机到基站的信号传送。

从上面的描述中我们可以看出，直放站的核心组成部分是接收单元、滤波器、放大器和发射单元，如图 2–5 所示。

图 2–5　直放站的核心组成部分

直放站在工作过程中，存在手机和基站之间的双向信号，需要双工合路器处理上下行信号，以便把天线接收到的信号和天线要发射的信号分离或者合路。

直放站接收的无线信号，通常信号强度较小，无法直接进行滤波，也因为存在噪声而不能直接进行放大，在滤波放大前必须引入低噪声放大器。低噪声放大器是噪声系数很小的放大器，其作用是放大有用的信号，并尽可能地抑制噪声。

直放站的内部组成如图 2–6 所示。

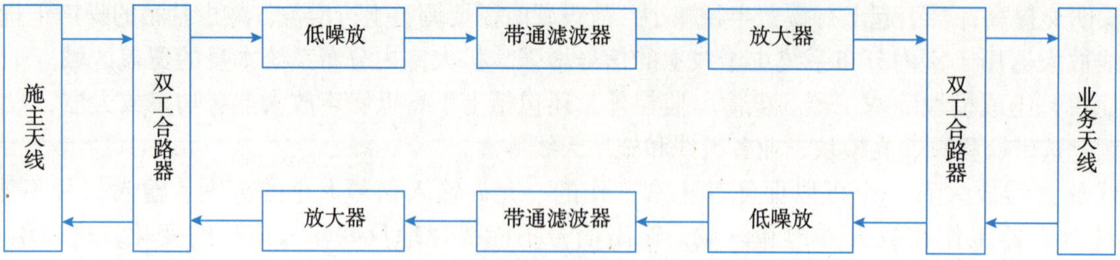

图 2-6　直放站的内部组成图

无线直放站的自激：施主天线接收到的无线信号经过直放站，从业务天线发射出去，又被施主天线接收到，经过不断的信号环回，形成对有用信号的干扰，这叫做直放站的自激。

由于直放站有自激现象，因此在施工安装时，无线直放站的施主天线和业务天线需要满足空间隔离度要求，施主天线需要采用定向天线。施主天线接收的无线信号必须满足信号强度和信号纯净度的要求。

（2）光纤直放站。

光纤直放站示意图如图 2–7 所示，它由近端和远端组成。远端通过光纤与近端相连，近端部署于基站侧，远端置于目标覆盖区，两端之间的距离最远可达 20km。下行方向近端将基站射频电信号转换为光载射频信号，远端接收后转换为射频电信号并放大，经室内分布系统由业务天线发射。上行方向与之相反，业务天线接收无线信号转换为射频电信号，经室内分布系统传至远端放大并转换为光载射频信号回传近端。

光纤直放站通过光纤传送光载射频信号，两次光电转换会引入额外噪声，影响无线信号质量。数字光纤直放站可实现模拟射频信号与数字光信号的双向转换，有效抑制噪声，但成本较高。在 5G 室内分布新建项目中，数字光纤直放站逐渐被 pRRU＋RHUB 方案替代。

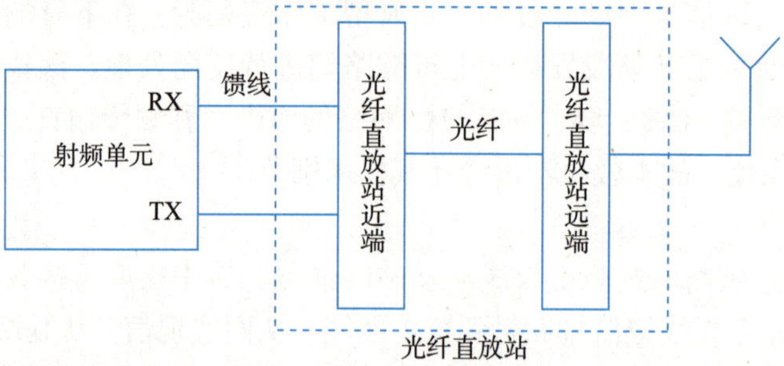

图 2–7　光纤直放站示意图

2. 直放站的应用

无论是无线直放站还是光纤直放站，它们的引入都可能使基站接收的底噪明显提高，从而导致上行覆盖半径减小。因此，在设置直放站时，应调整上行增益，并计算此噪声有效路径损耗，分析基站接收的噪声功率是否控制在可容忍范围内，以便控制上行噪声，减少基站的噪声干扰。

头脑风暴　观察生活中的无线覆盖系统，总结哪些场景适合建设直放站系统。

直放站可适用的场景：业务量不高，施工难度较高，或者要求能迅速对覆盖区域进行信号覆盖的目标建筑。

中国移动在 3G 时代后期由于噪声干扰和无法提供容量基本淘汰了直放站。但由于 5G 投入成本巨大，因此电信运营商迫于成本压力，又开始大规模使用直放站。尤其是 2019 年中国开始推行社会化室内分布项目，各新建楼盘由地产开发商完成室内分布系统建设，直放站的应用更加广泛，甚至开发出了无线光纤直放站这样的新设备。无线光纤直放站首先利用施主天线从宏站的覆盖区域拾取（接收）信号，然后将无线信号转换成射频信号，再转换成光信号，最后传输到多个光纤直放站远端，用室内分布器件覆盖地下室、电梯等区域来降低建设成本。

2.3.3　远端汇聚单元

远端汇聚单元是新型 pRRU 分布系统的中间环节，它上连 BBU，下接 pRRU。不同的系统对远端汇聚单元的命名方式有所差异，华为系统命名为 RHUB，中兴系统叫 pBridge。

中兴的 pRRU 分布系统被命名为 QCell 系统。QCell 方案采用 BBU+pBridge+pRRU 组网模式，支持多模多频融合室内覆盖，支持 POE 供电，支持 CAT6a 和光电复合缆两种拉远部署。与传统室内 DAS 相比，QCell 方案具备三大核心优势：头端数字化，实现了从无源天线头向有源 RRU 的演进，可支持多频多模天线技术；线缆 IT 化，实现了从馈线向网线和光纤的演进，网线和光纤与频段解耦，支持超大传输带宽向 5G 演进；运维可视化，实现从黑盒子向网管实时统一的可视化监控演进，做到可管可控、智能运维。

华为的 pRRU 系统命名为 LampSite，LampSite 方案采用 BBU+RHUB+pRRU 组网模式。其中，RHUB 为射频远端 CPRI 数据汇聚单元。华为某款 RHUB 外形如图 2-8 所示。

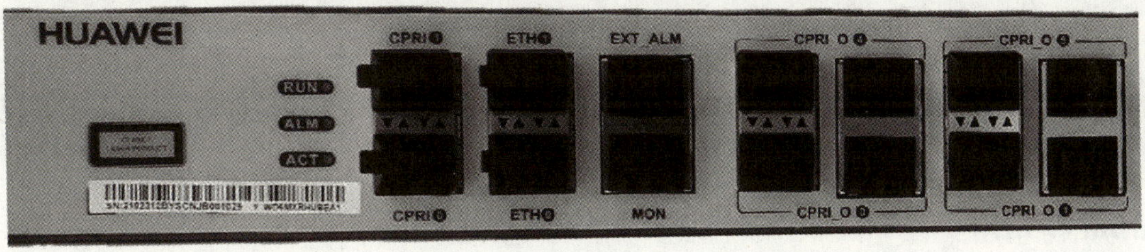

图 2-8　华为某款 RHUB 外形

RHUB 的工作原理如图 2-9 所示，其主要功能如下：

（1）RHUB 配合 BBU、DCU（Distributed Control Unit，分布式控制单元）以及 pRRU 使用，用于支持室内覆盖。

（2）接收 BBU、DCU 发送的下行数据转发给各 pRRU，并将多个 pRRU 的上行数据转发给 BBU、DCU。

（3）内置直流供电电路，向 pRRU 供电。

（4）支持通过光纤连接 pRRU 组网方式。

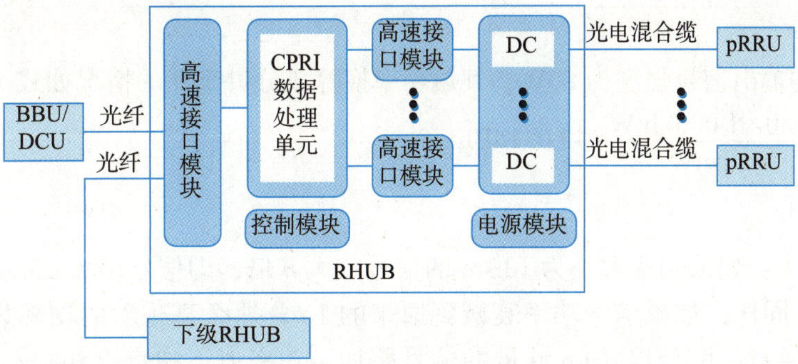

图 2-9　RHUB 的工作原理

2.4 无源器件

无源器件是室内分布系统中最为基础和最为重要的组成部分，主要包括合路器、功分器、耦合器、电桥、衰减器、负载等。为了更好地理解室内分布器件的相关性，本节先对室内分布器件中最为常见的功率指标参数的计算进行说明。

2.4.1 信号强度的计算单位

1. dB

在电磁学中，分贝（dB）是表示两个同类型物理量比值的对数单位，其数学定义为：

$$\text{Lx(dB)}=10\times\lg\left(\frac{X}{Y}\right)\text{dB} \tag{2–1}$$

式中，X 为待测功率（或其他强度量），Y 为基准功率（或其他强度量），X 和 Y 必须具有相同的物理量和量纲。

以功率为例：信号功率为 $X=100\,000\text{W}$，基准功率为 $Y=1\text{W}$，如式（2–2）通过计算得其值为：

$$\text{Lx(dB)}=10\times\lg\left(\frac{100\,000\text{W}}{1\text{W}}\right)\text{dB}=10\times\lg(10^5)\text{dB}=50\text{dB} \tag{2–2}$$

通过将比值以对数方式表示，可将极大动态范围（如 $10^6:1$）压缩为线性数值（60dB），简化了表达和运算。

2. dBm 和 dBw

dBm 是以 1 毫瓦（mW）为参考功率的绝对功率单位。计算公式为：$P_{\text{dBm}}=10\lg\dfrac{P}{1\text{mW}}$，当 $P=1\text{mW}$ 时，计算得到 0dBm，即 0dBm 表示功率为 1 毫瓦（mW）。通过计算可以得出功率为 1 瓦（1 000mW）对应 30dBm。

dBw 与 dBm 一样，它是以 1 瓦为参考功率的绝对功率单位。dBm 称为分贝毫瓦，dBw 称为分贝瓦。dBw 的计算公式为：$P_{\text{dBw}}=10\lg\dfrac{P}{1\text{W}}$，当 $P=1\text{W}$ 时，计算得到 0dBw，即 0dBw 表示功率为 1 瓦。dBm 与 dBw 的换算关系为：

$$x\,\text{dBw}=(x+30)\,\text{dBm} \tag{2–3}$$

注意：功率以 dBm 或 dBw 表示时，数值可以为负，如功率 $P=1\mu\text{W}$，计算得到 $10\lg0.001=-30\text{dBm}$，或者 $10\lg10^{-6}=-60\text{dBw}$。

又如，5G RRU 的输出信号强度为 80W，其总功率换算成分贝毫瓦的情况如式（2–4）：

$$P_{\text{dBm}}=10\times\lg\frac{(80\times1\,000)\,\text{mW}}{1\text{mW}}=49.031\text{dBm} \tag{2–4}$$

3. 功率单位计算

dBm 的计算规则为：如果功率大小为 xdBm 的信号放大 n 倍，即信号增大 $10\lg n$，那么放大后的功率为（$x+10\lg n$）dBm；同样，如果信号功率衰减到原来的 $1/n$，那么衰减后的功率为（$x+10\lg1/n$）dBm，即（$x-10\lg n$）dBm。注意：两个以 dBm 计量的信号叠加，功率值不能直接相加，例如，无损系统两个功率相同的 2dBm 信号叠加得到的功率不是 4dBm，叠加后的信号是原来单路信号功率的 2 倍，即增加

10lg2~3dB，2dBm＋3dB＝5dBm。

某室内分布系统的信源信号输出至 A 点，A 点的输入功率为 15.2dBm，经过器件 1 损耗 3dB，经过器件 2 损耗 5dB，经过器件 3 损耗 6dB，经过器件 4 损耗 3dB，经过天线增益 18dB，那么输出口 B 点的实际输出功率计算如下：

$$P(\mathrm{B})=15.2\mathrm{dBm}-3\mathrm{dB}-5\mathrm{dB}-6\mathrm{dB}-3\mathrm{dB}+18\mathrm{dB}=(15.2-3-5-6-3+18)\ \mathrm{dBm}=16.2\mathrm{dBm} \tag{2-5}$$

功率计算示意图如图 2–10 所示，出口 B 的功率比入口 A 的功率大，说明信号被放大。

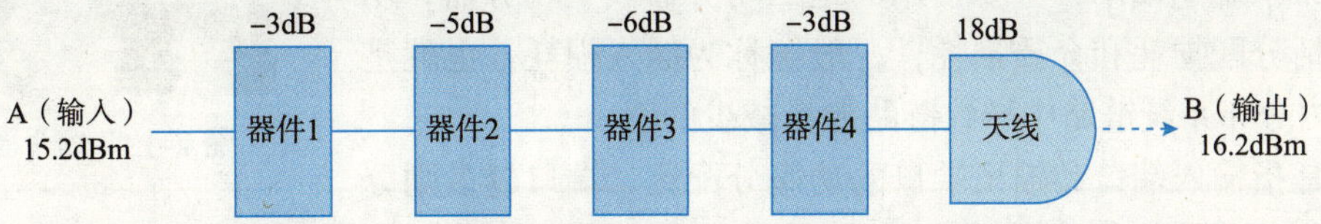

图 2–10　功率计算示意图

2.4.2　合路器

图 2–11　合路器实物示意图

合路器的主要功能是将两路或者多路不同频段的射频信号合在一个室内分布系统里。合路器实物示意图如图 2–11 所示。

一个室内分布系统通过合路器可以为工作在不同频段的几个无线制式服务，从而节约物料和施工费用，但需要避免多个系统互相影响，导致网络质量下降。

合路器是滤波器的有效组合，可以同时为上下行两个方向的信号服务，实际上具有双工器的作用。合路器的信号合成和信号分离示意图如图 2–12 所示。从下行的方向（信号源到天线的方向）看，合路器把各频带的信号在输出端叠加起来（信号合成）；从上行的方向（天线到信号源的方向）看，合路器把天线接收的上行信号按照不同频段分开，分别送往相应制式的信号源。

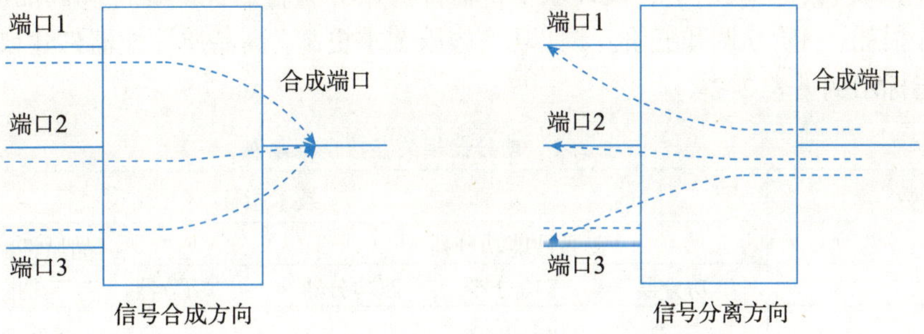

图 2–12　合路器的信号合成和信号分离示意图

从本质上说，合路器要实现不同频段信号的高效合成与分离，在保证信号完整性的同时最小化功率损耗。

要实现无损合路与分路，必须确保各支路间功率互不耦合，即任一通路对其他通路呈现理想隔离状态。另外，合路器要保证不同频段的信号互不干扰，这就要求具备较高的带间隔离度。

2.4.3　功分器

功分器全称为功率分配器，是一种将一路输入信号的功率均匀分配到各个输出端口的射频器件。从实现技术看，功分器可以分为腔体功分器和微带功分器。其中，微带功分器由于其频段狭窄，承受的功率小，不能适应网络发展的需求，因此已基本被淘汰。

功分器可根据输出端口的数量予以区分：两路输出的功分器称为二功分器，每个端口得到1/2的功率；三路输出的功分器称为三功分器，每个端口得到1/3的功率；四路输出的功分器称为四功分器，每个端口得到1/4的功率。功分器实物示意图如图2–13所示。

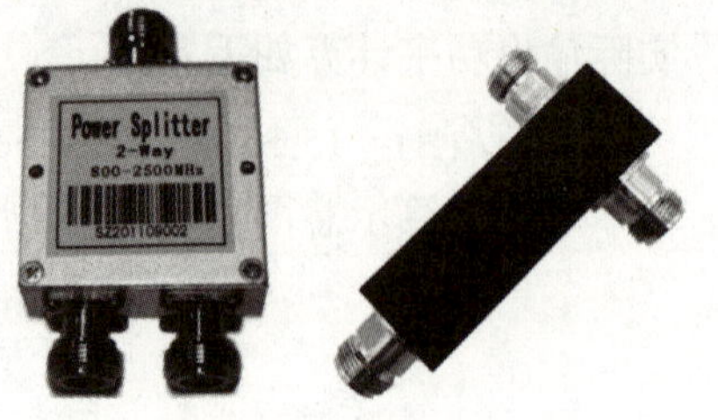

图2–13　功分器实物示意图

在室内分布系统建设中，主要使用的是二功分器、三功分器。功分器的损耗包括分配损耗和介质损耗，一般统称为插入损耗，也就是该器件插入室内分布系统链路中导致链路能量减少的值。

分配损耗是指输入端口和输出端口的功率分配比，端口越多则分配损耗越大。二功分器的分配损耗为10lg2≈3dB，三功分器的分配损耗为10lg3≈4.8dB，四功分器的分配损耗为10lg4≈6dB。

功分器的介质损耗通常与生产材料、工艺水平、设计水平等有关，其取值一般在0.2～0.5dB之间。二功分器的插入损耗一般小于3.5dB，三功分器的插入损耗一般小于5.3dB，而四功分器的插入损耗则一般小于6.5dB。

例如，当输入端口的功率为10dBm时，计算二功分器、三功分器和四功分器的输出端口的功率。功分器输入/输出端口功率计算如图2–14所示。

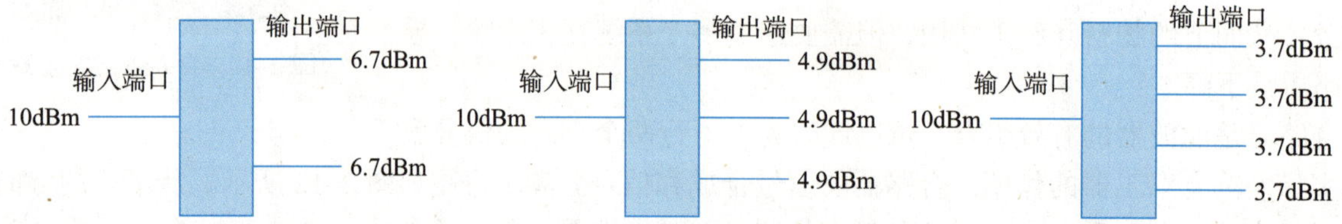

图2–14　功分器输入/输出端口功率计算

根据器件的生产材料、工艺水平、设计水平，器件可以分为普通性能器件和高品质性能器件。高品质性能器件对插入损耗、三阶互调和五阶互调、功率容限要求更高。高品质性能器件建议采用DIN型接口。功分器相关参数指标示例见表2–2。

表2–2　功分器相关参数指标示例

功分器参数	技术指标					
产品类型	普通性能功分器			高品质性能功分器		
	二功分器	三功分器	四功分器	二功分器	三功分器	四功分器
频率范围（MHz）	800～3 800			800～3 800		
插入损耗（dB）	≤3.5	≤5.3	≤6.5	≤3.3	≤5.1	≤6.3
驻波比	≤1.25			≤1.25		
带内波动（dB）	≤0.3	≤0.45	≤0.55	≤0.3	≤0.45	≤0.55
三阶互调（dBc）@2×43dBm	≤–140			≤–145		
五阶互调（dBc）@2×43dBm	≤–150			≤–155		
特性阻抗（Ω）	50			50		
平均功率容限（W）	300			500		
峰值功率容限（W）	1 000			1 500		

2.4.4　耦合器

耦合器是从无线信号主干通道中提取出一小部分信号的射频器件，其主要作用是将信号根据网络覆盖需求进行不对等的功率分配。耦合器一般包括主干通道的输入端口、主干通道的直通端口和提取部分功率的耦合端口，如图 2–15 所示。

图 2–15　耦合器结构示意图

耦合器实物示意图如图 2–16 所示。

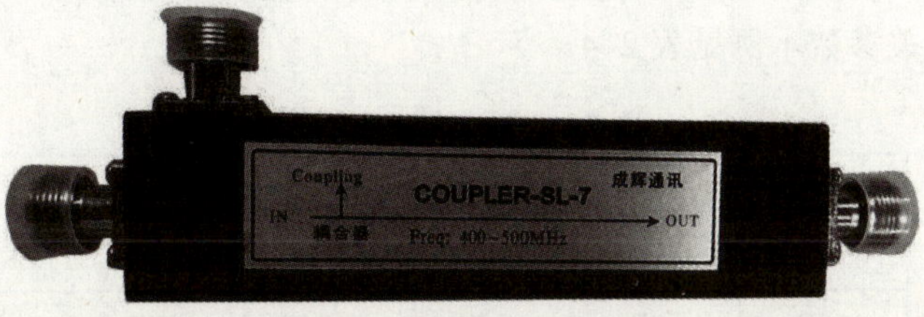

图 2–16　耦合器实物示意图

耦合器按实现方式可分为多种类型，无线工程常使用的定向耦合器按结构可分为腔体式和微带式两类。其中，室内分布系统由于功率承载要求较高，普遍选用大功率容量的腔体式耦合器。

通常信号源的发射功率需要平均分配到室内分布系统的各个天线口，使每个天线口的发射功率基本相同，用于电梯井道覆盖的天线的发射功率一般要比普通天线高 3～5dB。不同耦合度的耦合器与功分器协同工作可以实现信号功率的精确分配。

耦合度定义为耦合端口输出功率与输入端口功率之比的分贝值。耦合器根据不同的耦合度可以分成 5dB、6dB、7dB、10dB、15dB、20dB、30dB、40dB 等。理论上讲，4dB、8dB 等特殊数值的耦合器也可以被制作出来，但对室内分布工程无实用价值。

耦合度的计算公式为：

耦合度（dB）＝输入端口功率（dBm）– 耦合端口功率（dBm）

例如，6dB 耦合器中耦合端口功率比直通输入端口功率小 6dB，由于 $10\lg 1/4 \approx -6$，也就是说直通输入端口的 1/4 能量进入了耦合端口，根据能量守恒定律，有 3/4 能量进入了直通输出端口，直通端的损耗就是 $10\lg 3/4 \approx -1.25$ dB。

对于其他型号，如 7dB，其耦合端口功率比直通输入端口小 7dB，假设耦合端口得到总能量的比值为 x，那么需要满足 $10\lg x = -7$，可以进行如下推导：

$$\lg x = -0.7$$

$$x = 10^{-0.7} \approx 0.2$$

$$10\lg(1-x) = 10\lg(1-10^{-0.7}) = 10\lg 0.8 \approx -0.97$$

根据计算可知，耦合端口得到总能量的 20%，即 1/5，直通输出端口得到总能量的 4/5，直通输出端口相比直通输入端口能量减少 0.97dB。

将其他耦合度代入计算，如耦合度为 10dB、20dB 时，耦合端口得到总能量的 1/10 和 1/100，具体可以见表 2–3。

由上述计算可知，耦合度越大，直通端口分配损耗越小，在输入端功率恒定的情况下，直通端的功率大小取决于耦合器的耦合度大小。

耦合器的介质损耗一般取 0.3～0.5dB，表 2–3 列举了耦合器直通端分配损耗和耦合度的关系。

表 2–3　耦合器直通端分配损耗和耦合度的关系

耦合度	5dB	6dB	7dB	10dB	15dB	20dB	30dB	40dB
耦合比例	1/3	1/4	1/5	1/10	1/32	1/100	1/1 000	1/10 000
分配损耗	1.65	1.25	0.97	0.46	0.14	0.04	0.004	0.0001
介质损耗	0.30	0.30	0.30	0.30	0.30	0.30	0.30	0.30
直通端分配损耗	1.95	1.55	1.27	0.76	0.44	0.34	0.304	0.30

耦合器和功分器一样，可以分为普通性能器件和高品质性能器件。其中，高品质性能耦合器建议采用 DIN 型接口。耦合器相关参数示例见表 2–4。

表 2–4　耦合器相关参数示例

耦合器参数	技术指标							
产品类型	普通性能耦合器				高品质性能耦合器			
	5dB	6dB	7dB	10dB	5dB	6dB	7dB	10dB
频率范围（MHz）	800～3 800				800～3 800			
耦合度偏差（dB）	±0.8	±0.8	±0.8	±1	±0.8	±0.8	±0.8	±1
最小隔离度（dB）	≥23	≥24	≥25	≥28	≥23	≥24	≥25	≥28
插入损耗（dB）	≤2.15	≤1.76	≤1.47	≤0.96	≤2.05	≤1.66	≤1.37	≤0.86
驻波比	≤1.25				≤1.25			
特性阻抗（Ω）	50				50			
三阶互调（dBc）@2×43dBm	≤140				≤150			
平均功率容限（W）	300				500			
峰值功率容限（W）	1 000				1 500			

头脑风暴

如何选择合适的功分器和耦合器，实现将一个输入信号均分成 10 路功率相等的输出信号？

功分器和耦合器的功率分配属于本教材的重要内容，选择合适的耦合器和功分器进行功率分配的具体方法可参考本书的相关电子资料。

无源系统功率分配器件选择及计算

2.4.5　电桥

电桥是一个四端口网络，一般用于同频段或邻频段的合路，属于同频合路器。电桥实物示意图如图 2–17（a）所示。电桥的特性是两个端口输入、两个端口输出（或者一个端口输出，另一个端口内部用负载堵上）。两个输入端口相互隔离，两个输出端口输出的功率为各个输入端口功率的 50%，并且两个输出信号的相位相差 90°。电桥的输入端口与输出端口可以对调使用。

当电桥的两个输入端口分别接两个同频段或邻频段的载波进行合路的时候，输出端口可以只使用其中一个端口，另一个端口用匹配的负载堵上，也可以使用两个端口。输出端口的两路信号功率都会损失 3dB，所以电桥通常也被称为 3dB 电桥。

电桥是对两路同频段或邻频段信号的合路，不能采用带通滤波器的方式进行合路，输入端口两路同频段信号的隔离度也较低，因此采用的是类似耦合器的原理。电桥内部结构示意图如图 2–17（b）所示。

(a) 电桥实物示意图

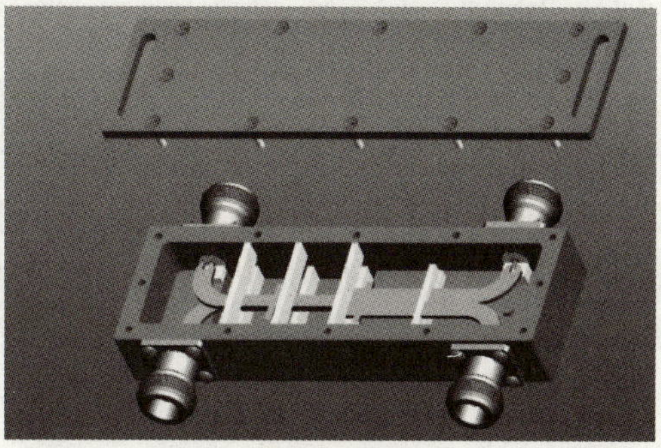

(b) 电桥内部结构示意图

图 2–17　电桥

选择电桥时首先要看电桥的工作频率范围是否满足要求，两个输入端口之间的隔离度是否满足要求。根据覆盖区域的不同，可以灵活选择“两进一出”或“两进两出”的电桥。

2.4.6　衰减器

衰减器一般是将大信号衰减到一定的比例，从而达到理想的功率值。衰减器实物示意图如图 2–18 所示。衰减器与放大器的功能相反，它在一定的工作频段范围内可以使输入信号的功率减小，使器件输入口功率达到合适的范围。

图 2–18　衰减器实物示意图

衰减器可以分为固定衰减器和可调衰减器。室内分布系统建设工程通常采用的是固定衰减器。固定衰减器根据衰减度有 5dB、10dB、15dB、20dB、30dB、40dB 等不同类型。

衰减器端口功率计算示意图如图 2–19 所示，当输入功率为 15.2dBm，使用 30dB 衰减器时，最终的输出功率为 –14.8dBm（15.2dBm–30dB），此时输出功率只有输入功率的 1/1 000。

图 2–19　衰减器端口功率计算示意图

衰减器是一种能量消耗器件，由电阻元件组成。电阻的热量超过一定程度时，衰减器就会被烧毁。功率容限是衰减器的重要参数，实际应用中，要确保衰减器工作在其功率容限范围之内。为了保证衰减器正常工作，根据实际情况可适当选取功率容限大一些的衰减器。

2.4.7　负载

负载是一种特殊的衰减度为无限大的衰减器，它主要用于空载的射频口，起到吸收信号、降低干扰的作用。负载实物示意图如图 2–20 所示。

图 2–20　负载实物示意图

负载与衰减器一样，也是将信号功率转化成电阻的热量，因此功率容限是负载的重要参数。负载内部结构示意图如图 2–21 所示。

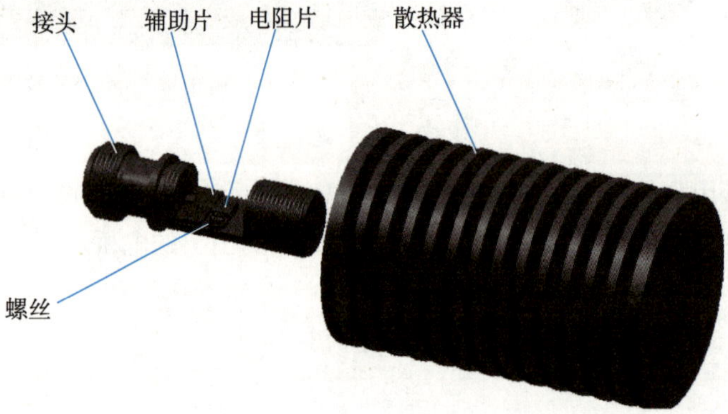

图 2–21　负载内部结构示意图

实际应用中，要确保负载工作在其功率容限范围之内。室内分布系统建设工程中常见配置的负载有 2W、5W、10W、25W、50W、100W、200W 等。为了保证负载正常工作，我们需要根据实际情况适当选取功率容限大一些的负载。负载相关参数示例见表 2–5。

表 2–5　负载相关参数示例

参数	性能指标						
工作频段（MHz）	800～3 600						
功率容限（W）	2	5	10	25	50	100	200
峰值功率容量（W）	500	500	1 000	1 000	1 000	1 000	1 000
驻波比	≤1.2			≤1.25			
阻抗（Ω）	50						

2.4.8　POI

多系统合路平台（Point Of Interface，POI）是一种特殊的合路器，属于无源器件，但也有一些型号是有源器件。POI 主要应用在需要多网络系统接入的大型建筑、市政设施内，如大型展馆、地铁、火车站、机场、政府办公机关等场景。

POI的主要作用是对2G、3G、4G、5G及集群等系统的信号进行合路，并尽可能抑制各频带间的无用干扰成分。POI 的相关产品避免了室内分布系统建设的重复投资，是一种实现多网络信号兼容覆盖的有效手段。

POI 自身具备很多优点。例如：多制式、多系统信号合路数量多；采用模块化设计，扩容性好；具有整体监控功能，维护方便；可以预留端口、方便升级等。

大型 POI 的插入损耗通常较大，可达到 5～7dB。

POI 根据安装形式可以分为机柜式 POI 和壁挂式 POI。其中，机柜式 POI 一般在有机房的站点使用，壁挂式 POI 一般在无机房的站点使用。POI 实物示意图如图 2–22 所示，左侧为机柜式 POI，右侧为壁挂式 POI。

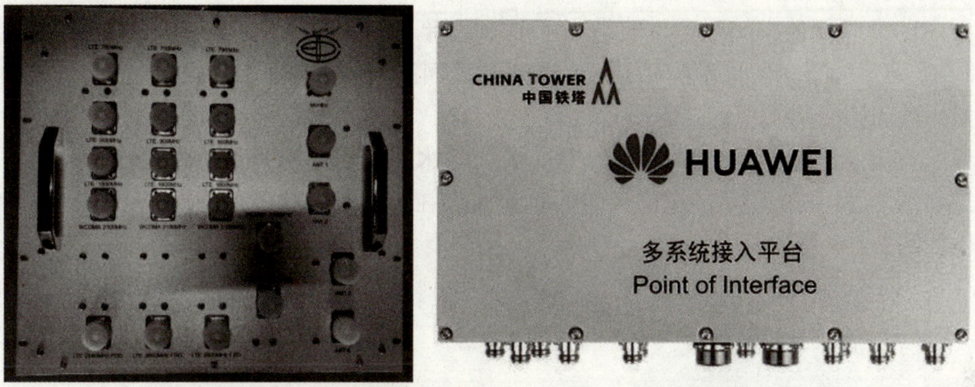

(a) 机柜式POI　　(b) 壁挂式POI

图 2–22　POI 实物示意图

2.5 5G 室内分布系统天线

2.5.1　天线的相关指标

天线是将传输线中的电磁能转化成自由空间的电磁波或将空间电磁波转化成传输线中的电磁能的装置。对于天线而言，主要的指标有增益、波瓣宽度、前后比、极化方向以及驻波比。

1. 增益

增益是指无线电波通过天线后传播效果改善的程度。天线增益一般用 dBi 和 dBd 两种单位表示。

dBi 用于表示天线的最大辐射方向的场强相对于理想点源天线在同一位置的辐射场强的大小。点辐射源是全向的，它的辐射是以球面的方式向外扩散，没有辐射信号的集中能力，可以认为其增益为 0dBi。

dBd 用于表征天线在最大辐射方向的场强相对于半波偶极子天线在相同位置产生的辐射场强的比值。由于偶极子天线具有方向性，其在主辐射方向的辐射效率比理想点源天线高 2.15dB，dBi 与 dBd 的参考基准如图 2–23 所示，因此存在 dBi=dBd+2.15 的换算关系，例如，2dBd 的天线增益等效于 4.15dBi（计算过程：2dBd ＋ 2.15dB ＝ 4.15dBi）。

一般情况下，全向天线增益为 3dBi 左右，定向板状天线增益的范围为 4～21dBi。

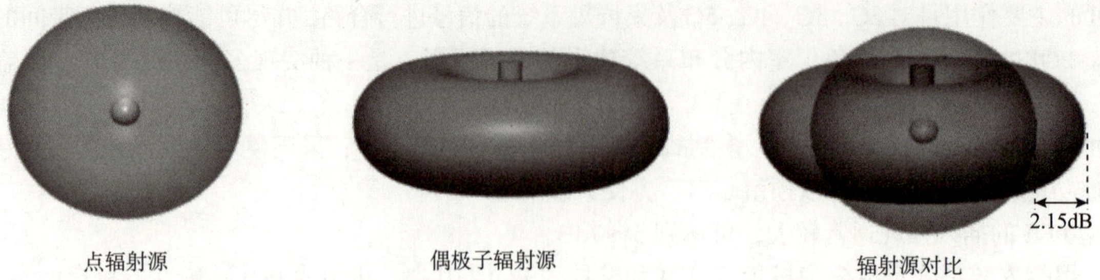

图 2–23 dBi 和 dBd 的参考基准图

2. 波瓣宽度

天线的方向图是立体的空间图形，但是为了便于读者理解和图形显示，两个概念被提出：水平波瓣和垂直波瓣。把天线方向图沿水平方向横切后得到的截面图，叫做水平波瓣图；把天线方向图沿垂直方向纵切后得到的截面图，叫做垂直波瓣图。

全向天线的波瓣示意图如图 2–24 所示。全向天线的水平波瓣在同一水平面内各方向的辐射强度理论上是相同的，如图 2–24（a）所示。全向天线的垂直波瓣在各个方向的辐射强度是不相同的，但以天线为轴左右对称，如图 2–24（b）所示。

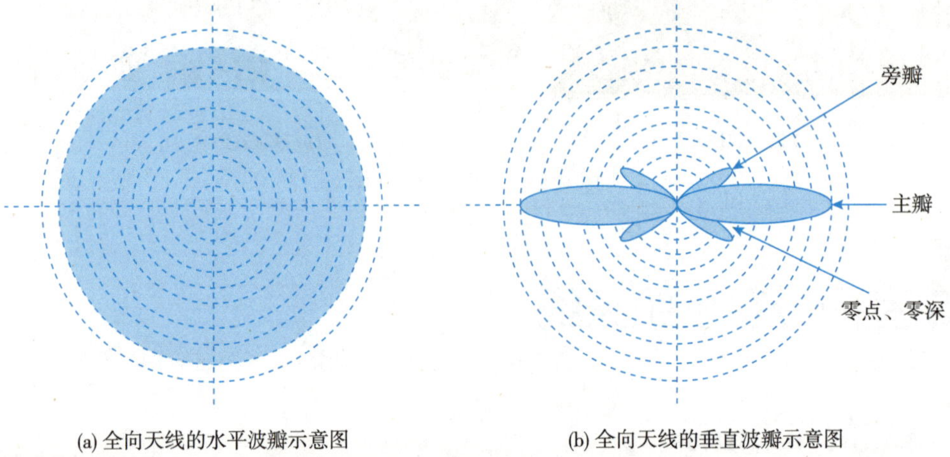

图 2–24 全向天线的波瓣示意图

定向天线的水平波瓣和垂直波瓣在各个方向的辐射强度是不相同的。定向天线的波瓣示意图如图 2–25 所示。

波瓣图一般包括主瓣和旁瓣。其中，主瓣是辐射强度最大方向的波束；旁瓣是主瓣之外的、沿其他方向的波束；与主瓣相背方向上也可能存在电磁波泄漏形成的波束，叫做背瓣或后瓣，如图 2–25（b）所示。

波瓣宽度是指天线辐射的主要方向形成的波束张开的角度。波瓣宽度在实际工程应用中一般是指 3dB 波瓣宽度，即信号功率比天线辐射最强方向的功率差 3dB 的两条线的夹角。天线的波瓣宽度示意图如图 2–26 所示。

一般来说，天线的波瓣宽度越窄，它的方向性越好，特定方向上辐射的无线电波的传播距离越远，抗干扰能力越强。

全向天线的水平波瓣宽度为 360°，而定向天线常见 3dB 水平波瓣带宽有 20°、30°、65°、90°、105°、120°、180° 等多种。

天线的 3dB 垂直波瓣宽度与天线的增益、3dB 水平波瓣宽度会相互影响。在增益不变的情况下，水平波瓣宽度越大，垂直波瓣宽度就越小。一般定向天线的 3dB 垂直波瓣宽度在 10° 左右。

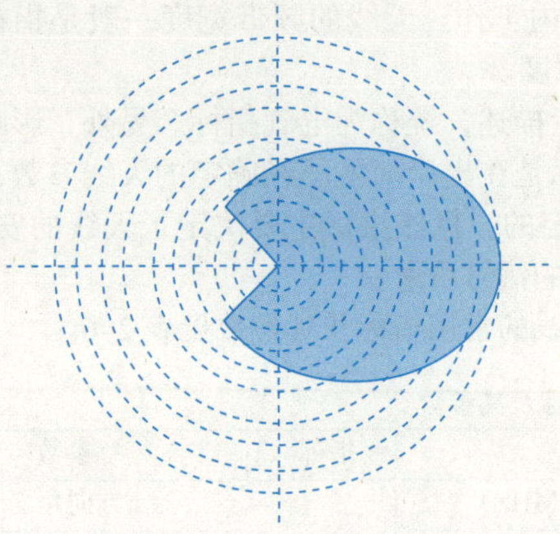

(a) 定向天线的水平波瓣示意图

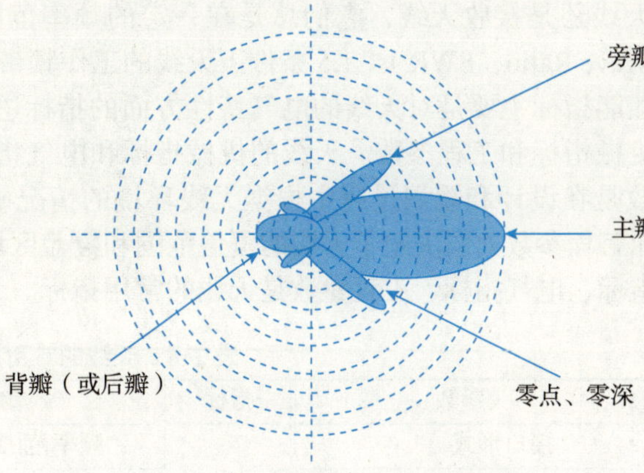

(b) 定向天线的垂直波瓣示意图

图 2–25　定向天线的波瓣示意图

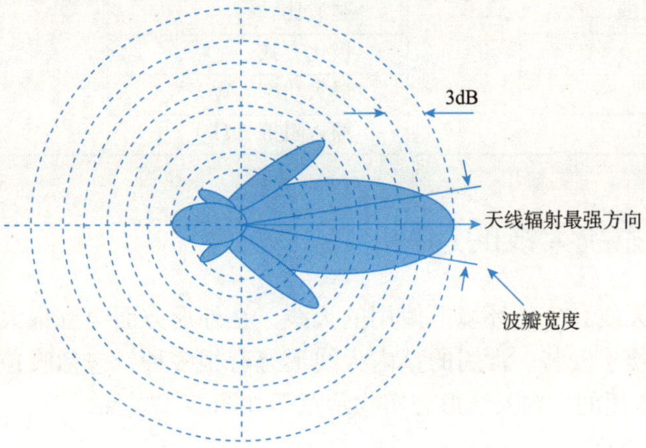

图 2–26　天线的波瓣宽度示意图

如果 3dB 垂直波瓣宽度过窄，则会出现“塔下黑”的问题，也就是说，在天线下方会有较多的覆盖盲区。在天线选型时，为了保证对覆盖目标的良好覆盖，减少覆盖盲区，在同等增益条件下，所选天线的 3dB 垂直波瓣宽度应尽量宽一些。

3. 前后比

前后比是指定向天线辐射方向前瓣最大值与辐射的反方向 30° 内后瓣最大值电场强度的比值。前后比的计算公式为：

$$\text{前后比（dB）}=10\lg\frac{\text{前向功率（mW）}}{\text{反向功率（mW）}} \tag{2–6}$$

4. 极化方向

天线的极化方向是指天线辐射时形成的电场强度的方向。当电场强度方向垂直于地面时，此电波就称为垂直极化波；当电场强度方向平行于地面时，此电波就称为水平极化波。一般在移动通信系统中有垂直极化、水平极化和 ±45° 双极化三种。

5. 驻波比

驻波比是指天线输入口的匹配能力，是衡量天线工艺和质量水平的重要标志，其值一般小于 1.5。无论是发射天线还是接收天线，它们总是在一定的频率范围内工作。天线的频带宽度一般是指在驻波比（Standing Wave Ratio，SWR）≤1.5 条件下天线的工作频带宽度。

以上性能指标主要是对天线的电气特性方面的指标进行描述，统称为电气指标。另外，影响天线的指标还有机械指标和工程参数。天线的机械指标和电气指标是在出厂前就已经确定的天线参数，而天线的工程参数是在设计和规划过程中根据无线环境的情况确定的。机械指标主要决定了天线的安装方式，电气指标和工程参数共同决定了天线的覆盖范围和覆盖区域的信号质量。

机械指标、电气指标、工程参数是天线的常用指标。天线的常用指标及其参数见表 2–6。

表 2–6　天线的常用指标及其参数

指标	参数	指标	参数	指标	参数
机械指标	接口形式	电气指标	频率范围（MHz）	工程参数	方向角
	天线尺寸（长）		天线增益（dBi）		下倾角
	天线重量（kg）		半功率波束宽度		高度
	天线罩材质		前后比（dB）		安装位置
	工作温度范围		驻波比		
	安装方式		极化方式		
			最大功率（W）		
			输入阻抗（Ω）		

2.5.2　室内分布系统天线的选型

室内分布系统使用的天线和室外环境下使用的天线，在外形方面会有很大不同。一般来说，室内天线要求形状小、重量轻，便于安装。常用的室内天线形态有很多种，包括吸顶天线、壁挂式天线、对数周期天线、贴壁天线等。常用的室内天线形态实物示意图如图 2–27 所示。

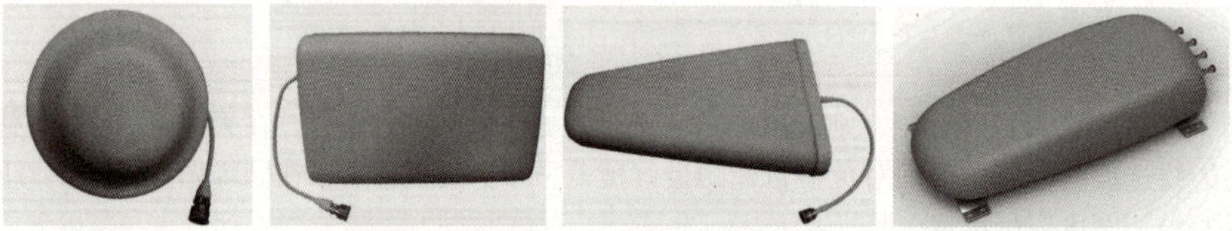

(a) 吸顶天线　(b) 壁挂式天线　(c) 对数周期天线　(d) 贴壁天线

图 2–27　常用的室内天线形态实物示意图

（1）吸顶天线：包括全向吸顶天线、定向吸顶天线。

（2）壁挂式天线：一般是定向壁挂式天线。

（3）对数周期天线：一般只有单极化天线。

（4）贴壁天线：是一种新型天线，主要针对 5G 网络，具备 4 通道输出，增益高。

还有一些天线则是根据场景特制的天线，如赋形天线、电梯天线、开关面板型天线等。赋形天线主要应用在体育场馆，开关面板型天线主要应用在家庭、酒店。

一般来说，室内分布系统天线的选型主要基于以下两个原则：

（1）室内分布系统天线的选型要考虑室内环境的特点，选用的天线要尽量美观，天线形状、颜色、尺寸大小要与室内环境协调。

（2）室内分布系统天线的选型要考虑覆盖的有效性，既要满足室内区域的覆盖效果，又要减少信号在室外的泄漏，避免对室外造成干扰。室内天线的增益一般比室外天线小，覆盖范围较室外天线小很多。在选用室内分布系统天线的时候，增益不能过大，过大容易导致信号外泄；增益也不能过小，过小无法保证室内的覆盖。

室内分布系统天线的选型属于室内分布系统的重要内容，关于天线特性和选型的更深入知识可参考本书的相关电子资料。

室内分布系统天线的特性和选型

1. 全向吸顶天线

全向吸顶天线的水平波瓣宽度为 360°，垂直波瓣宽度为 65° 左右。全向吸顶天线一般安装在房间、大厅、走廊等场所的天花板上，其安装位置尽量设在天花板的正中间，避免安装在门窗等信号比较容易泄漏的地方。全向吸顶天线的增益较小，其增益值一般为 2～5dBi，能量集中的能力低，扩散范围较大。

全向吸顶天线可以分为全向吸顶单极化天线和全向吸顶双极化天线两种。全向吸顶单极化天线相关参数指标示例见表 2–7。

表 2–7　全向吸顶单极化天线相关参数指标示例

参数	技术指标		
工作频段（MHz）	806～960	1 710～2 690	3 300～3 800
极化方式	垂直极化		
增益（dBi）	1.5	3.5	4
水平波瓣宽度（°）	360		
垂直波瓣宽度（°）	65		
方向图圆度（dB）	± 2		
电压驻波比	≤1.5		
三阶交调（@33dBm×2）	≤–107		
功率容限（W）	50		
阻抗（Ω）	50		

全向吸顶双极化天线相关参数指标示例见表 2–8。

表 2–8　全向吸顶双极化天线相关参数指标示例

参数	技术指标		
工作频段（MHz）	806～960	1 710～2 700	3 300～3 700
极化方式	垂直极化 / 水平极化		
增益（dBi）	1.5	3.5	3.5
水平波瓣宽度（°）	360		
垂直波瓣宽度（°）	85	55	45
方向图圆度（dB）	≤2		≤3.2
电压驻波比	≤1.5		
交叉极化比（dB）	≥10	≥10	≥10
隔离度	≥17	≥20	≥20
三阶交调（@33dBm×2）	≤–107		
功率容限（W）	50		
阻抗（Ω）	50		

2. 定向吸顶天线

室内分布系统中的定向吸顶天线，其增益比全向天线的增益要高，其增益值一般为3～7dBi。水平波瓣宽度为180°、95° 或80°，垂直波瓣宽度为85°、55° 或40°。

定向吸顶天线主要用于低层靠窗边的位置，或者走廊在一边的楼宇。这些安装方式可减少信号外泄，同时也保证了目标范围的覆盖。

安装天线时要注意前方较近区域不能有物体遮挡。定向天线的方向一般标注在天线功率输入端口所在的平面侧，安装的时候要注意定向吸顶天线的方向不要装错。定向吸顶天线相关参数指标示例见表2–9。

表2–9　定向吸顶天线相关参数指标示例

工作频段（MHz）	增益（dBi）	水平波瓣宽度	垂直波瓣宽度	前后比（dB）	驻波比	三阶交调（@33dBm×2）	功率容限（W）	阻抗（Ω）
806～960	3.5	180°±10°	85°	≥4	≤1.5	≤-107	50	50
1 710～2 690	5.5	95°±10°	55°	≥4				
3 300～3 800	6	80°±10°	40°	≥7				

3. 定向壁挂式天线

室内分布系统中的定向壁挂式天线主要用于比较狭长的室内空间，可以安装在房间、大厅、走廊、电梯等场所的墙壁上。天线安装时前方较近区域内不能有遮挡物。如果在门窗处安装天线，则要注意保证天线的方向角不能安装错误。壁挂式天线的增益比全向吸顶天线的增益高，其增益值一般为6～10dBi。水平波瓣宽度为90°、65° 等，垂直波瓣宽度为60°左右。

定向壁挂式天线可以分为定向壁挂单极化天线和定向壁挂双极化天线两种。定向壁挂单极化天线相关参数指标示例见表2–10。定向壁挂双极化天线相关参数指标与之略有差异。

表2–10　定向壁挂单极化天线相关参数指标示例

工作频段（MHz）	增益（dBi）	水平波瓣宽度	垂直波瓣宽度	前后比（dB）	驻波比	三阶交调（@33dBm×2）	功率容限（W）	阻抗（Ω）
806～960	6	90°	85°	≥15	≤1.5	≤-107	50	50
1 710～2 690	7	75°	65°	≥15				
3 300～3 800	7.5	65°	50°	≥10				

4. 对数周期天线

室内分布系统中的对数周期天线因为方向性较强，主要用于电梯井内部、普通隧道的覆盖。对数周期天线用于电梯井内部时，天线安装时方向从上向下；用于隧道覆盖时，天线安装时方向从左到右。对数周期天线的增益一般为8～10dBi，水平波瓣宽度为70°左右，垂直波瓣宽度为60°左右。对数周期天线的覆盖距离比壁挂式天线略远，应用在电梯井覆盖时成本低于壁挂式天线。对数周期天线相关参数指标示例见表2–11。

表2–11　对数周期天线相关参数指标示例

工作频段（MHz）	增益（dBi）	水平波瓣宽度	垂直波瓣宽度	前后比（dB）	驻波比	三阶交调（@33dBm×2）	功率容限（W）	阻抗（Ω）
806～960	8	90°±15°	75°	≥12	≤1.5	≤-107	50	50
1 710～2 690	7.5	75°±15°	60°	≥13				
3 300～3 800	6.5	75°±15°	60°	≥15				

5. 贴壁天线

在设计 5G 室内分布系统时，由于用到了 3.5GHz 频段，因此原有的 4G 室内分布系统已无法满足 5G 网络要求，特别是在一些特殊场景，如已有 4G 网络覆盖的地铁隧道，可以采用贴壁天线解决地铁隧道的 5G 覆盖问题。贴壁天线的风压承受能力强，方向性比对数周期天线好，贴壁天线的增益一般为 12～14dBi，水平波瓣宽度为 30° 左右，垂直波瓣宽度为 30° 左右。

6. 同步时钟天线

时钟同步是同步无线通信网络的重要基础，是实现无线信号正确接收、时分多址接入、功率控制、同步跳频等功能的核心技术之一。

无线通信网络中各节点拥有独立的硬件时钟，硬件时钟通过晶体振荡器和计数器来进行计时。由于制作工艺、外界环境、硬件老化等原因，各节点硬件时钟的晶体振荡器的频率之间存在差异，因此完成节点时钟之间的频率同步是网络节点之间时间同步的重要保障。

无线通信网络技术中一类是利用 IEEE 1588 协议（网络测量和控制系统的精密时钟同步协议标准）授时进行无线通信网络的时间同步，它需要在网络中外接稳定的时钟源，逐级完成无线通信网络的时间同步。

另一类是依赖外部时钟源来完成无线通信网络节点间的时间同步。例如，利用北斗、全球定位系统（Global Positioning System，GPS）等卫星授时系统进行无线通信网络的时间同步，无线通信网络中的各个节点独立地与卫星授时系统的时间进行同步，以完成整个网络的时间同步。此种方案不需要增加额外的传输线路，施工难度相对较低，是基站的主要时钟接入方式。

头脑风暴　如果导航系统突然失效，那么将对 5G 基站的正常运行造成什么影响？

北斗卫星导航系统（BeiDou Navigation Satellite System，BDS）是中国自行研制的全球卫星导航系统，也是继美国 GPS、俄罗斯格洛纳斯卫星导航系统（GLONASS）之后的全球第三个成熟的卫星导航系统。北斗卫星导航系统的基本架构如图 2–28 所示。

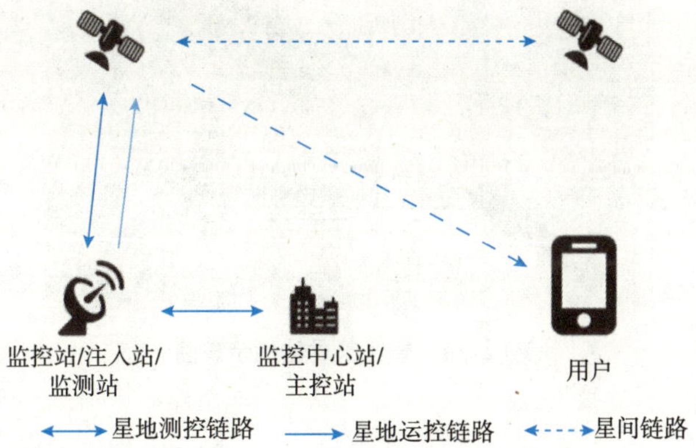

图 2–28　北斗卫星导航系统的基本架构

以往基站的时钟接入信源为 GPS 系统，中国电信运营商积极响应国家号召，从 2023 年开始对基站时钟系统进行替换改造，北斗卫星导航系统成为基站时钟接入的主要方案。北斗卫星导航高增益全向天线如图 2–29 所示，其接收北斗时钟信号为基站信源提供精确的时钟信息。

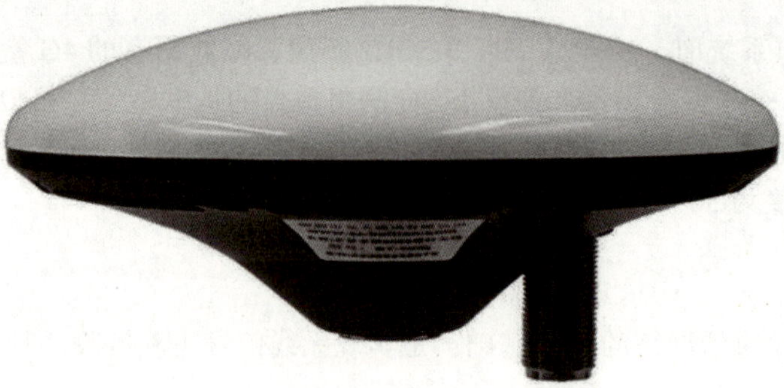

图 2–29　北斗卫星导航高增益全向天线

2.6 馈线

2.6.1　馈线的介绍

馈线，又叫射频同轴电缆，是同轴电缆的一种。馈线的主要功能是在信号源和天线之间充分地传输无线信号功率，保证电磁波在封闭的内外导体间的介质层沿轴向传输，而不与传输线外部无线环境中的电磁波发生相互作用。

馈线由内导体、绝缘层、外导体和护套 4 个部分组成。馈线组成结构示意图如图 2–30 所示，4 个部分所用的材料分别为：螺旋铜管、物理发泡聚乙烯、轧纹铜管、聚乙烯或低烟无卤阻燃聚烯烃。

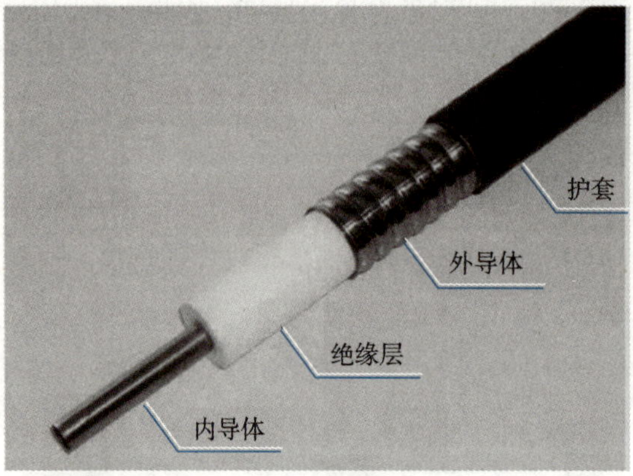

图 2–30　馈线组成结构示意图

2.6.2　馈线的命名规则

室内分布系统常用的馈线有：10D 馈线（D 代表 Diameter，一般是指同轴电缆的绝缘体的直径，单位为 mm）、1/2 英寸馈线（1 英寸 =25.4mm）、7/8 英寸馈线、5/4 英寸馈线、13/8 英寸馈线等。馈线的各种分类方式如图 2–31 所示。

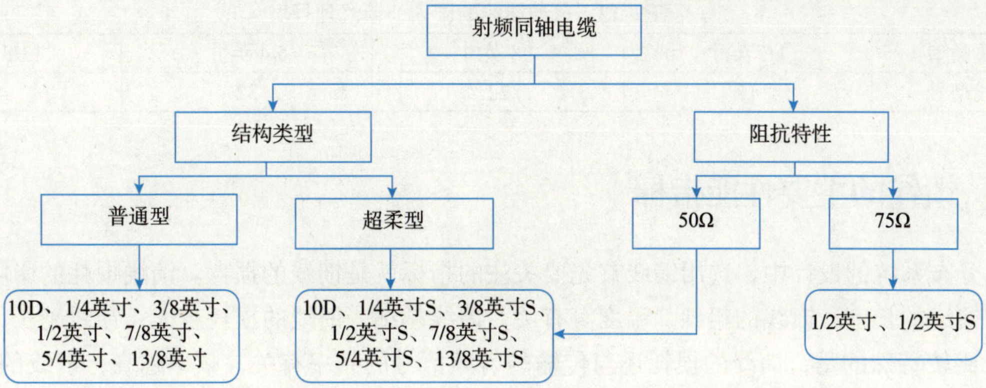

图 2–31　馈线的各种分类方式

注：图中 S 是 Soft 的缩写，意思为超柔。

如图 2–31 所示，馈线可以根据结构类型和阻抗特性进行分类。其中，结构类型又可以分为普通型和超柔型，超柔型的弯曲半径较小。阻抗特性可以分为 50Ω 和 75Ω，50Ω 在室内分布传输中是主流。

馈线有专门的命名规则，具体的命名规则可参考中华人民共和国行业标准《通信电缆 无线通信用 50Ω 泡沫聚烯烃绝缘皱纹铜管外导体射频同轴电缆》（YD/T 1092—2023）和《通信电缆 无线通信用物理发泡聚烯烃绝缘皱纹外导体超柔射频同轴电缆》（YD/T 1119—2014）。馈线命名规则示例如图 2–32 所示。

例如，某馈线型号为 HCAAY(Z)-50-12-(1/2″)，根据图 2–32 的命名规则，它是一款阻抗为 50Ω、护套采用低烟无卤阻燃聚烯烃、外导体采用环形皱纹铜管、内导体采用铜包铝线、绝缘层采用泡沫聚烯烃，绝缘标称外径为 12mm，等效于国外 1/2 英寸射频同轴电缆的通信馈线。

常见的 1/2 英寸、7/8 英寸馈线是国外馈线类型的表示形式，a/b 指的是馈线的外导体内径，单位为英寸。例如，1/2 英寸就是指馈线的外导体内径是 1.27cm，7/8 英寸就是指馈线的外导体内径是 2.22cm，直径的计算中不包含外绝缘皮的尺寸。普通馈线的国内外馈线型号见表 2–12。

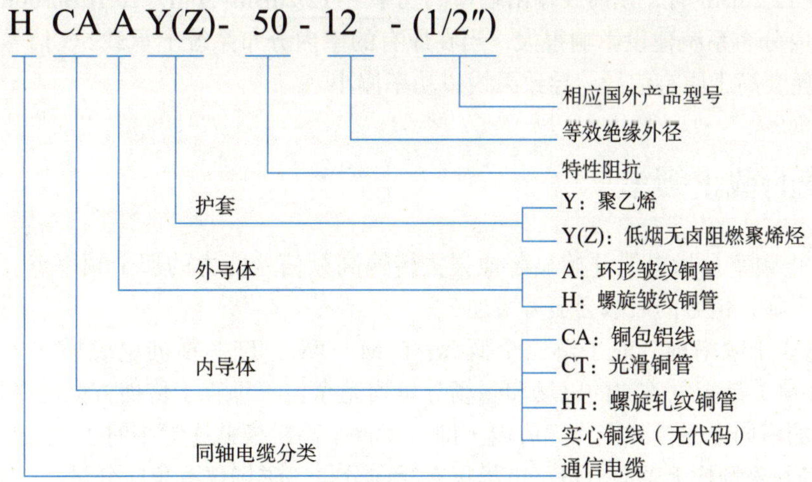

图 2–32　馈线命名规则示例

表 2–12　普通馈线的国内外馈线型号表

国外馈线类型	1/2 英寸	7/8 英寸	5/4 英寸	13/8 英寸
国内馈线型号	12	22	32	42

2.6.3　馈线的主要性能指标

在室内分布系统的设计中，选用馈线首先要关注的指标就是馈线的损耗。馈线损耗的影响因素类似于电阻，与馈线的长度、馈线的粗细、温度等有关。馈线越细，馈线的损耗越大；馈线越长，馈线的损耗也越大。比较特殊的是，馈线的损耗还与传输的射频信号的频率有关，频率越高，馈线的损耗越大。不同厂家的同等规格的馈线在同等条件下使用，馈线的损耗会略有差别，但这不是主要因素。表 2–13 的常用馈线衰减参数示例列出了不同规格的馈线在不同频率下工作时的损耗。

表 2–13　常用馈线衰减参数示例

项目	单位	频率（MHz）	线径尺寸（英寸）			
			1/2	7/8	5/4	13/8
最大衰减常数（20°C）	dB/100m	800	6.46	3.63	2.59	2.13
		900	6.85	3.88	2.77	2.29
		1 800	10.10	5.75	4.16	3.47
		2 000	10.70	6.11	4.43	3.71
		2 200	11.25	6.45	4.69	3.94
		2 400	11.78	6.79	4.95	4.16
		2 500	12.06	6.95	5.07	4.27
		2 700	12.61	7.28	5.32	4.48
		3 000	13.40	7.76	5.68	—
		3 500	14.90	7.86	6.60	—

当计算馈线的功率损耗时，若某 1/2 英寸馈线长度为 20m，参考表 2–13，当输入端口的 3.5GHz 信号功率为 12.2dBm 时，该馈线输出端口的功率 =12.2dBm–20m×14.9dB/100m=9.22dBm；当输入端口的 1.8GHz 信号功率为 12.2dBm 时，该馈线输出端口的功率 =12.2dBm–20m×10.1dB/100m=10.18dBm。

馈线损耗对室内分布系统建设影响很大，当在原有的室内分布系统上承载 5G 信号时，由于 5G 信号的频率高，因此损耗会高于原有信号，导致天线口功率偏小。

2.6.4　馈线的截止频率

同轴电缆的截止频率是指电缆开始显著地失去传输高频信号能力的那个频率点。超过截止频率后，电缆的传输效率会下降，信号的衰减会显著增加。

在介绍馈线的截止频率前，先了解三个概念：TEM、TM、TE。横向电磁模式（Transverse Electromagnetic Mode，TEM）是指电磁波的电场和磁场分量均完全位于垂直于传播方向的平面内的电磁场分布模式。在同轴电缆的横向电磁模式工作频段内（即低于首个高次模截止频率时），电磁波以横向电磁模式（TEM）传播，电场与磁场均无轴向分量，电场仅有径向分量，磁场仅有角向分量。

横电模式（Transverse Electric Mode，TE）指在电磁波传播方向上仅存在磁场分量，电场完全位于横截面内。横磁模式（Transverse Magnetic Mode，TM）指在电磁波传播方向上仅存在电场分量，磁场完全位于横截面内。

馈线的截止频率通常有两种情况：(1) 表示制造商测试的最高频率；(2) 当频率达到同轴电缆的点时，除了横向电磁模式外，电缆变成波导和其他模式。

同轴电缆的导体材料和绝缘介质材料直接影响截止频率。正常情况下，高频信号工作于横向电磁模式，电场和磁场都横向于行进方向，当电缆承载的信号频率高于横向电磁模式的截止频率时，TM 或 TE 传播模式将会出现，新频率模式会对通过同轴电缆传输的横向电磁模式信号产生反射和干扰，从而使传输效率下降。

当高频导致电子朝向导体表面迁移时，沿着同轴线产生趋肤效应。这种趋肤效应使衰减和介电加热增加，并导致沿同轴线的电阻损失更大。为了减少趋肤效应造成的损失，可以使用更大直径的同轴电缆，但增加同轴电缆尺寸将降低同轴电缆可以传输的最大频率。

同轴电缆尺寸加大，电磁能量会在较低频率下开始沿同轴线“反弹”为 TE 模式，也就是截止频率会下降。

总体而言，当馈线结构一定时，采用更粗的电缆可以降低允许频率内信号传输损耗，但截止频率会下降，也就是更粗的同轴电缆能够通过的最高频率即截止频率将下降。几种常用馈线的截止频率见表 2–14。

表 2–14　几种常用馈线的截止频率

馈线线径	1/2 英寸	7/8 英寸	5/4 英寸	13/8 英寸
截止频率（GHz）	8.8	5.2	3.7	2.8

2.7 泄漏电缆

2.7.1 泄漏电缆的原理

泄漏电缆集信号传输、发射和接收等功能于一体，同时具有同轴电缆和天线的双重作用，特别适合于覆盖公路隧道、铁路隧道、城市地铁隧道以及其他无线信号传播受限的区域。

普通同轴电缆的目的是将射频能量从一端传输到另一端，并且希望有最大的横向屏蔽，使信号不能穿透电缆以避免传输过程中射频能量出现损耗，而泄漏电缆的设计目的则是特意减小横向屏蔽，使得电磁能量可以部分地从电缆内穿透到电缆外。同样，电缆外的电磁能量也将感应到电缆内。

泄漏电缆一般采用薄铜皮作为外导体，在外导体上开不同形式的槽孔，通过对槽孔大小、间距、形状的控制，将泄漏电缆内信号通过槽孔形成电磁场，从而将信号辐射出去。按泄漏机理的不同，泄漏电缆可以分为两类：耦合型泄漏电缆和辐射型泄漏电缆。泄漏电缆实物示意图如图 2–33 所示。

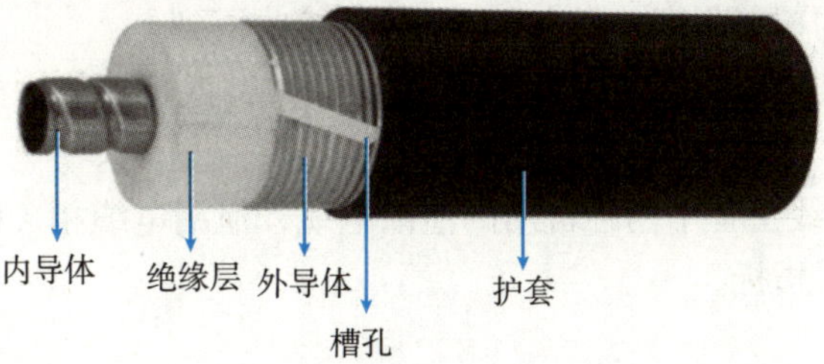

图 2–33　泄漏电缆实物示意图

耦合型泄漏电缆的外导体上开设的槽孔间距远小于工作波长。电磁场通过小孔衍射，激发外导体表面电磁场，从而在外导体外部产生感应电流并形成电磁辐射，电磁能量以同心圆方式向电缆周围扩散。

外导体轧纹、纹上开孔的电缆是典型的耦合型泄漏电缆。

辐射型泄漏电缆的外导体上开设的槽孔间距与工作波长（或半波长）相当，只有当槽孔结构参数（尺寸/间距/倾角）与特定窄频段的工作波长严格满足布拉格相位匹配条件时，才能实现相干同相叠加辐射。外导体开设周期性槽孔的电缆是典型的辐射型泄漏电缆。

耦合型泄漏是泄漏电缆外导体上表面波的二次效应，而辐射型泄漏是由外导体上的槽孔直接辐射产生的。耦合型泄漏电缆适合于宽频谱传输，泄漏的电磁能量无方向性，并随着距离的增加而迅速减小。辐射型泄漏电缆与工作频率密切相关，泄漏的电磁能量有方向性，相同的泄漏能量可在辐射方向上相对集中，并且不会随距离的增加而迅速减小。

根据不同的应用场合可选择不同类型的泄漏电缆，频率跨度很窄的系统可选择辐射型泄漏电缆，而频率跨度很宽的系统可选择耦合型泄漏电缆。

2.7.2 泄漏电缆的主要性能指标

泄漏电缆的主要性能指标有：衰减常数和耦合损耗。

1. 衰减常数

衰减常数是反映电磁波在泄漏电缆内部传输时能量损失程度的主要指标。普通同轴电缆的信号在特定频率下会随着传输距离增加而呈指数衰减，其衰减特性主要取决于绝缘材料的介电特性及电缆的物理尺寸。

对于泄漏电缆而言，其衰减特性还受到周边环境的影响。这是因为电缆外导体开槽结构会使部分电磁能量耦合到外部空间传播。因此，泄漏电缆的衰减常数还与外导体槽孔的结构参数（包括开槽周期、槽型几何尺寸和排列方式）密切相关。与常规同轴电缆类似，泄漏电缆的纵向传输衰减采用标准化的百米衰减量（dB/100m）进行量化表征。

2. 耦合损耗

耦合损耗描述的是电缆外部因耦合产生且被外界天线接收能量大小的指标。它的定义为：在特定距离下，被外界天线接收的能量与电缆中传输的能量之比。由于影响是相互的，因此也可用类似的方法分析信号从外界天线向电缆的传输。

耦合损耗受电缆槽孔形式及环境干扰影响。宽频范围内，辐射越强则耦合损耗越低。

泄漏电缆的耦合损耗值通常以2m距离为基准，实际应用中若覆盖距离达5～6m，链路预算需计入相应衰减量（20lg2.5～20lg3，约7～9dB）。

耦合损耗中的覆盖概率表示的是测试值中有相应概率的数值会小于该耦合损耗值。若覆盖率为95%，则表示有95%的测试值低于当前耦合损耗。大多数情况下，95%覆盖率下的耦合损耗值可用于无线链路设计中，因为它考虑了足够的覆盖程度，只有5%的信号接收不到。

泄漏电缆是一种特殊的馈线，因此它也和馈线一样，具有截止频率。截止频率值也和馈线相同，具体可参照前文表2–14。

5/4英寸、13/8英寸是无线工程中两种常用的泄漏电缆，泄漏电缆相关的参数很多，但由于产品比较成熟，因此设计时只关注重要指标。

2.7.3 广角泄漏电缆

广角泄漏电缆是泄漏电缆在室内分布工程中的常用形式。常规泄漏电缆辐射张角一般在120°以下，通常为 80°，纵深方向覆盖范围有限，一般应用在纵深距离较小的狭长形隧道环境。为了满足空间宽度较大的普通场景室内覆盖需求，泄漏电缆的辐射张角增大了，而被称为广角泄漏电缆。

广角泄漏电缆的特性

目前采用的广角泄漏电缆辐射张角一般为 170°，在泄漏电缆挂高 2.5m 时，纵深宽度在 20m 以内，可以形成有效的覆盖信号，满足了普通场景的室内覆盖需求。广角泄漏电缆工作示意图如图 2–34 所示。3.5GHz 5G 信号波瓣图对比如图 2–35 所示。

广角泄漏电缆作为泄漏电缆的一种，各类指标条目基本和泄漏电缆一致，同样也存在相同的截止频率。关于广角泄漏电缆的具体特性可参考本书的相关电子资料。

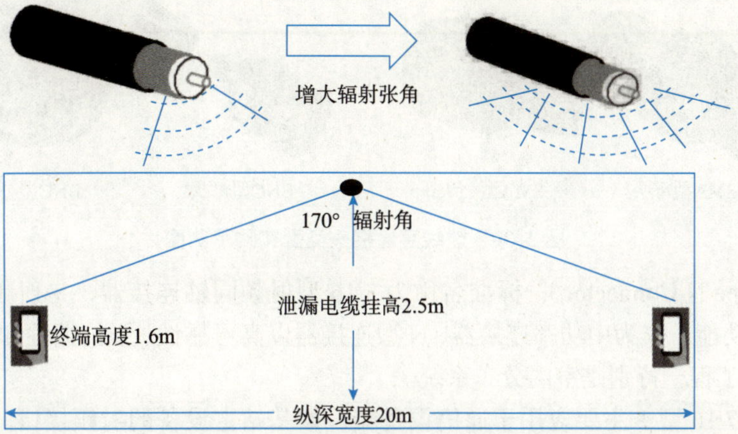

图 2–34　广角泄漏电缆工作示意图

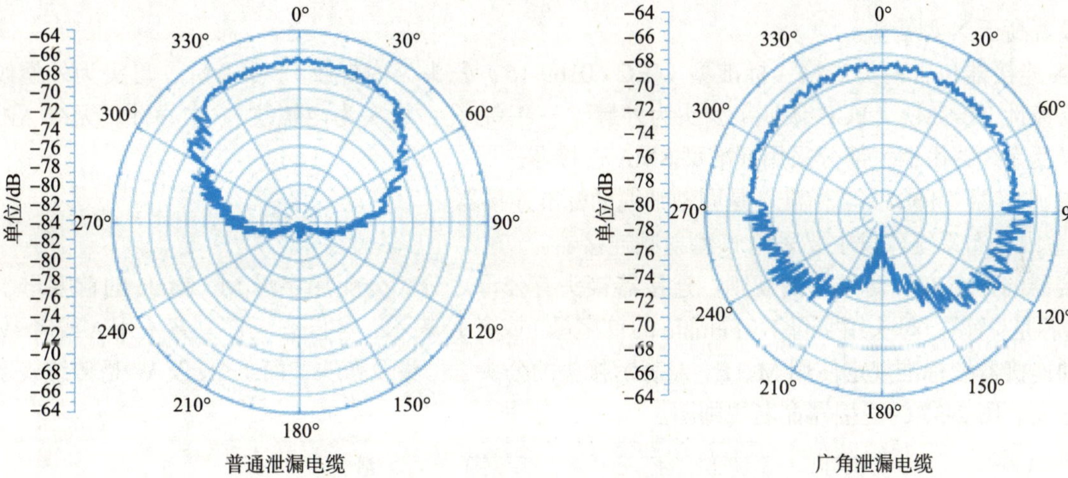

图 2–35　3.5GHz 5G 信号波瓣图对比图

2.8 射频连接器

射频连接器是天馈系统的重要连接件，根据用途可分为三类：（1）馈线接头：直接与馈线端连接，（2）转接头：实现接口类型转换，（3）设备跳线：短距离柔性连接设备。

馈线直通接头俗称接头，常用的类型有 N 型、DIN 型、SMA 型、BNC 型等。馈线直通接头类型实物示例如图 2–36 所示。

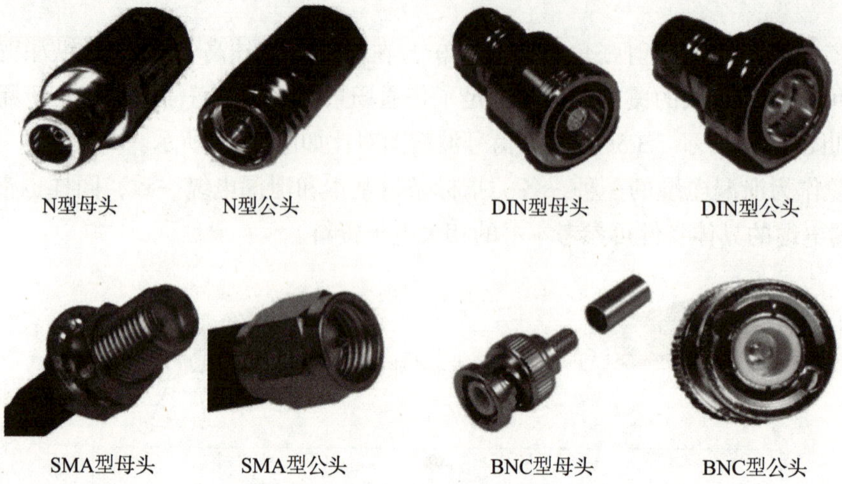

图 2–36　馈线直通接头类型实物示例图

N 型连接器（Type N Connector），标准名称为 3/16 型射频同轴连接器，是射频领域常用的螺纹连接器件，具备旋转锁定功能。作为中功率连接器，N 型连接器以高可靠性、强抗振性和优异的机电性能著称，广泛应用于无线通信工程，特别是室内分布系统。

DIN 型连接器（7/16 型）主要应用于通信设备端，如基站主设备的射频接口。DIN 型连接器具有低损耗、高稳定性和超高功率容限等特点，也应用于高要求的分布系统。N 型与 DIN 型连接器在同等测试条件（温度、接头尺寸及信号频率均相同）下的对比测试表明，当驻波比均为 1.2 时，DIN 型连接器的功率容限显著高于 N 型接头。

SMA 连接器包含两类规格：标准型（IEC 60169-15）公头为内螺纹 ＋ 中心针，母头为外螺纹 ＋ 中心孔；反极性 RP-SMA（FCC 认证）公头为外螺纹 ＋ 中心孔，母头为内螺纹 ＋ 中心针。无线 AP、PCIe 无线网卡及无线路由器大部分采用标准型 SMA 连接器。

BNC 连接器（10Base-2 标准）是同轴细缆的标准连接器。

5G 室内分布系统建设主要采用 N 型射频连接器。

连接器的命名有一套具体的规则。连接器接头有公母之分。公头用字母 M（Male 的首字母）或者 J 表示，内芯是“针”。母头用字母 F（Female 的首字母）或者 K 表示，内芯是“孔”。弯头用 A 或者 W 表示。射频同轴连接器按标准规定使用 M、F、A 表示接头的公头、母头及弯头，而 J、K 及 W 是传统表示方法，非国家标准。图 2-37 为连接器命名规则图。

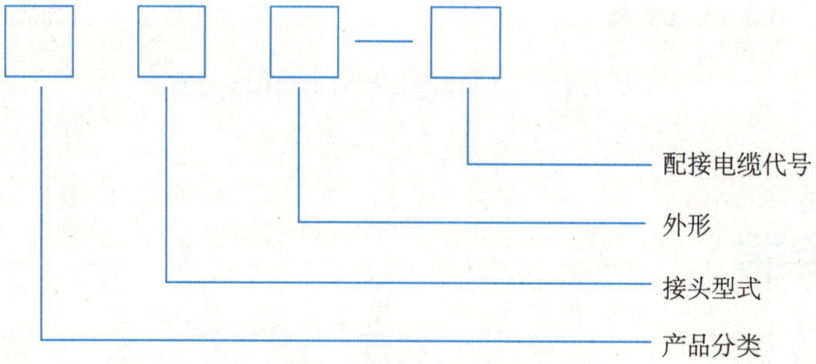

图 2–37　连接器命名规则图

根据《移动通信用 50Ω 射频同轴连接器》（YD/T 1967—2018）标准，7/16 DIN 型公头连接器（配接 1/2 英寸馈线）的规范标记为：7/16M-22，工程中常用 7/16M-1/2in 表示。

直通连接器的一侧一般为接头，另一侧连接同轴电缆，而转接头则连接两个接头，主要有公头转公头、母头转母头和直角弯头三种。公头转公头（JJ）、母头转母头（KK）主要用于两个准备相连的接头的公母类型不匹配的情况。直角弯头（JWK）主要在馈线需要直角转弯的时候使用。上述的 JJ、KK、JWK 均为室内分布工程使用接头的通俗简写。转接头 N 型双母头、双公头及直角弯头实物示例如图 2–38 所示，转接头连接示意如图 2–39 所示。

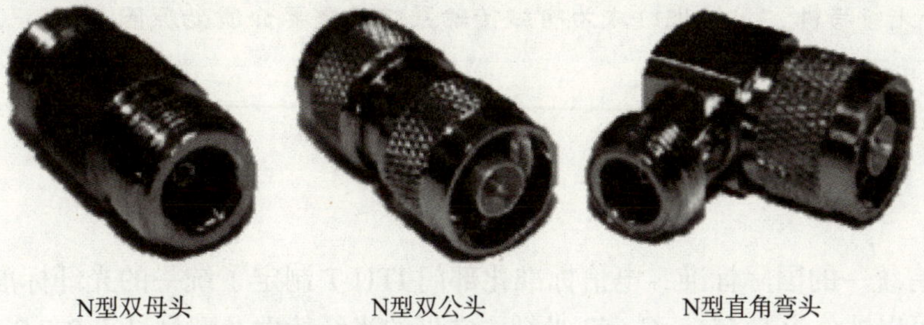

图 2–38　转接头类型实物示例图

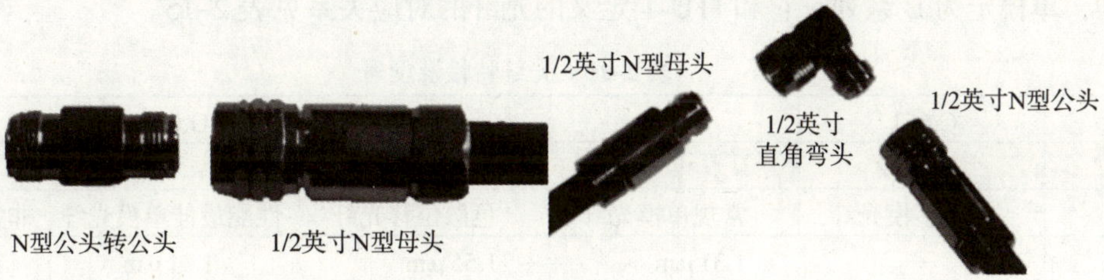

图 2–39　转接头连接示意图

通常而言，在室内分布系统中连接器的损耗一般忽略不计，即连接器的损耗取值为 0。馈线连接器相关参数的参考指标较多，由于无源天馈系统的设计已经非常成熟，因此实际设计的时候选择标准化的产品即可。有兴趣的同学可以参考本书相关的电子资料。

馈线接头类型及特性

第三类馈线连接器为设备跳线，一般用于固定长度的馈线连接。例如，主设备连接天线的馈线按照设备的接口类型和天线接口类型进行配置，由 2 个相对应的接头和一段固定长度的馈线组成。馈线一般选用 1/2 英寸的馈线，根据需求选择普通的馈线和超柔的馈线。

2.9 光缆

2.9.1　光纤的介绍

光纤是光导纤维的简写，是一种由玻璃或塑料制成的纤维，可作为光传导工具。光纤外层的保护层和绝缘层可防止周围环境对光纤的伤害，如水浸、火烧、电击等。

如图 2–40 所示，光纤裸纤一般分为三层：中心为高折射率玻璃纤芯，纤芯外面包围着一层折射率比纤芯低的玻璃封套，俗称包层，再外面的是一层薄的塑料保护套，即涂覆层，用来保护包层。

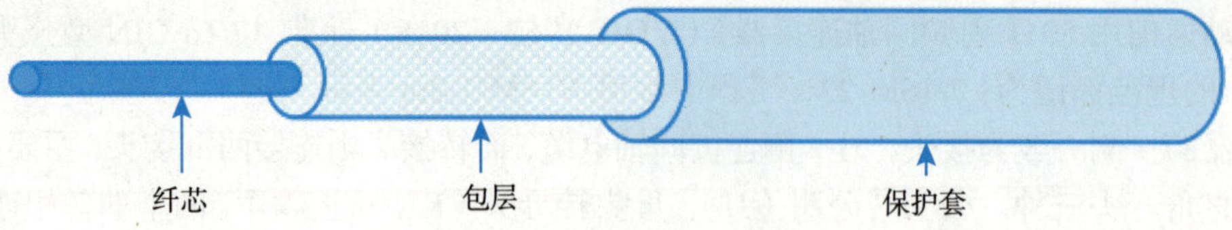

图 2–40　光纤结构示例图

光纤通常被扎成束，在使用前必须由几层保护结构包覆，包覆后的缆线即被称为光缆。

头脑风暴　请结合光纤特性，分析光纤成为有线传输系统最重要介质的原因。

2.9.2　光纤的分类

为了使光纤具有统一的国际标准，电信标准化部门 ITU-T 制定了统一的光纤标准。按照 ITU-T 关于光纤的建议，光纤可以被分为 G.651～G.657 光纤。常见的光纤特性及型号见表 2–15。

国际电工委员会（International Electrotechnical Commission，IEC）也制定了自己的光纤标准分类，多模定为 A 系列，单模定为 B 系列。它和 ITU-T 定义的光纤的对应关系见表 2–15。

表 2–15　光纤特性及型号

光纤标准	G.651	G.652	G.653	G.654	G.655
模式	多模	单模			
常用命名	渐变多模光纤	常规单模光纤	色散位移光纤	性能最佳单模光纤	非零色散位移光纤
零色散波长	—	1.31 μm	1.55 μm	1.31 μm	1.55～1.65 μm
损耗	2～3dB/km（0.85 μm）	0.22dB/km（1.55 μm）	0.22dB/km（1.55 μm）	0.18dB/km	0.22dB/km
用途	早期接入	城域网常用	不常用	海底光缆	波分常用
光纤型号（IEC 标准）	A1a 多模光纤 A1b 多模光纤 A1d 多模光纤	B1.1 光纤 B1.3 光纤	B2 光纤	B1.2 光纤	B4 光纤

G.652 光纤应用最广泛，在光纤发展过程中先后衍生出 A、B、C、D 标准。G.652B 光纤和 G.652D 光纤兼容，G.652B 标准对应 IEC 光纤型号为 B1.1，G.652D 标准对应 IEC 光纤型号为 B1.3，它们的主要区别是 G.652D 适应的光波段更广，G.652B 不适配 1.38 μm 光波段。

由于光纤体系太过复杂，本教材不一一列举，有兴趣的同学可自学光纤的相关内容。

2.9.3　光缆的结构

光缆一般由缆芯、加强构件和护层三部分组成。

缆芯：由单根或多根光纤芯线组成，有紧套和松套两种结构。其中，松套光纤结构简单，制造成本较低，被广泛应用；紧套光纤被应用于对通信质量和可靠性要求较高的环境。

加强构件：用于增强光缆敷设时可承受的负荷，一般是金属丝或非金属纤维。

护层：具有阻燃、防潮、耐压、耐腐蚀等特性，主要作用是对已成缆的光纤芯线进行保护。根据敷设条件，护层可由铝带 / 聚乙烯复合纵包带黏接外护层、钢带（或钢丝）铠装和聚乙烯护层等组成。

缆芯主要对光纤起保护作用，使光纤在缆内处于最佳位置和状态，在光缆受到一定的拉、侧压等外力时，光纤不应承受外力影响。同时，缆芯中的加强元件应能经受允许拉力，并且缆芯截面应尽可能小，以降低成本。缆芯的基本结构可分为层绞式、骨架式、束管式、带状式 4 种，其中层绞式应用最多。

层绞式光缆采用紧套或松套光纤螺旋绞合于中心加强构件，结构较复杂但纤芯容量大。层绞式光缆典型结构示意如图 2-41 所示。但并不是所有层绞式光缆结构都相同，比如有些层绞式光缆就没有双面涂塑钢带。

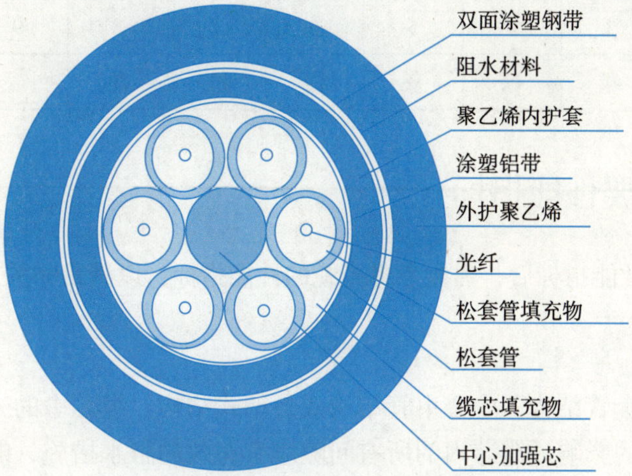

图 2-41　层绞式光缆典型结构示意图

2.9.4　光缆的命名规则

光缆型号由光缆型式代号和光纤规格代号构成，少部分有特殊性能标识，中间用空格隔开。

光缆型式代号由五个部分组成，各部分均用代号表示。型式代号包括：（1）分类代号，如 GY 为通信用室（野）外光缆；（2）加强构件代号；（3）结构特征代号；（4）护层代号；（5）外护层代号。本内容不是本教材重点内容，因此不作详细阐述，具体可参看中华人民共和国通信行业标准《光缆型号命名方法》（YD/T 908—2020）。

光纤规格代号由光纤数和光纤类别构成。同一根光缆中含有一种规格以上的光纤时，不同规格的光纤之间用“＋”连接。

如果是复合型光缆，如光电混合缆，就在光纤规格代号后加上相应的电缆数量及类别，如“GDTZA56 12B1.3 ＋ 2×2×0.4mm ＋ 4×0.5mm^2”表示金属加强构件、松套层绞填充式、铝－阻燃黏接护套、纵包镀铬带铠装、阻燃聚乙烯护套通信用室外光缆混合缆，包含 12 根 B1.3 类单模光纤、2 对标称直径为 0.4mm 的通信线和 4 根标称截面积为 1.5mm^2 的馈电线。GD 表示光电混合缆代号为行业惯例，非国标强制。光电混合缆（光纤与电缆复合结构）的型式规格代号需要结合光缆规范（GB/T 7424.1—2003）和电力电缆规范（GB/T 5023、GB/T 12706）进行命名。

2.9.5　光纤的选用

在无线通信设计中，选用光纤需要考虑网络需求以及对环境的需求。光纤的选用需要考虑多方面的参数，主要包括以下内容：

（1）光缆中光纤的主要技术指标包括机械参数及光学性能，机械参数包括模场直径、包层直径、包层不圆度、芯 / 包同心度误差等，光学性能指标包括衰减系数、宏弯损耗、色散系数等。

（2）成缆后光纤的衰减系数。以 G.652D 为例，1 310nm 波长上光纤的最大衰减系数为 0.35dB/km，在 1 550nm 波长上光纤的最大衰减系数为 0.22dB/km。

（3）光纤识别。光缆中的光纤应采用全色谱标志，其颜色应选自表 2–16，每个松套管内光纤的序号也应按规定的颜色顺序排列。

表 2–16　光纤识别用全色谱

序号	1	2	3	4	5	6	7	8	9	10	11	12
颜色	蓝	橙	绿	棕	灰	白	红	黑	黄	紫	粉红	青绿

2.9.6　光缆的主要性能指标

选择完成光纤的主要性能指标后，需要考虑光缆的性能指标，以满足相关工程的需要。

1. 缆芯结构

缆芯结构为层绞式松套管结构、中心束管结构或骨架式结构。缆芯中的光纤应加以很好的保护，使之免受机械、环境和电场的影响。缆芯内的所有间隙应有有效的阻水措施，缆芯内和松套管内应充满触变型的填充材料，填充材料应不影响光纤的传输性能和使用寿命。

以最常见的层绞式松套管结构为例，光缆内光纤芯数与松套管数量见表 2-17。表中仅为部分数据，若为 G.652 与 G.655 混纤光缆结构，则两种光纤不得收纳在同一根松套管内。同一批次中，相同芯数的各类光缆，其松套管数量、每管光纤数及色谱排列须保持一致。

表 2–17　光缆内光纤芯数与松套管数量（举例）

管内最大芯数	松套管数量	适用芯数	管内最大芯数	松套管数量	适用芯数
6	1	2 ~ 6	12	4	38~48
6	2	8 ~ 12	12	5	50~60
6	3	14 ~ 18	12	6	62~72

对于 36 芯及以下芯数的光缆，每根松套管内有不多于 6 根光纤且为偶数。松套管均采用 SZ 绞形式，其外径标称值为 1.8～3.0mm。光缆中松套管的抗侧压性能应不小于 800N。

各式光缆的套管、填充绳及中心加强构件总数量之和不得小于 6。填充绳采用光纤保护棒或圆形实心塑料棒，表面应圆整光滑。

对于光电混合缆，其松套管、阻水材料、填充绳、加强构件及绞层要求应符合相关行业标准的规定。

2. 护层结构

护层结构根据光缆用途有较多分类，室内分布工程中所用光缆结构相对简单，一般采用 GYTA 类型，采用 pRRU 的 5G 室内分布工程会使用光电混合缆。

GYTA 光缆为金属加强构件、松套层绞全填充式、铝 – 聚乙烯护套室外光缆，适用于管道 / 架空 / 直埋敷设。

光电混合缆（GDFA）：非金属加强构件、松套层绞半干式、铝 – 聚乙烯护套室外光电混合缆，具备防雷功能。

光电混合缆（GDTS）：金属加强构件、松套层绞全填充式、钢－聚乙烯护套室外光电混合缆。

层绞式光缆护套标称厚度≥2.0mm，最小 1.8mm，平均≥1.9mm。光电混合缆需要符合《接入网用光电混合缆》（YD/T 2159—2022）标准，室内分布工程应根据环境选型。

2.10 网线

2.10.1 网线简介

网线是计算机与计算机、计算机与其他网络设备之间的连接线，一般由金属或玻璃制成。常用的网线有双绞线和同轴细缆两种，双绞线网线使用更广泛。

双绞线通过采用一对互相绝缘的金属导线对绞的方式来抑制频率小于 25MHz 电磁波的干扰。把两根绝缘的铜导线按一定密度互相绞在一起，可以降低信号干扰的程度，每一根导线在传输中辐射的电波会被另一根导线上发出的电波部分抵消。

实际使用时，将多对双绞线一起包在一个绝缘电缆护套里。典型的双绞线有四对，也可以有更多对双绞线放在一个电缆套管里，这些被称为双绞线电缆。在双绞线电缆内，不同线对具有不同的扭绞长度，一般绞合密度越高，抗干扰能力就越强。双绞线在传输距离、信道长度和数据传输速度等方面均受到一定限制，但价格较为低廉。

双绞线可分为屏蔽双绞线（Shielded Twisted Pair，STP）和非屏蔽双绞线（Unshielded Twisted Pair，UTP），它们的结构如图 2–42 所示。屏蔽双绞线内有一层或几层屏蔽层，在数据传输时可减少电磁干扰，所以它的稳定性较高。非屏蔽双绞线内没有屏蔽层，直径小、重量轻、易弯曲、易安装，被广泛使用。

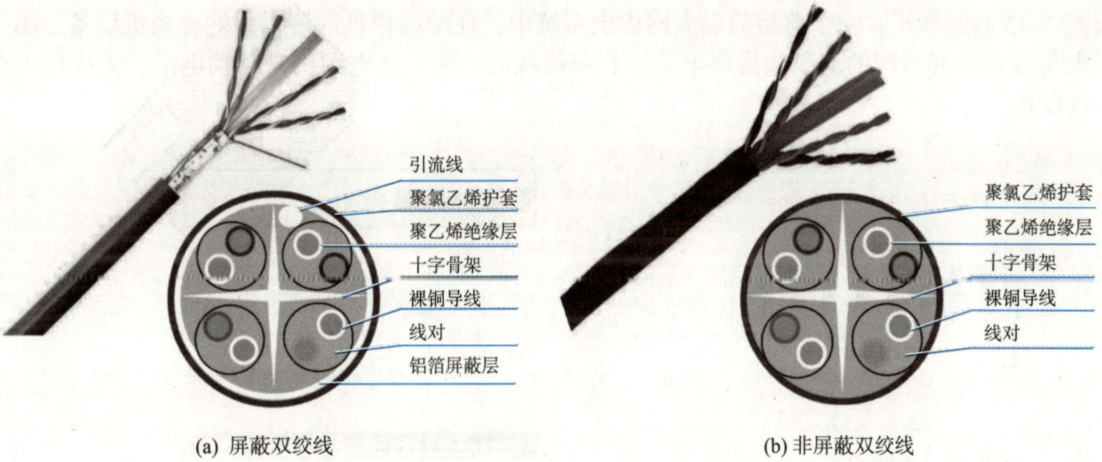

(a) 屏蔽双绞线　　(b) 非屏蔽双绞线

图 2–42　屏蔽双绞线和非屏蔽双绞线示意图

2.10.2 网线的分类

根据相关标准，双绞线网线可以分为一类线、二类线、三类线、四类线、五类线、六类线、七类线等多种类型。

目前一到四类线已经淘汰，不再展开说明。

五类线：采用高绕线密度，支持 100MHz 带宽，适用于最高传输速率为 100Mbit/s 的数据传输及语音通信，主要应用于 100M BASE-T 和 10M BASE-T 网络，现已被超五类线取代。

超五类线：在五类线基础上优化结构，衰减与串扰更低，新增 PSNEXT（Power Sum Near-End Cross-talk，功率和近端串扰）测试，ACR（Attenuation to Crosstalk Ratio，衰减串扰比）和信噪比提升 30% 以上，时延误差减少 20%，带宽达 100MHz，但支持千兆以太网（1 000Mbit/s）传输。

六类线：该类电缆的传输带宽为 250MHz，它的传输性能远远高于超五类线标准，适用于传输速率为 1Gbit/s 的应用。六类线与超五类线的一个重要的不同点在于改善了在串扰以及回波损耗方面的性能。

超六类线：超六类线是六类线的增强版本，正式标准发布于 2009 年，符合 ANSI/TIA-568-C.2 或 ISO/IEC 11801 Class EA 级标准，传输频率达 500MHz，支持 10Gbit/s 万兆网络，显著改善了外部串扰性能。

七类线：该线是 ISO/IEC 11801 7 类 /F 级标准中的一种双绞线，它是一种屏蔽双绞线，传输频率至少可达 600MHz，传输速率可达 10Gbit/s。

在室内分布系统的网络中，要根据网络建设需求以及需要传输的距离选择对应的网线。各种类型的网线的规格不尽相同，目前使用最多的为超五类、六类线。

2.10.3 POE

以太网供电（Power Over Ethernet，POE）指的是在现有的以太网 Cat.5 布线基础架构不作任何改动的情况下，在为一些基于 IP 的终端传输数据信号的同时，还能为此类设备提供直流供电的技术。

标准的五类网线有四对双绞线，但是在 100M BASE-T 和 10M BASE-T 中传输信号只用到其中的两对：线对 1、2 和线对 3、6。IEEE 802.3af 在 IEEE 802.3 的基础上增加了通过网线直接供电的相关标准，是第一个关于电源分配的国际标准。

IEEE 802.3af 应用空闲线对供电时，如图 2–43 左侧所示，4、5、7、8 脚可用于传输电能，其中 4、5 脚连接正极，7、8 脚连接负极。应用数据线对供电时，通过变压器中点耦合直流电源，保持 1、2（+VDC）与 3、6（–VDC）固定极性，实现数据与电力同步传输。

如图 2–43 右侧所示，一个典型的以太网供电系统中，在配线柜里部署以太网交换机设备，用一个带电源供电集线器给局域网的双绞线提供电源。在双绞线的末端，该电源用来驱动电话、无线接入点、相机和其他设备。

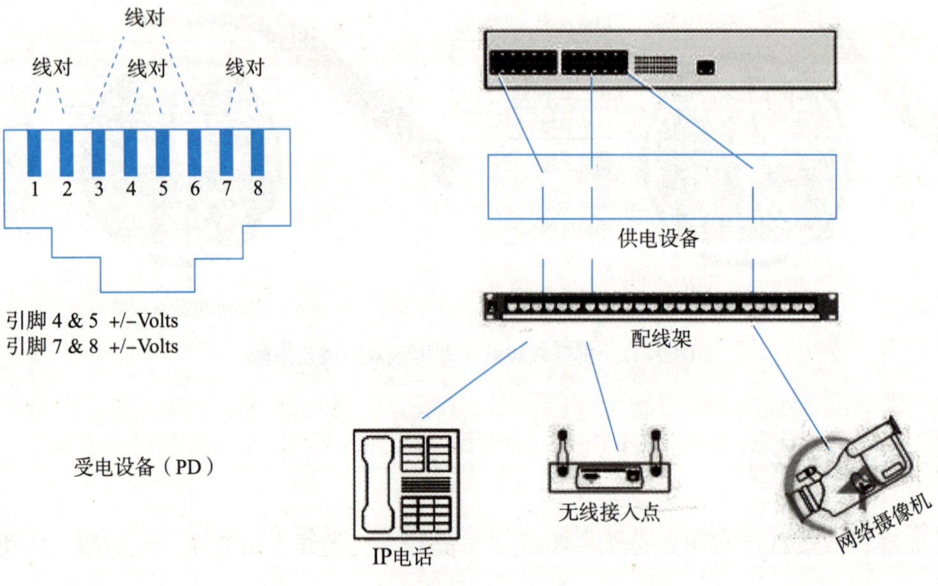

图 2–43　POE 结构

由于室内分布系统接入点众多，且各点之间距离比较分散，因此 POE 在室内分布工程中有较多的应用空间。不过因为 IEEE 802.3af 标准中受电设备的最大功率仅为 12.95W，很多时候无法满足供电需求，所以后面推出新标准 IEEE802.3at（POE plus），最大功率可达到 25.5W，但仍未能满足很多设备的供电需求。2018 年 IEEE802.3bt 被推出，最大功率可达到 71W，但由于成本和散热的问题，尚处于逐步推广的过程中。

本章小结

室内分布系统接收移动网络的信息，在基站进行信号变换，通过传输线将信号输送出去，再由各类器件对信号进行放大、分路，最后将无线信号分配到每一副分散安装在建筑物各个区域的天线上，从而实现室内信号的均匀分布。根据工作原理，室内分布系统的设备器件主要由信源、传输线、功率分配器件、功率放大器、天线等各部分构成。

室内分布系统的信源主要使用宏蜂窝基站、微蜂窝基站、分布式基站以及直放站。目前室内分布系统的信源主要使用分布式基站，而直放站因为价格优势，所以还在很多场景得到应用。

有源器件一般用于信号处理或功率放大，如 pRRU、远端汇集单元、有源天线、干线放大器等。

合路器的主要功能是将两路或者多路不同频段的射频信号合在一个室内分布系统里。因为目前室内分布系统基本是多系统合路，所以合路器的重要性得到提升。

在室内分布系统建设中，功率分配器件包括功分器和耦合器。功分器主要使用的是二功分器、三功分器，耦合器可进行不等分功率分配。结合功分器和耦合器进行射频功率分配是室内分布设计的重要技能。

天线是室内分布系统的重要无线终端。常用的室内天线形态有很多种，目前常用的有吸顶天线、壁挂式天线、对数周期天线、贴壁天线等。根据不同场景特性选择合理的天线是室内分布设计的重要内容。

馈线是同轴电缆的一种，在室内分布工程中用于连接射频器件，常用的是 1/2 英寸馈线，部分线路采用 7/8 英寸馈线降低传导损耗。

泄漏电缆集信号传输、发射和接收等功能于一体，同时具有同轴电缆和天线的双重作用，特别适合于覆盖公路隧道、铁路隧道、城市地铁隧道等传播受限的区域。泄漏电缆由于成本较高，因此目前主要应用于地铁隧道无线覆盖系统。

由于天馈系统的射频器件之间均需要射频连接器进行连接，因此射频连接器在室内分布系统工程中应用广泛且种类较多。

5G 时代有源室内分布系统将成为室内无线网络的重要手段，光缆将成为室内分布系统中信号传输的重要手段。网线可用于低速场景，目前也有一定的应用。

课后习题

一、单选题

1. BBU 和 RRU 的接口为（　　）。

A. B-R 接口　　B. CPRI　　C. B 接口　　D. R 接口

2. mW 和 dBm 是室内分布系统常用的功率单位，1mW 等于 0dBm，20W 等于（　　）dBm。

A. 20　　B. 23　　C. 43　　D. 2 0000

3. 驻波比是指天线输入口的匹配能力，按要求一般小于（ ）。

A. 1　　B. 1.1　　C. 1.3　　D. 1.5

4. 按照 ITU-T 关于光纤的分类，室内分布场景使用最多的光纤类型是（ ）。

A. G.652 光纤　　B. G.653 光纤　　C. G.654 光纤　　D. G.655 光纤

5. 馈线的截止频率是馈线的重要指标，7/8 英寸馈线的截止频率是（ ）。

A. 3GHz　　B. 3.7GHz　　C. 5.2GHz　　D. 8.8GHz

二、多选题

1. 馈线损耗影响因素类似于电阻，跟馈线的（ ）等有关。

A. 长度　　B. 粗细　　C. 温度　　D. 护套厚度

2. 常见的馈线由（ ）等部分组成。

A. 内导体　　B. 绝缘层　　C. 外导体　　D. 护套

3. 光纤的主要材料是 SiO_2，裸纤一般可以分为（ ）。

A. 纤芯　　B. 包层　　C. 外层　　D. 涂覆层

4. 光缆的主要作用是保护裸纤，它通常由（ ）组成。

A. 缆芯　　B. 加强元件　　C. 护层　　D. 涂覆层

5. 常用的室内天线形态有很多种，目前常用的有（ ）。

A. 吸顶天线　　B. 壁挂式天线　　C. 对数周期天线　　D. 贴壁天线

三、填空题

1. 室内分布系统传输线包括五（六）类网线、________、________。

2. 分布式基站架构将传统一体化基站的________与________功能进行物理分离，形成两个独立的功能实体。

3. 上行方向 BBU 通过________接入核心网，下行方向采用光缆连接________。

4. 天线增益一般用________和________两种单位表示。

5. 直放站的常见类型包括无线直放站和________。

6. 功分器的损耗包括分配损耗和________，通常称为插入损耗。

7. 双绞线可分为屏蔽双绞线（STP）和________。

8. 光缆松套管内如果包含 6 条光纤，则按序号分，顺序是蓝、橙、绿、棕、________和________。

四、简答题

1. 若某 1/2 英寸馈线长度为 20m，馈线输入射频功率为 10mW，频率为 2.1GHz，请计算馈线输出端口的功率。

2. 天线工程参数的指标包括哪些内容？

3. 查阅课外资料，结合教材内容，说明光缆型号 GYTA 12B1.1 的含义。

4. 查阅课外资料，结合教材内容，分析室内分布工程中的远端设备 pRRU 如何根据不同情况供电。

第3章

5G 室内覆盖工程设计基础

学习目标

- 了解室内分布设计工程师的工作内容和职责
- 熟悉 5G 室内分布系统建设现状
- 了解中国电信行业共建共享要求

素养目标

- 通过对设计岗位职责的学习，树立敬业、爱业的信念；
- 了解中国 5G 发展策略和共建共享的行业要求，坚定制度自信。

3.1 室内分布工程设计岗位分析

3.1.1 通信工程设计

通信工程设计是指按照国家有关规定和标准，对通信工程进行设计、勘察、施工、监理等工作。通信工程设计的质量直接关系到通信设施的安全性、可靠性和经济性，因此对通信工程设计的资质标准有着非常严格的要求。

首先，通信工程设计人员应具备相关专业的学历和资质。通信工程设计需要较高的专业知识和技能，因此设计人员应当具备相关专业的学历背景，如通信工程、电子信息工程等相关专业学历。同时，设计人员还需要取得相应的设计资质证书，这是保证其具备设计能力和水平的重要凭证。

其次，通信工程设计机构应当具备相关的资质认证。通信工程设计机构只有经过国家相关部门的认证，取得相应的资质证书，才能从事通信工程设计业务。通信工程设计机构的资质认证包括设计资质等级的认定、设计单位的注册资格等级认定等，这些都是对设计机构进行资质评定的重要依据。

再次，通信工程设计资质标准还包括设计人员的素质和能力要求。设计人员应当具备较强的工程实践能力和创新能力，能够根据工程实际情况制定合理的设计方案，并具备较强的沟通协调能力和团队合作精神。设计人员还应当具备较强的责任心和职业操守，能够严格按照相关法律法规和规范要求进行设计工作，确保设计方案的科学性和合理性。

最后，通信工程设计资质标准还包括设计成果的审核和验收要求。设计成果应当符合国家相关法律法规和规范要求，设计文件应当齐全、规范、清晰，设计成果应当经过相关部门的审核和验收，确保设计成果的质量和可行性。

3.1.2 室内分布设计工程师职责

室内分布设计工程师是负责室内分布系统的设计和建设的专业工程师。他们负责室内分布系统的设计工作，制定设计方案，具体包括以下内容：

（1）前期沟通：领取设计任务，了解项目情况。室内分布设计工程师通过与建设单位和业主的充分沟通，掌握建设单位的设计要求，获取业主支持。

（2）项目现场勘察：通过对项目现场详细的实地考察和调研，了解该项目的具体情况，包括覆盖区域无线覆盖需求、建筑物结构、无线环境、机房条件、电源引入、线缆路由、客户需求等诸多内容。

（3）方案设计：根据勘察结果，结合建设单位无线覆盖指标、无线系统建设规范要求，设计室内无线覆盖方案。方案包括设备选型、机房位置选择、天线位置选择、走线路由、供电方案、功率计算等诸多内容。最终输出内容包括设计说明、施工图纸设计和工程概预算。

（4）方案评审：根据审核要求落实和修订方案。设计方案需要通过设计单位内部的审核和建设单位组织的会审。

（5）施工现场管理：协调各方施工人员完成室内分布系统的现场施工，对室内分布系统工程的质量进行检查和评估，及时发现并解决施工中出现的问题。

（6）技术支持：为建设单位、施工单位提供技术支持和咨询服务，解答客户关于室内分布系统的问题。

3.2 室内分布无线电频率

室内分布系统建设中，无线电频率是非常重要的因素，无线电频率的划分和利用对于无线电通信技术的发展至关重要。

国际电信联盟（ITU）负责协调和分配全球的无线电频谱资源。根据不同的技术和应用需求，ITU 为不同的无线电传输技术和应用分配了无线电频谱的不同部分。在中国，中华人民共和国工业和信息化部（简称工信部）负责制定和执行无线电频率划分规定，确保无线电设备的合法使用，并防止干扰。这些规定不仅适用于中国内地，还考虑到香港、澳门特别行政区的特殊情况，确保了全国范围内无线电频率的合理使用和管理。

在无线传输中，信号是以电磁波的形式通过天线辐射到空间的。无线系统通过调制，把基带信号的频谱搬至较高的载波频率上，载波的频率和频宽决定了无线信号的覆盖范围、无线系统的带宽。例如，中国移动和中国广电利用 700MHz 频段实现 5G 广覆盖，主要原因是同等条件下 700MHz 频段覆盖的范围是 2.6GHz 频段的数倍。LTE 系统提供的无线速率是 WCDMA 的数倍，关键原因是 LTE 系统的无线频宽高达 20MHz，4 倍于 WCDMA 系统标准频宽 5MHz。

中国积极支持 5G 建设，2017 年 11 月，工信部无线电管理局发布《工业和信息化部关于第五代移动通信系统使用 3300-3600MHz 和 4800-5000MHz 频段相关事宜的通知》，意味着中国 5G 使用的频段被正式确认。不同网络制式移动通信系统的频谱划分见表 3–1。电信运营商 5G 室内分布频段划分：中国电信、中国联通、中国广电采用共建共享模式，共享室分频段为 3.3～3.4GHz；中国移动使用 2.6GHz 频段。

随着中国 5G 建设的逐步推进，工信部无线电管理局为满足 5G 应用需求，于 2021 年 3 月制定并发布了《2100MHz 频段 5G 移动通信系统基站射频技术要求（试行）》。

表 3–1　不同网络制式移动通信系统的频谱划分

<table>
<tr><th>运营企业</th><th>双工方式</th><th>上行（MHz）</th><th>下行（MHz）</th><th>带宽（MHz）</th><th>现有网络制式</th></tr>
<tr><td rowspan="7">中国移动</td><td>FDD</td><td>885～904</td><td>930～949</td><td>2×19</td><td>GSM/LTE</td></tr>
<tr><td>FDD</td><td>1 710～1 735</td><td>1 805～1 830</td><td>2×25</td><td>GSM/LTE</td></tr>
<tr><td>TDD</td><td colspan="2">1 880～1 920</td><td>40</td><td>TD-LTE</td></tr>
<tr><td>TDD</td><td colspan="2">2 010～2 025</td><td>15</td><td>TD-SCDMA</td></tr>
<tr><td>TDD</td><td colspan="2">2 320～2 370</td><td>50</td><td>TD-LTE</td></tr>
<tr><td>TDD</td><td colspan="2">2 515～2 675</td><td>160</td><td>TDD NR</td></tr>
<tr><td>TDD</td><td colspan="2">4 800～4 900</td><td>100</td><td>TDD NR</td></tr>
<tr><td rowspan="4">中国电信</td><td>FDD</td><td>825～835</td><td>870～880</td><td>2×10</td><td>CDMA/LTE</td></tr>
<tr><td>FDD</td><td>1 765～1 785</td><td>1 860～1 880</td><td>2×20</td><td>LTE</td></tr>
<tr><td>FDD</td><td>1 920～1 940</td><td>2 110～2 130</td><td>2×20</td><td>FDD NR</td></tr>
<tr><td>TDD</td><td colspan="2">3 400～3 500</td><td>100</td><td>TDD NR</td></tr>
<tr><td rowspan="7">中国联通</td><td>FDD</td><td>904～915</td><td>949～960</td><td>2×11</td><td>GSM/NR</td></tr>
<tr><td>FDD</td><td>1 735～1 745</td><td>1 830～1 840</td><td>2×10</td><td>GSM</td></tr>
<tr><td>FDD</td><td>1 745～1 765</td><td>1 840～1 860</td><td>2×20</td><td>LTE</td></tr>
<tr><td>FDD</td><td>1 940～1 960</td><td>2 130～2 150</td><td>2×20</td><td>FDD NR</td></tr>
<tr><td>FDD</td><td>1 960～1 965</td><td>2 150～2 155</td><td>2×5</td><td>WCDMA</td></tr>
<tr><td>TDD</td><td colspan="2">2 300～2 320</td><td>20</td><td>TDD-LTE</td></tr>
<tr><td>TDD</td><td colspan="2">3 500～3 600</td><td>100</td><td>TDD NR</td></tr>
<tr><td rowspan="2">中国广电</td><td>FDD</td><td>703～733</td><td>758～788</td><td>2×30</td><td>FDD NR</td></tr>
<tr><td>TDD</td><td colspan="2">4 900～4 960</td><td>60</td><td>TDD NR</td></tr>
<tr><td>室内频段</td><td>TDD</td><td colspan="2">3 300～3 400</td><td>100</td><td>TDD NR</td></tr>
</table>

注：室内频段为中国电信、中国联通和中国广电三家运营企业共用频段，仅用于 5G 网络的室内覆盖。

频率资源对于无线网络运营有特别重要的意义，频率的划分和重耕会随着企业的发展和移动通信的发展而有所变动，如中国电信在 2023 年开始尝试用 800MHz 频段进行 5G 广覆盖，具体情况参阅本书的相关电子资料。

中国电信运营商无线电频率划分及重耕

头脑风暴

中国电信于 2023 年在部分地区试点采用 800MHz 频段进行 5G 城郊和农村覆盖，请分析其意图。

3.3 5G 室内分布系统建设现状

中国信息通信行业深刻领会和把握推进新型工业化、促进实体经济和数字经济深度融合等重大决策部署，加快建设5G、算力等新型信息基础设施，大力发展工业互联网，夯实网络和数据安全基础，更好地赋能制造业数字化转型，催生新模式、新应用，培育发展新质生产力，为推动经济社会高质量发展作出更大贡献。

我国不断推进通信基础设施建设。根据工信部发布的2025年5G网络建设数据，截至2025年3月底，我国累计建成开通5G基站达到439.5万个。这一数字较2024年10月的414.1万个有了显著增长，显示出我国5G网络覆盖的快速扩张。

5G室内分布是5G建设的重要内容，各大电信运营商积极响应国家号召，采用新技术、新方案完成存量室分的改造，提升无线网络的覆盖质量。

室内分布系统建设方案除了考虑设计技术的合理性外，还有很重要的一点，即考虑其他非技术因素。电信运营商的室内分布网络建设现状、频谱资源甚至建设资金都会影响室内分布系统建设方案，有时甚至是决定性因素。

中国电信和中国联通目前面临室内分布系统建设的一些困境。工信部分配给中国电信和中国联通的室内分布频段是3.3～3.4GHz，这个频段是国际5G室内分布的主力频段，但这个频段存在的最大问题就是原先建设的2G、3G、LTE系统室内分布频段是800～2 500MHz，原有室内分布系统无法承载3.5GHz信号。

在室内分布系统建设中还有一个很重要的因素就是业主的态度。业主一方面是支持5G建设的，可以享受高科技通信带来的便利；另一方面，室内分布需要在建筑物内安装数量众多的天线，各天线还需要通过线缆连接至信源，施工可能会影响到业主的装修，增加装修难度，甚至有时会破坏业主的装修。室内分布系统需要入室维护，业主担心自己的隐私问题。因此很多业主对室内分布系统的建设存在一些矛盾心理。如果是新建大楼，室内分布系统建设赶在业主装修之前，业主通常会支持室内分布系统的建设，但如果是改建室内分布系统或者是大楼装修完成后新建5G室内分布系统，那么业主会非常抵触。

如果大楼已建设2G～4G的无源分布系统，那么中国电信和中国联通很难利用原有室内分布系统建设5G室内分布系统，需要更换所有天线、功分器和耦合器，工程量巨大。在已装修和入住的大楼进行室内分布工程大规模改造通常会遇到业主的阻挠。

如果建设pRRU的有源分布系统，则工作量略小，给业主的影响会小一些，但投资额会上升。还有一种方式是建设移频室内分布系统，这种方式下工程量略小，给业主的影响能减到最小，投资也合理。但移频室内分布系统会带来一个新问题，就是需要供电的设备较多，移频天线都需要供电，布线和供电都面临困难。

综上所述，中国电信和中国联通在已有LTE室内分布系统的场景建设5G室内分布系统会面临非常大的困境，两家电信运营商也是竭尽所能建设5G系统，但升级改造进展缓慢。两家电信运营商开始重耕原2 100MHz频段建设5G系统，虽然可以利用原无源室内分布天馈系统，但由于电信运营商在2 100MHz频段的频宽为20MHz左右，据此建设的5G系统带宽明显受限。

中国移动在利用原有室内分布系统上存在一些优势，工信部分配给中国移动5G的频段是2 515～2 675MHz，中国移动目前使用2 515～2 615MHz来部署5G，原有室内分布系统建设时要求适配800～2 500MHz频道，但通常能向上兼容2 600MHz。如果原有室内分布系统经测试能兼容这个频段，那么只需要改造信源部分就能完成5G升级。如果原有系统不兼容，那么考虑建设pRRU分布系统或移频系统。

新建大楼的室内分布网络建设在2019年后开始面临一些新情况，东部较发达地区启动社会化室内分布系统建设。通常室内分布系统天馈部分由开发商或业主投资，信源由运营商投资。大多数地区由各省（自治区、直辖市）通信管理局牵头组建室内分布系统建设指导机构，负责室内分布系统网络建设的督查和验收。这些社会化室内分布系统由于成本原因大多采用无源分布系统。

一些省份的室内分布系统网络建设任务目前仍然由电信运营商投资建设。较大型的室内分布系统网络由中国铁塔股份有限公司承建，建成后租赁给各大电信运营商，小型室内分布网络则由各电信运营商自建。

3.4 5G 室内分布系统共建共享

5G 室内分布系统的共建共享，可分为设备（信源）的共建共享和分布系统的共建共享两方面。

3.4.1 设备（信源）的共建共享

设备（信源）的共建共享是指电信运营商通过共享无线接入网主设备（包括基站、AAU、DU 等）及频率资源，实现网络基础设施联合部署的创新型合作模式。目前国内主要有两大典型应用：中国电信与中国联通的 5G 网络共建共享，中国移动与中国广电的网络共享合作。

无线接入网共建共享技术是指移动通信网络中多个电信运营商共享物理基站设备，在单一物理基站上实现多个逻辑基站的虚拟化部署，各逻辑基站通过独立回传链路连接至各自核心网，而承载网需要运营企业间共享互通。移动网络的基站共享架构示意图如图 3–1 所示。

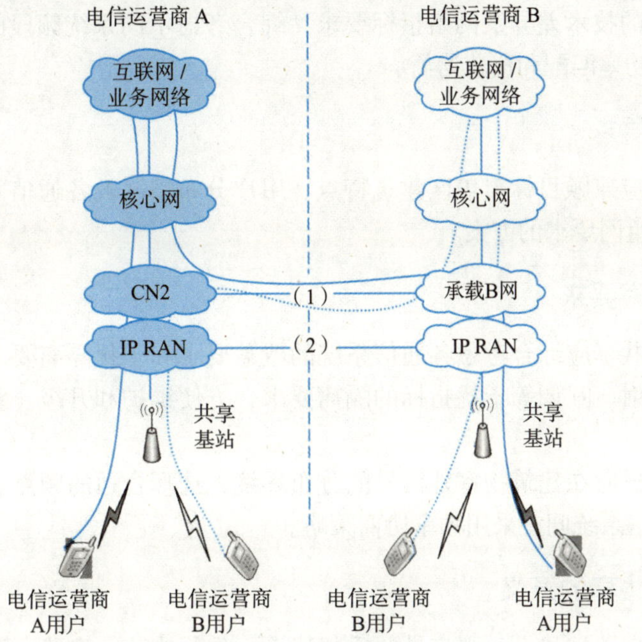

图 3–1 移动网络的基站共享架构示意图

注：图中，CN2（ChinaNet Next Carrying Network）为中国电信下一代承载网，IP RAN（IP Radio Access Network）为 IP 无线接入网。

有两种方案可以实现接入网共享功能：

（1）独立载波：独立载波方案配置两个载波（单载波 ×2），在不同的载波上广播各自的网络 PLMN（Public Lands Mobile Network，公众陆地移动通信网络）ID。共享双方小区独立，各家电信运营商调度各家独立的频率资源，不存在业务上互相争抢的情况，不需要考虑资源分配策略。

（2）共享载波：共享载波方案配置一个或两个载波实现频率资源共享。共享双方运营商的小区共享，小区内同时广播两个网络号，且使用相同的小区级特性参数，具体参数需要双方协商统一配置。例如，需要协商分配空口资源，且采用相同的 QoS 策略。对于共享单载波的基站，两家电信运营商使用同一个频点，在共享边界其中一方将引入第二频点形成异频组网，另一方继续保持同频组网。该方案的优点是载波带宽可配置，既适用于业务量低的区域，也适用于业务量高的区域。

3.4.2 分布系统的共建共享

分布系统的共建共享主要基于分布系统仅由一个建设单位负责建设和后期维护，多家电信运营商共用一套分布系统。分布系统信源可为共享信源或独立信源，可以通过 POI 将多家电信运营商的多种制式的移动信号合路后引入天馈分布系统。

POI 系统可利用多频合路器、双工器、隔离器、电桥等无源器件，使用同一套天馈系统接入各家电信运营商的多种无线信号。

分布系统的天馈线（即天线和馈线）和器件（功分器、耦合器）的频率范围应满足接入系统的频段要求。

1. 共享分布系统要求

应充分考虑原网络器件在多系统共享时对网络性能的影响，保证共享后各系统的干扰隔离度满足要求。

应根据原有室内分布系统的网络结构和各系统的覆盖需求及指标要求，合理选择多系统合路接入点。应充分利用原有无源分布系统。

应兼顾各通信系统的技术差异及网络指标要求，综合考虑不同系统频段的传输衰落，合理确定分布系统方案，保证各系统功率匹配和覆盖均衡。

2. 共建分布系统要求

共建室内分布系统应兼顾目标覆盖区建筑特点、用户分布情况及各通信系统的建设目标等因素，共同制定符合多系统合路组网要求的方案。

3. 干扰隔离及频率要求

室内分布系统共建共享应综合考虑各通信系统的覆盖要求和干扰隔离要求，系统间的链路隔离能够满足信源设备的杂散发射、互调等干扰指标的隔离要求，方便维护和升级。室内分布系统共建时应保证系统的可扩展性。

室内分布系统应根据所在建筑物室外信号的分布环境，选择合适的频点。各通信系统间干扰隔离度不能满足要求时，各通信系统间宜采用频率协商策略。

4. 分布系统共建共享的意义

如果电信运营商各自独立建设，则将导致重复建设、重复施工、浪费资源，造成楼宇难进或施工困难等问题。因此，在满足各家电信运营商各系统网络建设需求的前提下，实施室内分布系统共建共享，有助于降低建设协调难度，可有效避免重复建设，节省投资，减少对建筑物公共资源的占用。

3.4.3 共建共享的责任划分

共建共享基站的所有权属于主建方，因此共建共享设施的维护由主建方负责。在共建共享各方协商的基础上，由主建方负责制定共建共享设施详细的维护标准和要求、应急预案和抢修流程、事后通报处理流程及通报制度。对共建共享设施进行维护、网络割接、故障处理时，负责单位应事先书面通知有关共建共享各方，共建共享各方应积极配合。作业完成后，负责单位应向有关共建共享各方通报相关维护信息。维护单位应建立共建共享设施的技术方案和维护资料，并将其妥善保管，及时更新。共建共享各方可根据需要查阅共建共享设施的技术档案和维护资料。

共建共享各方如果需要操作责任范围以外的设施，则需要报批主建方审批并经主建方同意后方可进行。主建方应协调各共享方，确保共建共享各方通信网络的安全、可靠，并做好相关记录、变更等工作。

头脑风暴

请分析共建共享对我国通信网络建设的影响。

本章小结

通信设计是一门实践性很强的学科。室内分布设计工程师除了学习理论知识外，更重要的是将理论知识应用于实践，从实践中丰富知识、经验。

中国电信行业全力配合国家部署，为中国信息化、数字化而努力。室内分布系统建设中，无线电频率是非常重要的因素。认真分析频谱特性，克服 5G 室内分布系统建设中存在的困难是设计人员需要认真考虑的。

通信设施和网络共建共享是国家的重要决策，电信行业要认真领会国家意图，携手共建 5G 网络。

课后习题

一、单选题

1. (　　) 负责协调和分配全球的无线电频谱资源。

A. IEEE　　B. ITU　　C. 3GPP　　D. IMO

2. 在共建共享的责任划分中，共建共享设施的维护由 (　　) 负责 。

A. 主建方　　B. 共享方　　C. 双方　　D. 按合同协商

二、填空题

1. 目前典型的设备共建共享方式是电信__________的 5G 设备共建共享、移动__________的主设备共建共享。

2. 5G 室内分布系统的共建共享，可分为设备（信源）的共建共享和__________的共建共享两方面。

三、简答题

1. 请说明室内分布设计工程师的职责。

2. 列表说明中国工信部划分给各大电信运营商的频谱。

第4章

室内分布系统规划和设计流程

学习目标

- 了解室内分布系统工程设计原则。
- 熟悉室内分布系统设计的总体流程。

素养目标

- 通过对室内分布系统规划和设计流程的学习，了解工程规划的重要性。
- 在规划、设计、施工流程中意识到人际沟通的重要性，树立团结协作的意识。

室内分布系统作为室内无线信号覆盖的主要解决手段，其方案从规划到设计都有完整、科学的理论和实践依据。本章主要阐述室内分布系统方案的设计原则和流程，同时对中国移动网络技术指标展开说明。室内分布系统规划和设计流程较多，需要同学们在日后的工作岗位中深入了解。

4.1 室内分布系统设计总体原则

建设室内分布系统的目的是解决目标区域的网络覆盖存在的问题或者加强网络的容量和质量，提升用户的使用感知度。一套良好的室内分布系统设计方案需要满足三方面要求：

（1）分布系统能在通道上满足各制式系统在目标覆盖区域内信号的均匀分布要求；

（2）信源方案能在功率和容量上满足目标区域的通信业务需求；

（3）网络设置方案能满足目标覆盖区域的通信质量要求。

4.1.1 室内分布系统工程设计原则

在遵循室内分布系统设计总体原则的情况下，对于实际的工程设计而言，设计原则通常会细化为以下几个方面：

（1）室内分布系统工程设计中要包括信号源、分布系统两个部分。

（2）室内分布系统设计应满足服务区的覆盖质量和用户容量的需求，并考虑室内、室外网络的协同发展。要根据用户预测结果对基站进行配置，并随着用户的发展及时增加基站配置或增加基站小区，必要时还要调整室内分布结构，以满足室内的容量需求。

（3）室内分布系统应具有良好的兼容性和可扩展性。新建室内分布系统和原有室内分布系统改造必须满足各制式移动网络业务发展需求。

（4）室内分布系统工程设计中需要尽量减少或控制信号的外泄，避免与室外信号过多切换，减少对室外基站的影响。

（5）室内分布系统所采用的器件要求能实现互联，以利于电信运营商进行择优选型及统一维护。

（6）室内分布系统应做到结构简单，施工容易，不影响目标建筑物原有的结构和装修。

（7）室内分布系统拓扑结构应易于叠加与组合，方便后续维护和调整。

（8）重点建筑物室内覆盖应提供备电机制，保障室内网络安全，减少掉电退服事件的发生。

（9）贯彻资源共享与节能减排的相关要求，工程建设方案要能满足工信部的相关要求及共建共享的实际技术要求。

（10）室内分布系统的设计必须贯彻通信技术政策和通信行业的技术政策、技术体制以及有关标准、规范的规定。

（11）满足国家有关环保要求，电磁辐射值满足国家标准，采用的设备与材料以及产生的物质对环境无污染，所用设备应达到环保部门对噪声的指标要求。

4.1.2　中国移动网络技术指标

为了保障优质的室内分布系统设计，提升全网范围内的室内用户感知体验，通常要求室内分布系统的规划设计工程师充分掌握电信运营商的各种网络制式技术指标，以保证实际设计过程中系统的科学合理性与实操可用性。由于各大电信运营商的用户数量和运营要求不同，因此其移动网络的技术指标也有所差异，下面暂以中国移动的网络技术指标展开分析。

中国移动室内分布系统网络从 2G、3G、4G 发展到现在的 5G，现阶段为 5G 网络完善阶段，在大部分地区 5G 已经成为主流网络。4G 网络广泛覆盖，2G 网络基本完成退网，3G 网络已经开始退网。自 2020 年开始，中国移动与中国广电开展深度共享 5G 网络，开始共建共享 5G 网络。

网络建设的每个阶段、每个本地网的网络建设的性能要求都不一样，下面以某省中国移动的 5G 网络制式性能要求为例展开讲述。

1. 覆盖指标要求

覆盖指标涉及两个重要概念，即 SINR 和 RSRP。信号干扰噪声比（Signal to Interference and Noise Ratio，SINR）是指接收到的有用信号的强度与接收到的干扰信号（噪声和干扰）的强度的比值，可以简单地理解为“信噪比”；参考信号接收功率（Reference Signal Received Power，RSRP）是 5G 网络中衡量终端接收到的基站信号强度的关键指标，直接影响网络覆盖质量和用户体验。

建设室内覆盖的一般区域内要满足同步参考信号接收功率 SS-RSRP≥−105dBm 的概率大于 95%，SS-SINR≥0dB。大型场馆、交通枢纽、营业厅（旗舰店）、重要会议区或办公区等业务需求高的重要场景区域内满足 SS-RSRP≥−100dBm 的概率大于 95%，SS-SINR≥3dB。室内覆盖信号应尽可能少地泄漏到室外，在室外距离建筑物外墙 10m 处，室内信号泄漏强度应小于室外覆盖信号 10dB 以上。

2. 业务质量指标

（1）连接成功率：基本目标≥95%。

（2）掉线率：基本目标＜4%。

（3）系统内切换成功率：基本目标＞95%。

3. 服务质量

（1）覆盖区内无线可接通率要求在90%的位置内，99%的时间移动台可接入网络；

（2）数据业务的块差错率目标值不大于10%。

4. 承载速率目标

单用户边缘速率定义为：SS-RSRP覆盖电平为-105～-100dBm的速率平均值。单用户边缘速率作为指标应满足以下条件：

（1）在室内分布系统支持MIMO 4×4的情况下，室内单小区采用100MHz带宽组网时，要求单用户边缘速率的下行平均速率≥200Mbit/s，上行平均速率≥20Mbit/s。

（2）在室内分布系统支持MIMO 2×2的情况下，要求单用户边缘速率的下行平均速率≥120Mbit/s，上行平均速率≥12Mbit/s。

（3）在单路室内分布系统的情况下，要求单用户边缘速率的下行平均速率≥50Mbit/s，上行平均速率≥1Mbit/s。

无线网络指标是室内分布系统设计的重要参考依据，天线间距、发射功率及天线位置的选择基本是由无线网络指标决定的。

4.2 室内分布系统设计总体流程

室内分布系统的目标选取需要符合移动通信网络的发展需求，在方案建设时需要满足目标区域的覆盖、容量需求，从而充分吸收室内通信业务，达到目标区域覆盖的要求。

室内分布系统建设原则要结合建设需求方市场发展需求和建设方建设指导意见确定，由规划设计单位编制室内覆盖工程可行性研究报告和设计文件，细化当期工程设计目标，提供信源规划、覆盖规划及覆盖目标筛选原则，指导室内覆盖工程的建设实施。建设单位组织室内覆盖需求方、设计单位、集成单位等，通过摸查网络、分析投诉资料、实地勘测调研等工作，筛选确定室内分布系统建设的覆盖目标。

对于目标覆盖场所，在实际施工建设前进行科学合理的室内分布系统规划设计有助于提升覆盖目标建筑内的通信质量、有效吸收室内话务量和数据流量；同时，促进室内环境的深度覆盖，大面积地消除室内信号盲区，并且通过分担室外宏站话务量及数据流量来缓解室外站的负担，从总体上平衡室内外的通信负荷，降低网络干扰，提高整体的网络性能和通信承载能力。

就整体的系统设计流程而言，通常遵循的顺序是确定需要覆盖的楼宇（通过前期网络投诉、信号测试及市场需求等获取）、初期的物业协调、建筑物的图纸获取、初勘、初审、精勘与模测、方案设计、方案评审、设计变更这几个主要环节，在方案实施过程中可能还会涉及设计环节的变更。室内分布系统设计流程如图4–1所示。

室内分布系统的建设受物业协调的影响较大，同时与建设单位、设计单位和室内分布系统集成单位的能力水平及分工模式紧密相关，所以室内分布系统的设计分工模式宜根据各地具体情况来确定。

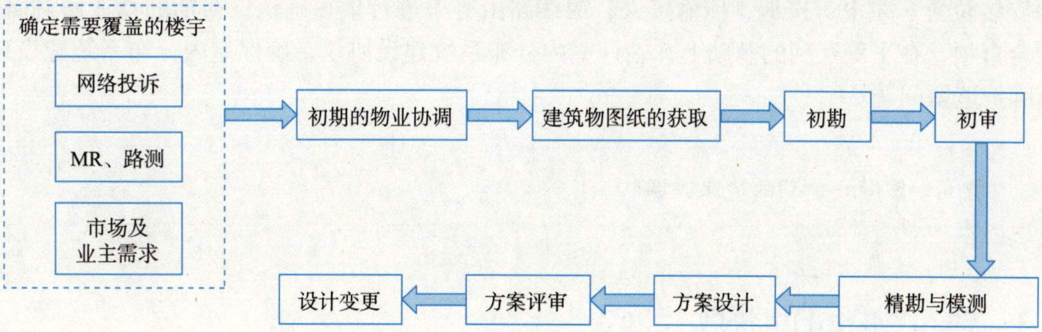

图 4-1　室内分布系统设计流程图

4.2.1　确定需要覆盖的楼宇

室内分布系统建设应建立需要覆盖楼宇的数据库，数据库则由多个方面的信息收集而来，主要来源包括以下几个方面。

1. 网络投诉

每个电信运营商都有可能收到各类投诉电话，一部分是通过热线投诉，另一部分是通过电信运营商的员工投诉。将投诉电话中涉及室内覆盖、容量和质量的电话归类，并分析其投诉结果，将优化部门无法解决投诉内容的点位放入需要覆盖楼宇的数据库内。

2. MR、路测

MR（Measurement Report，测量报告）是用户终端所测量的网络原始数据，测量报告携带了上下行无线链路的相关信息，包括 RSCP、ISCP、BLER 和发射功率等。根据电信运营商的 MR 数据，对目前网络覆盖效果差的区域进行分析，若是室内覆盖效果差的点位，则放入需要覆盖楼宇的数据库内；通过网络部门进行各类网络测试，分析得出一些室内覆盖效果差的点位，分析楼宇的相关性质，若需要进行室内分布系统建设，则放入需要覆盖楼宇的数据库内。

3. 市场及业主需求

无线通信是基础设施，不少楼宇的业主会要求对其楼宇进行室内分布系统网络建设。市场侧人员根据市场需求提供的信息，分析这些楼宇的无线覆盖需求，若需要进行室内分布系统建设，则放入需要覆盖楼宇的数据库内。

各个省市的电信运营商，每期工程的建设目标会有所不同，建议根据不同的建设目标在室内分布系统需要覆盖楼宇的数据库内选取对应的楼宇进行室内分布系统建设。

对于一些临时出现的且急需网络覆盖的楼宇，建设方在了解情况后，初步确认需要建设的点位，应立即启动室内分布系统建设流程。

4.2.2　初期的物业协调

在设计室内分布系统时，电信运营商需要与目标楼宇的物业管理部门或者业主协调站点，获取进站勘察许可。前期沟通和勘察过程中需要充分了解业主对室内分布系统的建设要求，对相关资源（如机房或信号源安装位置、供电、接地、传输接入、馈线路由等）进行现场确认。初期的物业协调需要充分确认业主配合事项，在平等互利的基础上，签订室内分布系统建设协议，确保室内分布系统建设顺利进行，不给日后维护遗留问题。

头脑风暴　请问如何做好初期的物业协调？

4.2.3　建筑物图纸的获取

室内分布系统建设离不开楼宇的平面图或楼宇建筑结构图，详细、优质的楼宇图纸会直接影响室内分布系统设计及建设的质量，因此获取优质的图纸极为重要。图纸获取的来源主要有以下几类：

（1）业主提供，此类图纸质量最高；

（2）根据楼宇内的楼层布局示意图进行描绘的图纸，此类图纸质量最低；

（3）丈量绘图，这种方式适合结构简单、容易丈量的楼宇，此类图纸质量一般；

（4）使用室内平面重建工具描绘楼宇的楼层图纸，此类图纸质量较好。

4.2.4　初勘

初勘的主要工作内容是现场收集目标场所的网络覆盖现状、用户分布、需求状况、工程建设与配套条件等信息。初勘需要对室内分布系统建设的区域、采用何种类型的室内分布系统及信源等关键问题做出初步判断，目的在于为初审阶段决策是否需要建设室内分布系统提供基础。

初勘工作由建设单位组织和安排，由设计单位和室内分布系统集成单位负责勘察测试。建设单位需要提前做好物业协调，设计单位和室内分布系统集成单位提前收集有关信息，根据需要提前完成现有网络测试供初勘时复测验证。为了便于初审，初勘时应填写室内分布系统初勘记录表，并根据需要以照片等形式辅助记录。

4.2.5　初审

初审的主要工作内容是对初勘信息进行分析，根据建设需求方的需求和室内覆盖工程建设的目标，判断所勘察的场所是否需要建设室内分布系统，确定室内分布系统建设的区域。

初审工作主要由建设单位负责，根据需要组织建设需求方参与，设计单位配合。

初审的形式可以采用会签和会议评审等方式。初审的结果应尽快通知室内分布系统集成单位和设计单位。如果初审决策结果为建设室内分布系统，则应立即开展精勘和方案设计工作。

4.2.6　精勘与模测

精勘的主要工作内容是对室内分布系统建设现场进行详细的勘察，结合勘察情况和物业协调情况，确定信源的安装布放、分布式天线和设备器件的安装布放、主干路由的走向等。为了合理确定天线的布设方案，应根据需要选择典型场景开展模拟测试，根据专业分工，精勘对分布系统、信源两个部分有不同的要求。

1. 分布系统的勘察内容

（1）采集、整理目标场景的建筑图纸。

（2）了解物业要求和用户分布情况。

（3）进行必要的模拟测试。

（4）落实天线、分布系统设备器件、馈线的安装设计。

（5）编制站点勘测报告。

（6）根据各地分工情况，一般需要在分布系统精勘时，一并完成建筑物内部（含建筑物附属的室外区域）的传输线布放勘察。

2. 信源的勘察内容

（1）根据用户需求和容量预测结果，结合覆盖测算和周边无线环境，确定信源的设备类型。

（2）勘察信源设备安装场地，完成信源设备的安装位置设计；对于无线直放站系统，需要同步完成施主天线的安装位置设计。

（3）了解信源设备的安装配套条件，落实信源设备的引电、接地、传输接入方案。根据信源设备要求和现场条件，确定所需的空调、监控等配套方案。

（4）一些特殊的、重要的、复杂场景外的室内分布系统方案设计需要多次勘察、联合勘察，具体的判别标准由各电信运营商结合当地情况和室内分布系统集成商来确定。

设计人员常通过室内导频测试或连续波（Continuous Wave，CW）测试等模拟测试为 5G 室内覆盖工程的信源设计提供精准规划依据。

4.2.7　方案设计

根据楼宇的具体勘察情况，分析模测结果，结合楼宇所在的区域和所在电信运营商的相关要求，选择合适的室内分布系统建设方案，具体包括以下内容。

（1）信源安装施工图设计，对于无线直放站信源，需要同时完成施主天线的安装位置设计；对于宏蜂窝、微蜂窝或者 BBU 下沉的信源，需要完成 GNSS（Global Navigation Satellite System，全球导航卫星系统）天线安装及路由设计。

（2）信源设备的引电、接地、传输的方案设计。

（3）若有新建机房，则需要对机房进行市电引入、接地、空调、走线架等相关配套设计。

（4）室内分布系统拓扑图设计。

（5）室内分布系统天线安装平面图设计。

（6）室内分布系统图设计。

（7）对楼宇内特殊的、重要的、隐蔽的施工区域做出重要说明。

4.2.8　方案评审

方案评审的主要工作内容包括站点勘测报告、室内分布系统方案的审核与修改、信源安装设计方案的审核与修改，并最终定稿。

（1）在建设单位组织下，室内分布系统建设有关各方对站点勘测报告和室内分布系统方案进行审核。审核内容主要包括：方案审核、图纸审核、工程预算审核、工程造价量化指标（元/平方米）以及室内分布系统方案文本检查等。在进行方案审核时，应评估室内分布系统能否达到预期覆盖效果或解决网络问题，判断技术方案的合理性、可行性、经济性，并在此条件下，最大限度地节省建设成本和后续维护成本。

（2）方案设计单位在收到审核意见后，应尽快落实和修订，并将修改后的室内分布系统设计方案再次提交建设单位指定的审核单位。审核单位在设计方案审核通过后，在设计方案上签字确认，并连同信源设备安装设计一起交付建设单位会审。

（3）在收到室内分布系统设计方案和信源设备安装设计方案后，建设单位应组织室内分布系统需求方、监理和信源厂家等相关单位，对整体设计方案进行会审。根据会审情况，方案设计单位应对设计方案进行必要的修改完善。通过会审后，建设单位将室内分布系统设计方案和信源设备安装设计方案交给施工方开始施工。

（4）监理单位对室内分布系统方案的审核与修改情况进行监督，并监督施工方是否按照确认的设计方案进行施工。

4.2.9 设计变更

设计变更工作是在设计方案交付施工后，在建设实施过程中遇到物业协调等无法抗拒的原因，导致对原设计方案进行信源类型调整、主干路由改变、天线点位增减等重大变化时需要进行的工作。

（1）在设计方案实施过程中，施工方在遇到影响设计方案实施的问题时，应优先通过物业协调等措施减少设计方案变动；在确实无法避免信源类型、主干路由、天线点位数量调整时，应经过与监理单位确认后，进行方案变更设计，并提交设计单位申请设计变更。

（2）设计单位在收到施工方的设计变更申请后，对变更后的方案进行核实，并根据变更内容的影响安排必要的勘察，设计单位审核通过后再提交建设单位审核，建设单位审核通过后，将变更设计方案提交施工方和监理单位继续施工，并将变更设计方案交建设单位存档。

（3）监理单位在收到施工方的设计变更申请时，应核实引起变更的原因，判定变更是否有必要；监理单位在建设单位审核通过方案变更后，应监督施工方按照变更后的设计方案继续施工。

（4）设计变更工作应主要在遇到影响室内分布系统建成效果的较大问题时进行，包括信源类型变更、主干路由调整、天线点位数量变更等；对于不影响室内分布系统建成效果的细微调整（如天线点位少许挪移等），可以不必进行设计变更工作，仅在竣工文件中进行修改和说明。

4.2.10 工程建设

完整的室内分布系统建设流程应包括工程建设和系统验收。在设计评审通过后，电信运营商应开始进行室内分布系统的工程建设。

工程建设应在业主许可的情况下，文明施工，按图施工，遵照通信建设工程施工及验收标准规范。工程施工过程中涉及多个专业，为了减少中间的协调难度，施工单位数量应该尽可能少。此外，电信运营商应该组织各施工单位同时进场，缩短施工周期，减少对业主的打扰。

4.2.11　系统验收

为了确保室内分布系统建设工程施工质量及系统运行质量，应该对全系统进行验收，验收流程与验收规范应参考相应的国家标准、行业标准以及室内分布系统的设计文件。系统验收中发现问题时，要落实责任人，限期改正。

室内分布系统设计流程较为复杂，学生由于缺乏工程实践经验，对流程的理解存在一定的困难，有兴趣的同学可以学习本书的相关电子资料。

室内分布工程设计流程

本章小结

本章主要探讨室内分布系统方案的设计原则和流程。对于室内分布系统而言，一套良好的设计方案需要满足不同制式信号在目标覆盖区域内信号的均匀分布要求，同时在功率和容量上满足目标覆盖区域的通信业务需求。

在遵循室内分布系统设计总体原则的情况下，对于实际的工程设计而言，设计原则要进一步细化，不仅要求满足无线系统通信指标，还要求设计的室内分布系统结构简单，施工容易，同时贯彻资源共享与节能减排的相关要求。

规划设计单位应编制室内覆盖工程可行性研究报告和设计文件，细化当期工程设计目标，提供信源规划、覆盖规划及覆盖目标筛选原则，指导室内覆盖工程的建设实施。

整体的系统设计流程遵循的顺序是按前期网络投诉及扫楼确定需要覆盖的楼宇、初期的物业协调、建筑物图纸的获取、初勘、初审、精勘与模测、方案设计、方案评审、设计变更这几个主要环节。

课后习题

简答题

1. 室内分布系统设计流程包含哪些主要环节？
2. 室内分布系统设计中分布系统的详细勘察包括哪些内容？
3. 请说明室内分布设计方案评审的主要工作内容。
4. 请阐述中国电信运营商部署 NR 室内分布网络的覆盖指标的基本要求。

第5章

室内分布系统勘察及模拟测试

学习目标

- 熟悉室内分布系统勘察流程。
- 掌握室内分布系统无线环境勘察和室内施工条件勘察。
- 初步了解室内分布系统模拟测试。

素养目标

- 通过对室内分布系统勘察及模拟测试的学习，了解工程勘察的重要性。
- 勘察需要和业主深入沟通协作，培养诚信、友善的价值观。

5.1 室内分布系统的勘察

工程勘察是总体设计流程中的重要环节，建设单位首先需要结合室内分布系统需求方诉求，明确总体建设原则，并在最终确定室内分布系统覆盖目标，且在取得物业或者业主的许可后，安排设计人员到现场开展勘察工作。

室内勘察主要是为了室内分布系统设计做好信息搜集工作，通过现场勘察、业主交流，最终要完成以下任务：

（1）确定覆盖范围，明确大楼内各楼层的覆盖要求与区别；

（2）拍摄数量足够多的照片，以充分体现大楼室内细节和外形轮廓；

（3）确定门窗、楼板、天花板的建筑材料和厚度，估计其穿透损耗；

（4）确定可获得的传输、电源和布线资源，以及业主对施工的要求；

（5）确定基站设备所需的机房或井道安装墙面，以及天线、馈线等器件线缆的安装空间和走线路由。

关于布线资源的勘察，需要了解布线环境的承重和曲率半径条件。曲率半径勘察要关注以下两点：一是如果业主提供布线用的是 PVC 管线，则需要了解 PVC 管线拐弯处的曲率半径；二是需要了解大楼垂直走线井到各楼层走线口拐弯处的曲率半径。

5.1.1　室内现场勘察的准备工作

室内现场勘察前要做好“3＋1”准备工作。

（1）“3”是指对覆盖对象的前期准备工作：确定目标楼宇的场景覆盖要求、获得进站勘察许可、研究建筑图样。

首先，勘察人员要确定目标楼宇的场景覆盖要求。例如，目标楼宇是居民小区还是办公大楼，是大型场馆还是低矮别墅。勘察人员需要把握这些场景覆盖的难点与痛点，勘察时重点关注。勘察人员还需要确定覆盖范围，关注无线覆盖质量。

其次，勘察人员要提前和目标楼宇的物业管理部门或业主协调站点，获取进站勘察许可、信源安装许可、分布系统走线许可、可能的天线安装位置许可、可能的用电许可。

最后，勘察人员要研究获取的目标楼宇的平面图或楼宇建筑结构图，初步弄清楚可能的设备安装位置和走线路径。

（2）“1”是指勘察工具的准备。勘察工具可以分为两大类：施工条件勘察工具和无线环境勘察工具。

施工条件勘察需要用纸和笔进行记录，设计一个勘察记录表。数码相机可以对目标楼宇的整体结构，以及可能的设备安装位置、走线位置进行拍摄；卷尺或测距仪可以测量楼高、楼宇覆盖面积、走线长度；北斗或 GNSS 定位仪可以测量目标楼宇的准确位置；指南针可以用来定位方向。如果获取了目标楼宇的平面设计图或立体设计图，则需要将它们随身携带；如果没有获取目标楼宇的平面设计图或立体设计图，则需要携带可以绘制平面设计图的室内平面重建工具。智能化手机普及前常携带的施工条件勘察工具如图 5–1 所示。

图 5–1　施工条件勘察工具

无线环境勘察工具主要是指室内无线环境的模拟测试工具、路测工具、扫频仪等，包括模拟测试用的吸顶天线、模拟信号源、便携式计算机、测试手机和接收机等。

得益于电子技术的飞速发展，目前无论是对施工条件勘察工作还是对无线环境勘察工作的大部分工具，如数码相机、测距仪、指南针、北斗或 GNSS 定位仪等，都可以用智能手机代替。

勘察工具的类型和使用可参考本书的相关电子资料。

室内分布系统勘测工具的类型和使用

5.1.2　室内无线环境勘察

对于无线传播环境勘察而言，在室内环境是采用步测的方式进行慢速的沿路测试。室内无线环境接收电平 SS-RSRP 路测轨迹图如图 5–2 所示。在进行无线环境的测试时，一般要求测试设备距离地面 1.5m 左右，对建筑结构的每层都要测试，并给出路测轨迹图。

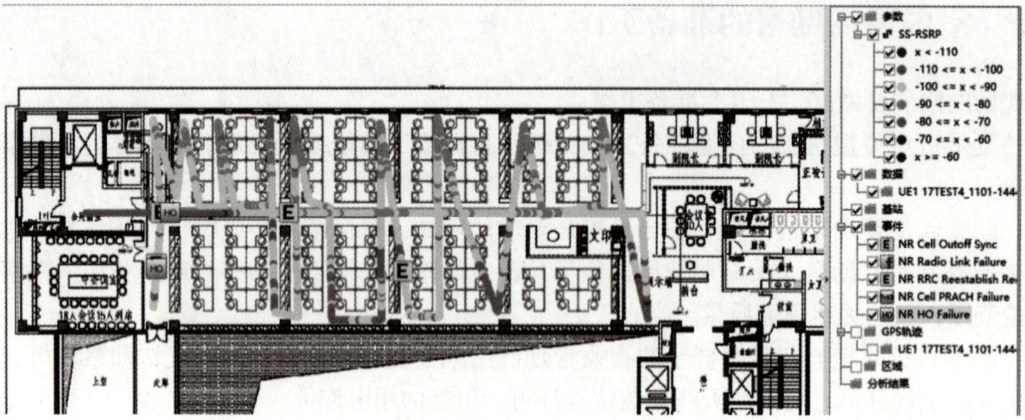

图 5–2　室内无线环境接收电平 SS-RSRP 路测轨迹图

对所选楼层进行扫频测试，如果各楼层的扫频测试数据一样，则要提供适当的补充说明。非标准楼层必须测试，而标准楼层可以每间隔 5~8 层测试一次。在设计文件中要给出路测分析结果和测试的记录文件，提供各种参数的统计占比数据。室内无线环境路测数据统计见表 5–1。

表 5–1　室内无线环境路测数据统计表

序号	区间	样本数	占比	总占比
1	（−∞, −110）	3	0.17%	0.17%
2	[−110, −100)	318	18.52%	18.69%
3	[−100, −90)	1 100	64.07%	82.76%
4	[−90, −80)	275	16.02%	98.78%
5	[−80, −70)	21	1.22%	100%
6	[−70, −60)	0	0	100%
7	[−60,＋∞)	0	0	100%
	合计	1 717		
	最大值	−76.81dBm	最小值	−113.13dBm
	平均值	−95.15dBm	中间值	−95.38dBm

5G 室内分布系统建设前对室内无线环境的测试数据包括：接收电平值 SS-RSRP、SINR、下行速率、上行速率、PCI 号，以及反映切换情况的“乒乓切换”区域、相邻小区号等。

根据这些测试数据，可以分析 5G 室内分布系统建设的相关要求，例如建设完成后，室外基站的优化、室内分布系统的天线位置选取、天线口输出功率设置、小区设置、邻区设置、切换设置等相关参数的设置。

室内无线环境勘察除了上述利用测试数据分析的无线网络环境外，还需要勘察并记录其他内容。室内分布系统无线环境勘察内容见表 5–2。

表 5–2　室内分布系统无线环境勘察内容

序号	勘察内容	信息记录
1	确认是建筑全覆盖还是局部覆盖	□全覆盖　□局部覆盖，覆盖区域________
2	全覆盖楼宇是否已建设室内分布系统	□是　□否
3	已有室内分布系统是本电信运营商建设的还是其他电信运营商建设的	□本电信运营商　□其他电信运营商________
4	没有建设室内分布系统的场景是否需要新建室内分布系统	□是　□否
5	已建的室内分布系统支持的 5G 频段	□ 700MHz　□ 900MHz　□ 2 100MHz □ 2 600MHz　□ 3 500MHz　□ 4 900MHz

续表

序号	勘察内容	信息记录
6	对不满足频率范围的室内分布系统，客户是否同意改造	□是　□否
7	分布天线的位置是否满足 5G 覆盖要求	□是　□否
8	对于合路系统，确定新接入系统的合路位置（高频 5G 信源建议采用靠近天线端合路的方式），在设计方案中明确表示，并提供合路位置照片	提供合路位置照片
9	检查合路位置是否具备安装条件（电源、网络资源）	□是　□否
10	无线环境勘察其他需要说明的问题：	

5.1.3　室内施工条件勘察

在建筑物的内部，应该勘察的是机房条件、走线路由和天线挂点。机房条件包括机房所在的楼层、机房的供电条件、机房的温度和湿度条件、大楼的防雷接地等情况。

机房的选择取决于物业协调的情况、电信运营商的要求以及现场勘察的实际情况。比较重要的楼宇可以选择专用机房；一般的室内分布信源安装在电梯机房、弱电井中。但由于电梯机房、弱电井的其他设备较多，因此安装有一定的困难；小型信源设备不需要专用机房，可以选择在地下停车场或楼梯间贴墙安装。

室内覆盖走线路由可选择停车场、弱电井、电梯井道和天花板。对于居民小区的走线路由，首选小区内自有的走线井，尽可能避免与多个其他单位沟通走线路由的问题。

走线路由勘察确定的内容还包括弱电井的位置和数量、电梯井的位置和数量、天花板上面能否走线等。勘察弱电井要注意是否有走线的空余空间、走线是否受其他走线的影响，勘察电梯间要记录电梯间缆线进出口位置、电梯停靠区间。

工程的可实施性勘察是走线路由的第一原则，不能闭门造车，也不能按图索骥。在可实施的情况下，尽可能选择最短馈线路由。

天线挂点的勘察比较重要。如果理想的位置因业主原因或其他因素不能挂天线，而允许挂天线的位置信号覆盖可能不理想，则需要优化调整。一般在天花板上挂的是全向吸顶天线；在室内墙壁上挂的是定向板状天线；在室外楼宇天面上挂的是射灯天线；在室外地面上装的是美化天线。

头脑风暴　请观察日常工作或生活场所安装了哪些类型的室内分布系统天线。

无论在什么地方安装天线，都要保证目标区域的有效覆盖。但是有些室内场景可实施的天线挂点非常难找，其中有业主准入的问题，也有覆盖效果差的问题。

天线挂点的选择要遵循以下原则：

（1）根据不同的建筑结构和信号衰减特性，天线布放密度应做差异化设计。开放办公区、大厅、商场中庭等空旷环境每间隔 15～30m 布放一个天线；玻璃幕墙办公楼、会议室等玻璃隔挡场景每间隔 10～20m 布放一个天线；普通办公室、酒店客房等砖墙阻隔场景每间隔 8～12m 布放一个天线；混凝土墙阻隔场景每间隔 6～12m 布放一个天线；机房、大型设备间等金属结构密集场景每间隔 5～8m 布放一个天线。

（2）尽量选择空旷区域，避开室内墙体阻挡。

（3）在住宅楼宇里，天线尽量设置在室内走道等公共区域，避免工程协调困难。

（4）在楼宇的窗口边缘，选用定向天线，避免室内信号外泄。

（5）对于内部结构复杂的室内场景，要选用小功率天线多点覆盖的方式，避免阴影衰落和穿墙损耗的影响。

（6）需要室内外配合进行无线覆盖的楼宇，要确定室外地面、楼宇天面、楼宇墙壁是否有适合布放天线的位置。

在勘察天线挂点的时候，要准备好建筑物的结构图样，在适合做天线挂点的相应位置处进行标记。某办公楼天线挂点的勘察图如图 5–3 所示，天线间隔为 10～20m。

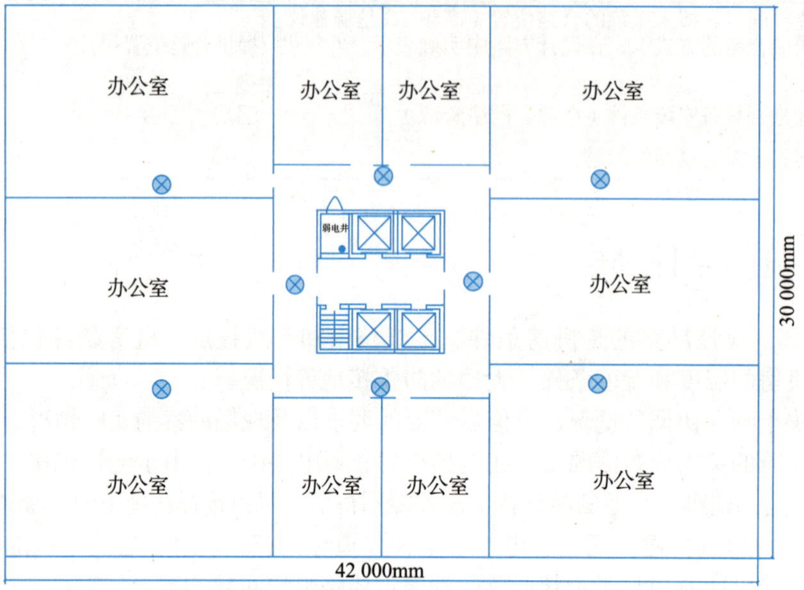

图 5–3　某办公楼天线挂点的勘察图

某大型超市天线挂点的勘察图如图 5–4 所示，天线间隔为 15～30m。

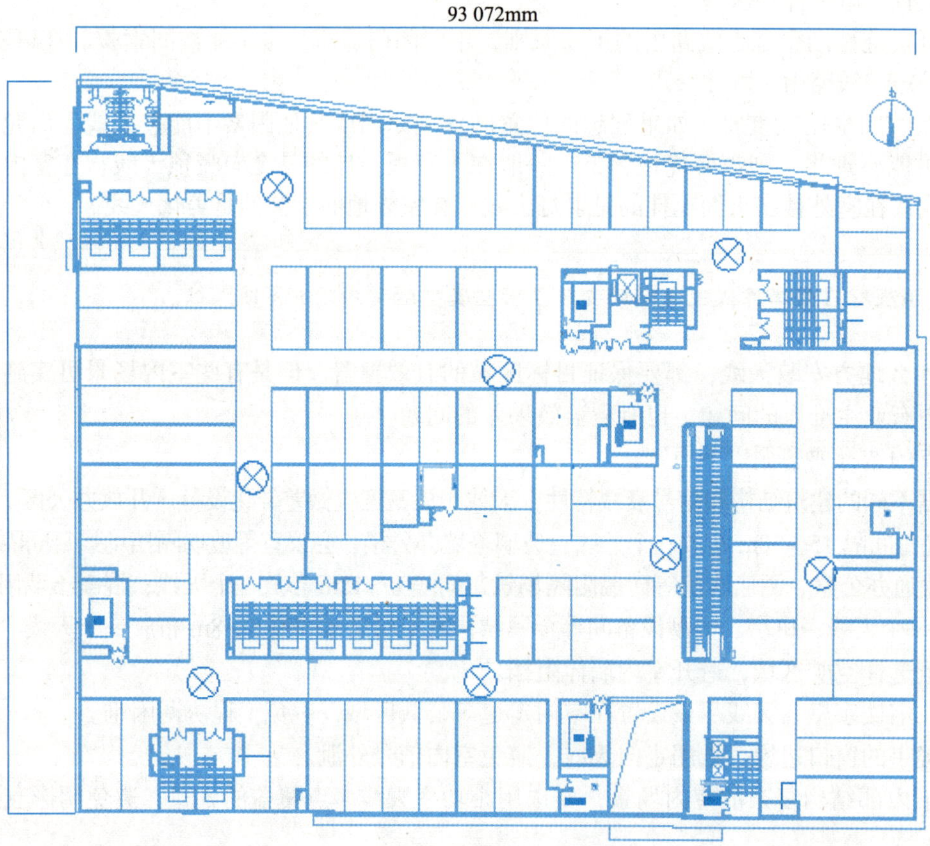

图 5–4　某大型超市天线挂点的勘察图

电梯是高楼层的大动脉，是 5G 网络重点覆盖对象，然而电梯的穿透损耗较大，一般为 20～35dB，因此要根据实际情况和业主的要求选择相对应的方式进行覆盖。

为了便于了解室内结构，需要拍摄较多的照片，以加深记忆。拍照之前，首先需要选择特征楼层，这样能够保证以较高的效率完成照片拍摄工作，并且提供足够多的建筑物特征信息。假设目标大楼共有 25 层，我们按照建筑结构和楼层布局分类。例如，1 层为一个特征楼层；2～5 层结构和布局相同，可以从中任选一个楼层作为特征楼层；6～25 层结构和布局相同，再从中任选一个楼层作为特征楼层。

选定了特征楼层以后，开始进行室内拍摄，每个特征楼层内拍摄的照片数量应满足以下要求：

（1）体现特征楼层平面布局，拍摄 2～4 张照片。

（2）体现天花板结构特征，拍摄 1～2 张照片。

（3）体现候选的天线架设位置，拍摄 1～2 张照片。

（4）体现外墙与窗户特征，拍摄 1～2 张照片。

（5）体现走廊与电梯间特征，拍摄 1～2 张照片。

（6）体现异常的结构（如较大的金属物件）和设备房间（可能的干扰源），拍摄 1～2 张照片。

（7）体现信号源安装位置（机房或井道），拍摄 1～2 张照片。

（8）体现引电位置，拍摄 1～2 张照片。

（9）体现北斗或 GNSS 时钟接收器安装位置，拍摄 1～2 张照片。

（10）体现特征楼层馈线穿孔位置，拍摄 1～2 张照片。

（11）体现全楼外形轮廓的全景照，拍摄 1～2 张照片。

结合上述内容，对于室内施工条件勘察和施工环境勘察，可以整理成两个表格，在勘察的时候使用，以便记录相关数据，具体内容供大家参考。室内分布系统施工环境勘察内容见表 5–3，室内分布系统施工条件勘察内容见表 5–4。

表 5–3　室内分布系统施工环境勘察内容

序号	勘察内容	信息记录
1	点位名称：________________	
2	点位地址：________________	
3	东经：__________ 北纬：__________	
4	是否具备平面图、建筑物结构图	□平面图　□建筑物结构图　□不具备
5	不具备平面图、建筑物结构图的情况下，获取图纸	□拍摄平面图　□拍摄楼宇照片 □丈量　□利用工具
6	保持图样与现场结构一致（注意消防图是否与实际一致）	□一致　□不一致，解决办法__________
7	全覆盖楼宇规模	建筑面积：__________ 层数：__________
8	获取室内分布站点周边宏站的信息，注意周边环境，分析可能的室内外影响，包括室外信号对室内的影响，以及室内信号的外泄	□周围宏站的信息　□室外对室内的影响　□室内信号的外泄
9	确认墙体材料，估算空间损耗	墙体材料__________
10	确认传输资源和电源	□传输资源可用，已到位 □无传输资源 □交流电源可用　□交流电源不可用
11	确认进场施工时间	□随时　其他__________
12	确认是否存在强磁、强电或者强腐蚀的环境	□存在　□不存在
13	施工环境勘察其他需要说明的问题：	

表 5-4　室内分布系统施工条件勘察内容

序号	勘察内容		信息记录
1	机房条件	机房类型	□专用机房 □电梯井 □弱电井 □地下停车场 □楼梯间 □其他______
2		机房所在的楼层	______
3		机房的供电条件	□具备 □欠缺
4		机房的温湿度	温度______ 湿度______
5		大楼的防雷接地	□具备 □欠缺
6		机房接地	□具备 □欠缺
7	走线路由	弱电井	位置______ 数量______ 是否有多余空间______ 其他______
8		电梯井	位置______ 数量______ 是否有多余空间______ 其他______
9		天花板	能否走线______ 其他______
10	主设备	分布系统选型	□传统无源分布系统 □泄漏电缆分布系统 □ pRRU 分布系统 □皮基站分布系统 □光纤分布系统 □移频 MIMO 分布系统
11		信源选型	□ RRU □直放站 □ pRRU（室分型） □其他______
12	天线挂点	适合布放天线的位置	□室外地面 □楼宇天面 □楼宇墙壁 □室内天花板下（明装） □室内天花板内（暗装） □室内墙壁
13		平层天线选型	□全向吸顶天线 □小板状天线 □有源室内分布（放装型远端） □有源室内分布（室分型远端） □其他______
14		电梯覆盖方案	□井道覆盖 □电梯厅覆盖井道 □其他______
15		电梯井天线选型	□电梯天线 □小板状天线 □泄漏电缆 □对数周期天线 □有源室内分布（室分型远端） □其他______
16		地下室天线选型	□全向吸顶天线 □小板状天线 □有源室内分布（放装型远端） □有源室内分布（室分型远端） □其他______
17		室外天线选型	□小板状天线 □板状天线 □射灯天线 □其他______
18		天线挂点位置图	□完成 □未完成
19	施工条件勘察其他需要说明的问题：		

无线勘察是需要实践才能掌握的技能，有兴趣的同学可以学习本书的相关电子资料。

无线勘察实操

5.2 模拟测试

为了获得大楼的室内传播特征信息，需要进行室内导频或连续波（CW）测试。室内模拟测试有以下两个目的：

（1）完成测试之后，确定测试楼宇的天线布置方案；

（2）通过对大量测试数据的分析，获得典型楼宇单天线覆盖半径，以及典型隔墙、楼板、天花板的穿透损耗值，从而指导类似站点的室内分布系统建设。

现有室内信号仿真软件基本是基于射线跟踪模型的，不支持室内信号模型校正。通过室内模拟测试数据校正传播模型，可精准计算链路损耗，优化天线布放。

模拟测试流程如图 5–5 所示。

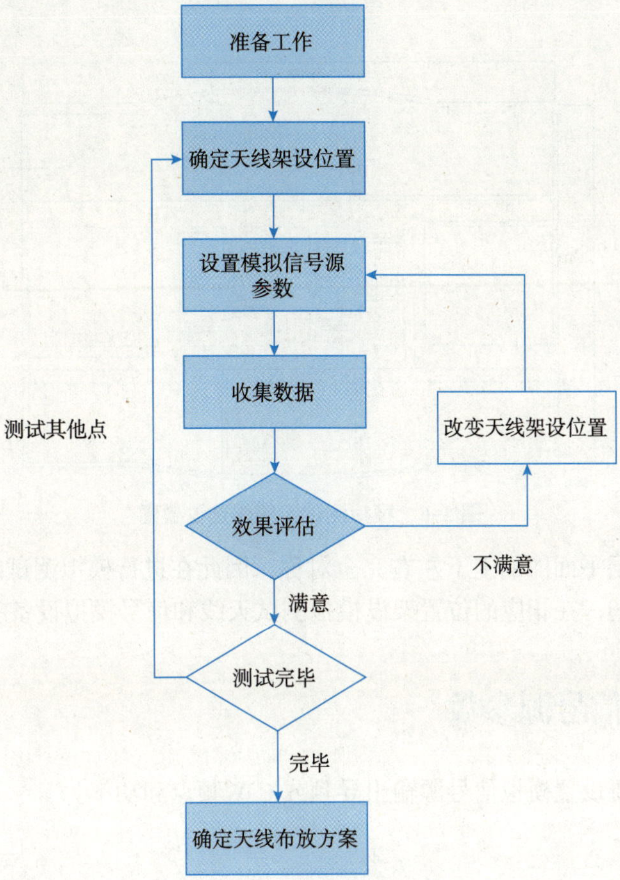

图 5–5　模拟测试流程

5.2.1　准备工作

准备工作主要包括物业协调、测试工具调测、测试人员安排、交通工具准备等，此外还需要准备楼宇平面图纸和模拟测试记录表格。

室内模拟测试常用测试工具包括以下几种：

（1）模测信号发生器，可模拟发射 TDD NR 3.5GHz 下行导频信号或 CW 信号。

（2）天线（根据现场测试需要，可选择全向吸顶天线或定向天线），用于发射信号。

（3）便携式计算机，已安装路测软件。

（4）测试终端，用于呼叫质量测试（Call Quality Test，CQT）。

（5）测试扫频仪，路测软件支持的接收设备。

（6）其他附属器件，如支架、线缆、安装工具等。

5.2.2　确定天线架设位置

根据建筑物的平面结构、天线口输出功率以及边缘场强要求，确定天线候选位置和天线类型。进行

CW 测试时，发射天线的摆放位置应靠近天线候选位置。天线候选位置为设计中预计要安放的并有实际操作可能的天线架设位置。通过现场勘察及与业主交流，结合工程师的经验，确定天线候选位置。模拟测试天线候选位置与测试点数量由平面楼层特征决定，模拟测试天线候选位置如图 5–6 所示，候选位置包括 A、B、C、D 四点。

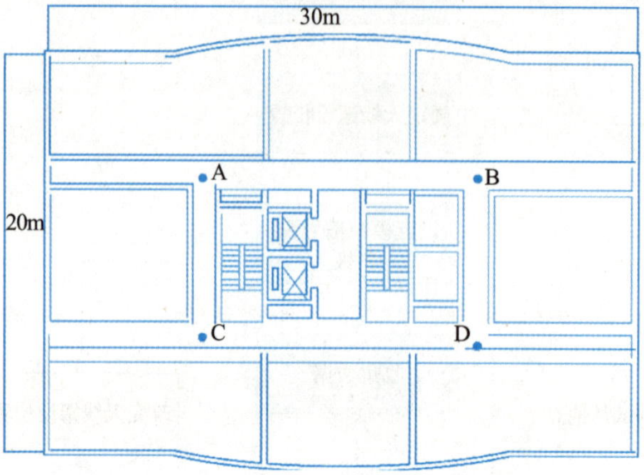

图 5–6　模拟测试天线候选位置图

在图 5–6 中，由于楼层平面图的上下左右完全对称，因此在进行模拟测试时，4 个点中只要任选 1 个点进行测试即可。到了现场，在相应的位置架设模拟测试天线和信号模拟设备。

5.2.3　设置模拟信号源参数

原则上，按照设计需要设置模拟信号源输出导频或 CW 频点和功率。

5.2.4　收集数据

收集数据有两种方式：DT（Drive Test，路测）和 CQT。DT 利用路测软件将测试终端或扫频仪接收到的信号强度实时记录在相应的测试位置。CQT 利用终端记录每一个测试点的实测数据。CQT 测试点位置分布如图 5–7 所示，若以 A 点为模拟测试点，则 CQT 测试点取图中的 E、F、G、H、I、J、K、L、M、N、O 中任一点。

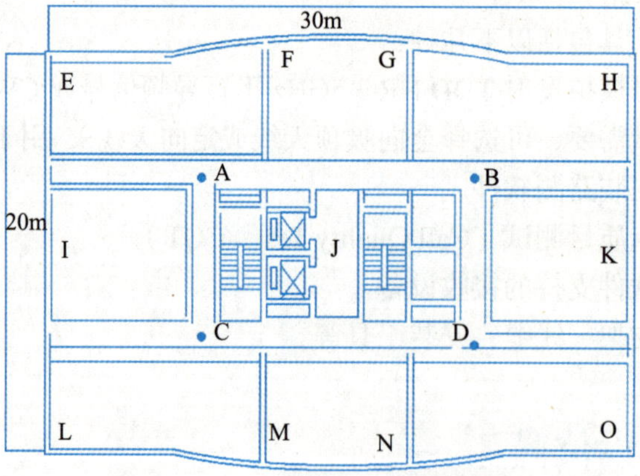

图 5–7　CQT 测试点位置分布图

5.2.5　效果评估

效果评估核实的是单天线的覆盖效果是否符合设计指标要求。在完成了特征楼层的天线候选位置的模拟测试后，为了确定分布天线建设方案，需要对测试数据进行分析。路测侧重的是观察天线覆盖区域的整体效果，而 CQT 侧重的是检查天线覆盖边缘的信号情况。若采用 CW 测试，则只能判断信号强度是否符合设计要求。一般情况下，通过计算 CW 信号的路径损耗，推算楼宇内的导频信号（SS-RSRP）覆盖强度。若采用导频测试，则除了 SS-RSRP 导频强度外，还可以测得 SS-RSRP C/I（同步信号参考信号接收功率载干比）指标。

5.2.6　确定天线布放方案

通过对分布天线的效果评估，最终确定分布天线的架设方案。在图 5–7 中，模拟天线 A 点测试结果的差异可以引起天线布置方案的不同。若所有 CQT 测试点的指标都满足要求，则意味着该楼层的无线传播环境特别好，只要架设一个天线，就可以满足整个楼层的覆盖要求。在此情况下，建议在 J 点再进行一次模拟测试。正常情况下，所有的测试点均可以满足要求，建议把天线架设在 J 点。

若 E、F、G、I、J、L、M 点的测试结果满足要求，则意味着 A 点天线已经完全覆盖该楼层平面左上角的一半区域。在 D 点再架设一根天线，进行模拟测试。若该模拟天线可以覆盖 H、B、J、K、N、O 点，则意味着 D 点天线已经完全覆盖该楼层平面右下角的一半区域。由此可以确定，该平面楼层只要在 A 点和 D 点两个位置设置天线就可以满足建设要求。根据平面结构的对称性，若把天线架设在 B 点和 C 点两个位置，则同样可以满足该楼层的信号覆盖要求。

若只有 E、F、I、J 点的测试结果满足要求，则意味着 A 点天线只覆盖了该楼层平面的左上角约 1/4 区域（含电梯厅）。由此可以确定，该平面楼层需要架设 A、B、C、D 点共 4 个分布天线。

若只有 E、F、I 点的测试结果满足要求，则意味着 A 点天线只覆盖了楼层平面的左上角约 1/4 区域（不含电梯厅）。由此可以确定，该平面楼层需要架设 A、B、C、D、J 点共 5 个分布天线。

以此类推，通过对不同测试结果的分析，可以得到多种天线位置分布组合。电信运营商可以从环境、性能和投资等方面进行综合分析，最终确定测试楼层的天线分布方案。

室内分布模拟测试

模拟测试是比较专业的方法，有兴趣的同学可以学习本书的相关电子资料。

本章小结

工程勘察是总体设计流程中的重要环节。室内勘察主要是为了室内分布系统设计做好信息搜集工作，通过现场勘察、业主交流，明确覆盖范围，拍照记录项目现场细节，明确项目的建筑材料和厚度，明确传输、电源和布线资源，确定室内分布系统设备和器件的安装位置和走线路由。

做好室内勘察的准备工作，包括确定目标楼宇的场景覆盖要求、获得进站勘察许可、研究建筑图样三项内容。同时，准备好勘察工具，勘察工具可以分为两大类：施工条件勘察工具和无线环境勘察工具。

室内无线环境勘察利用勘察工具进行无线环境测试，利用测试数据分析得到无线网络环境，同时需要勘察并记录无线覆盖范围、现有室内分布系统等内容。

室内施工条件勘察内容较多，在建筑物的内部，应该勘察的是机房条件、走线路由和天线挂点。机房条件包括机房所在的楼层、机房的供电条件、机房的温度和湿度条件、大楼的防雷接地等情况。走线路由勘察确定的内容包括弱电井的位置和数量、电梯井的位置和数量、天花板上面能否走线等。

天线挂点的勘察比较重要，根据场景和覆盖要求选择合理的天线点位。天线点位的选择要与业主充分沟通，对于理想点位，业主若不允许安装则需要有合理的备选方案。上述内容完成后填写室内分布系统施工环境勘察表。

完成上述勘察后，有条件的话开展模拟测试，通过测试获得大楼的室内传播特征信息，完善设计方案。

课后习题

一、多选题

1. 无线环境测试工具主要包括（　　）。

A. 模拟测试工具　　B. 路测工具　　C. 扫频仪　　D. GPS

2. 室内现场勘察前要进行的准备工作包括（　　）。

A. 确定目标楼宇的场景覆盖要求　　B. 获得进站勘察许可

C. 研究建筑图样　　D. 进行工程分析

二、填空题

1. 室内施工条件勘察内容包括机房条件、__________和__________。

2. 室内分布工程设计中需要合理选择天线类型：在天花板上通常选择全向吸顶天线，在室内墙壁上可选择__________，在室外楼宇天面上挂的是__________。

3. 现有室内信号仿真软件基本上是基于__________，不支持室内模型校正。

三、简答题

1. 说明室内模拟测试常用的测试工具以及它们的作用。

2. 分析天线挂点的选择需要遵循的原则。

3. 搜集并整理室内分布天馈线布放方案，分析不同场景下天线的点位选择。

第6章

室内分布系统容量设计及链路预算

学习目标

- 熟悉室内分布系统容量设计。
- 了解室内传播模型和模型校正。
- 掌握天线和馈线布局设计及天线口功率设计。

素养目标

通过对室内分布系统容量设计及链路预算的学习，了解容量计算的过程。激发努力学习科技的奋斗精神，树立科技强国的价值观。

在室内分布设计中，需要进行容量规划，根据覆盖区域的用户数、流量和用户使用电信业务的行为来确定系统容量。在容量确定后，进行链路预算，确保通信质量。

6.1 室内分布系统容量设计

室内覆盖网络的容量规划，既要考虑满足当前的网络容量、覆盖、质量要求，又要兼顾远期网络的发展，实现平滑扩容。

在规划过程中，需要明确系统的两个关键指标，即吞吐量和用户数。同时，两个关键指标又可以分为很多不同的细化指标参数，如系统可以提供的最大吞吐数据量、峰值速率、频谱效率、支持最大的用户数等。

吞吐量和用户数这两个关键指标相互影响，需要综合考虑。其中，吞吐量受业务信道资源影响，总体上代表了系统业务面的容量能力，在进行吞吐量的评估时有必要综合考虑系统平均吞吐量和边缘用户吞吐量。

用户数同样受业务信道资源影响，与吞吐量相比，用户数总体上则侧重于反映系统控制面的容量能力。在计算实际的容量相关数据时，评估过程还需要综合考虑非理想功率控制、话音激活和其他小区对本小区的干扰等因素，得出最终的上行或下行链路每小区、每载频业务的理论容量上限，并根据此值估计出小区可以支持的用户数。

另外，实际进行容量规划时，通常存在多种业务类型，如话音业务和数据业务。这就意味着对于不同的用户，系统容量在上行链路和下行链路是不同的。对系统容量的评估需要针对具体的网络应用业务进行，这是因为不同的业务具有不同的业务负荷，从而对整个系统性能的影响也各不相同。此外，准确的容量规划设计离不开具体的业务模型对用户业务行为的统计数据分析，其目的是了解用户的业务行为对系统资源占用的需求。

6.1.1 室内分布系统容量计算

在进行容量计算时，电信运营商需要充分考虑室内分布各区域的容量需求，对目标覆盖区域进行话务量预算；在小区划分和配置上，充分考虑覆盖区内用户的需求，确保各场景业务需求量大的区域有足够的容量支撑。室内容量计算首先需要考虑用户业务模型，依据业务模型计算等效话务量，并根据相关业务质量要求估算网络的配置容量。室内容量评估流程如图 6–1 所示。

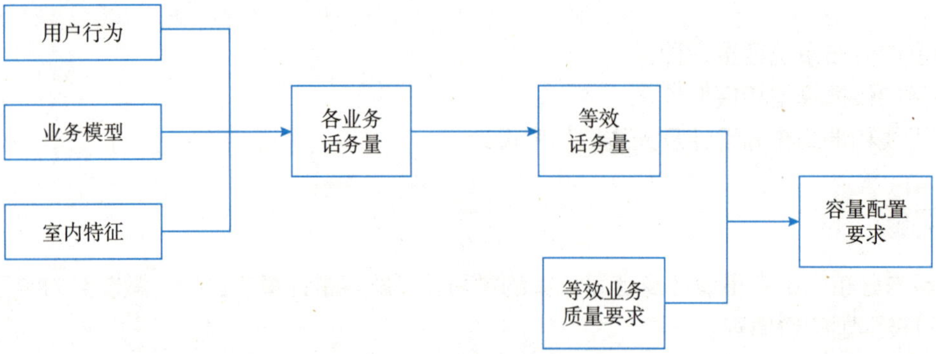

图 6–1　室内容量评估流程

1. 用户业务量

对室内分布覆盖区域的人流量、手机数量、激活用户数、用户渗透率、其他上网终端数量进行预估，再利用容量计算工具分别对话音话务量和数据话务量进行预估，以评测信源数量等网络资源设计的合理性。对于不同的室内场所，如写字楼、住宅区、宾馆等，需要根据不同的用户行为计算话务量需求。

（1）不同建筑物的有效用户数计算如下。

1）住宅区和别墅区：

$$\text{总人数} = \text{建筑面积} \times \text{有效容积率} \times \text{平均每户面积} \times \text{每户人数} \tag{6–1}$$

2）写字楼、商场：

$$\text{总人数} = \text{楼宇面积} \times \text{办公区域比例} \div \text{人均占地面积} \tag{6–2}$$

另外，不同建筑物的有效用户数还可以直接按照人数计算。考虑到用户行为，实际有效用户数的计算公式为：

$$\text{实际有效用户数} = \text{用户数} \times \text{手机使用率} \times \text{用户渗透率}$$

（2）室内不同业务话务量计算如下：

1）话音业务：

$$\text{Erlang}_{\text{CS}} = \frac{\text{忙时每个用户呼叫次数} \times \text{每次呼叫的平均持续时间（s）}}{3\,600} \times \text{有效用户数} \tag{6–3}$$

2）数据业务：

$$\mathrm{Erlang_{PS}}=\frac{\mathrm{BHCA_d}\times \mathrm{CHT_d}}{3\,600}\times \text{有效用户数} \tag{6-4}$$

式中，$\mathrm{BHCA_d}=\mathrm{BHSA_d}\times N_{\mathrm{PC}}$。其中，$\mathrm{BHSA_d}$ 为每个用户平均忙时分组会话试呼次数，N_{PC} 为平均每个会话包含的分组呼叫个数，$\mathrm{CHT_d}$ 为分组会话持续时间。

2. 容量估算方法

（1）等效爱尔兰法。

等效爱尔兰法的实质是将占用不同资源数目的多种业务换算为其中一种业务的话务量，然后将所有业务的话务量相加，得到总的话务量，再根据爱尔兰表计算所需要的信道配置。等效爱尔兰法计算简单，但在以不同业务为基准的情况下，其计算结果差异较大。

（2）坎贝尔法。

坎贝尔法不是以系统中现存的某种业务为基准业务，它的核心思想是构建一种并不存在的等效业务，计算其单位话务的资源需求（容量因子）和等效话务量（混合话务量），再根据爱尔兰表查出满足等效话务量需要的虚拟连接数，与容量因子相乘后加上单位目标业务（实际存在的某种业务）的信道配置数目，就得到实际需要的信道配置数目。坎贝尔法的关键在于容量因子的构建，其基本思想如下。

首先，求解容量因子，计算公式如下：

$$c=\frac{v}{a}=\frac{\sum_i \mathrm{Erlang}_i\times a_i^2}{\sum_i \mathrm{Erlang}_i\times a_i} \tag{6-5}$$

式中，a_i 为业务振幅，即某种业务单个链接所需的业务信道资源；a 为均值；v 为方差。

然后，依据容量因子和均值，确定混合话务量，计算公式如下：

$$\mathrm{OfferedTraffic}=\frac{a}{c} \tag{6-6}$$

最后，查爱尔兰表获得混合话务所需的混合容量 Capacity，从而求得各业务所需的容量 C_i，计算公式为：

$$C_i=\mathrm{Capacity}\times c+a_i \tag{6-7}$$

坎贝尔法综合考虑了各种业务量对资源的需求，网络提供的业务种类越多，其在资源配置上的优势越明显，相对于不同的目标业务，其差异较小。因此在实际的工程设计中，一般采用坎贝尔法来估算资源配置需求。

6.1.2　5G 室内分布系统容量计算

等效爱尔兰法和坎贝尔法这两种容量估算方法一般在 2G、3G 时代比较合适，进入 4G、5G 时代，就不再适合估算以数据流量为主的无线网络容量了。

5G 的网络容量一般会采用直接估算法，这种估算法属于半经验模型，它是根据人数、移动用户渗透率、各电信运营商用户渗透率、用户习惯、用户的单位流量等进行容量估算。

5G 室内分布系统的网络容量需求及小区需求数可以参考表 6–1 计算。

表 6–1　5G 的网络容量估算表

项　目	单　位	数　值	代　号	说　明
覆盖区域的人数	人		a	根据建筑类型的有效用户数来估算

续表

项　目	单　位	数　值	代　号	说　明
移动用户渗透率	%		b	人群中移动用户数占比
电信运营商渗透率	%		c	移动用户数中某电信运营商用户占比
5G 用户渗透率	%		d	某电信运营商移动用户数中 5G 用户占比
电信运营商 5G 用户	人		e	$e=a\times b\times c\times d$
5G 用户平均数据流量	Mbit/s		f	根据场景中用户类型，结合同类型的用户数据流量估算
5G 用户最高并发率	%		g	同时使用手机的比例
网络容量需求	Mbit/s		h	$h=e\times f\times g$
每小区最高流量	Mbit/s		i	由电信运营商根据需要建设的 5G 网络频段带宽决定
小区负载门限	%		j	设置网络容量的预留，一般判定 50%～80% 为忙时门限
每小区负载门限	Mbit/s		k	$k=i\times j$
小区需求数	个		l	$l=i\div k$

例如，某商场需要覆盖的面积为 50 000m^2，根据节假日人员测算，高达 0.5 人 /m^2。移动用户渗透率为 100%，某电信运营商用户渗透率为 30%。其中，5G 用户占比为 60%。商场内大约 10 人中同时有 2 人在使用手机，使用手机的人观看短视频的比较多，保证流畅的短视频要求边缘数据流量为 5Mbit/s。采用 100MHz 带宽的 TDD NR 覆盖该商场，该电信运营商将每小区负载门限设置为 70%，采用四流覆盖（每小区容量达 1 050Mbit/s），计算其小区数量需求。

根据表 6–1，可计算得到如下结果：

某电信运营商 5G 用户数 =50 000m^2×0.5 人 /m^2×100%×30%×60%=4 500 人

网络容量需求 =4 500 人 ×5Mbit/s/ 人 ×20%=4 500Mbit/s

每小区负载门限 =1 050Mbit/s×70%=735 Mbit/s

小区需求数 =4 500Mbit/s÷735Mbit/s≈6.12 个

通过计算，该站点采用四流覆盖，大约需要 6.12 个小区才能满足覆盖容量需求，因此本点位需要设置 7 个小区。

5G 容量计算也可以根据业务模型进行测算，该模型能够更加准确地计算出 5G 网络的容量需求。

头脑风暴

请估算你当前所处场所所需中国移动 5G 网络容量需求。

容量计算比较重要，但学习和计算存在困难，有兴趣的同学可以学习本书的相关电子资料。

5G 室内分布容量计算

6.2 室内传播模型

6.2.1 室内无线环境的特点

室内无线环境最主要的特点是环境差异性很大和信号功率较小。

对于不同的建筑物，建筑物尺度、建筑结构、建筑材料、室内布局和使用场景等因素都存在较大差异。即便是同一个建筑物，对于该建筑物内的不同位置，受到楼层高度、房间结构等影响，其传播环境也不尽相同。

同时，建筑物的室内一般设有大量隔断，隔断类型也各不相同：有钢筋混凝土墙壁等硬隔断，也有可移动的装修材料等软隔断。不同材质的隔断和障碍物会给无线信号带来不同的穿透损耗，导致电磁波路径损耗差异也很大。

另外，受室内空间大小和使用安全等限制，在室内安装天线时不可能采用类似室外的高增益天线。而信号在传播过程中受到室内较多隔断的影响，信号的穿透损耗较大，因此终端侧接收到室内信号的功率往往都较小。

室内外无线电波在传播过程中，都会遇到直射、反射、绕射和散射等情况，从而形成复杂的多径效应。但是，室内无线信道与室外无线信道又存在一定的差别。

（1）对于室外无线信道，基站天线的高度较高且发射功率较大，影响信号传播的主要因素是建筑物、山坡等大型固定物体，室外的人和车辆的移动可以忽略。而对于室内无线信道，人在低高度、低功率的天线旁移动，这种移动对网络的影响必须考虑，因此室内无线信道是统计时间变化的。同时，室内信号传播也会受空间不同物体的影响，所以说室内无线信道也是随空间变化的。

（2）在相同的距离下，由于受到较多隔断的影响，室内无线信道的路径损耗更高。通常，移动信道的路径损耗模型是按距离呈指数变化的，但这对室内无线信道并不总是成立。由于室内环境更为狭小，因此室内信号的传播变得更为复杂。

（3）室外无线信道需要考虑多普勒效应，而在室内环境中一般不存在快速移动的手机用户，因此在室内环境下多普勒效应可以忽略。

（4）室外信道受气候、环境、距离等各种因素的影响，接收到信号的幅度和相位是随机变化的，必须考虑各种快衰落、深度平坦衰落、长扩展时延等因素。传输速率高、占用带宽大时，还要考虑频率选择性衰落等各种不确定因素。而室内信道基本不受气候的影响，且空间相比室外要小很多，故室内信道的时间衰落特征是慢衰落，同时，时延扩展因数很小，因此室内信道可以满足高速率传输的通信质量。但室内信道由于受建筑物结构、楼层和建筑材料的影响较大，因此有更为复杂的多径结构。

6.2.2　室内传播经验模型

实验研究表明，影响室内传播的因素主要有建筑物布局、建筑材料和建筑类型等。建筑特性之间巨大的差异造成了室内电磁波无线传播具有一定的复杂性。

传统的电磁波传播分析方法是通过给定边界条件来解麦克斯韦方程组的。但这种解决方法过于复杂，计算量很大，采用这种方法进行室内无线环境的预测分析具有较大的难度。目前业界大多采用射线跟踪法对室内无线环境进行建模，该方法与传统的方法相比，大大节省了工作量。

由于确定性模型过于复杂，为了方便实际运用，人们针对不同的室内场景，结合大量的理论分析与测试数据，拟合了一系列室内传播经验模型。下面简单介绍几种常用的室内传播经验模型。

1. 自由空间路径损耗模型

自由空间路径损耗模型主要应用于视距传输的场景，因为其他室内传播经验模型中往往包括自由空间传播损耗，所以自由空间路径损耗模型是研究其他传播模型的基础。

自由空间是指一种充满均匀且各向同性理想介质的无限大空间。自由空间传播则是指电磁波在这种环境中的传播，这是一种理想的传播条件。当电磁波在自由空间中进行传播时，其能量没有介质损耗，也不会发生反射、绕射或散射等现象，只有能量进行球面扩散时所引起的损耗。在实际情况中，如果发射点与接收点之间没有障碍物阻挡，并且到达接收天线的地面或墙面的反射信号强度可以忽略，那么此时电磁波可视为在自由空间中传播。根据电磁场与电磁波理论，在自由空间中，若发射点采用全向天线，且发射天线和接收天线增益分别为G_T、G_R，则距离发射点d处的接收点电磁波功率通量密度S的计算公式为：

$$S=E_0\times H_0=\frac{\sqrt{30P_TG_T}}{d}\times\frac{\sqrt{30P_TG_T}}{120\pi d}=\frac{P_TG_T}{4\pi d^2} \tag{6–8}$$

式中，S为接收点电波功率通量密度，单位为W/m²；E_0为接收点的电场强度，单位为V/m；H_0为接收点的磁场强度，单位为A/m；P_T为发射点的发射功率，单位为W；d为接收点到发射点之间的距离，单位为m。

根据天线理论，可得到接收点的接收功率的计算公式为：

$$P_R=SA_{eff}=\frac{P_TG_T}{4\pi d^2}\left(G_R\times\frac{\lambda^2}{4\pi}\right)=P_TG_TG_R\left(\frac{\lambda^2}{4\pi d}\right)^2=P_TG_TG_R\left(\frac{c}{4\pi fd}\right)^2 \tag{6–9}$$

式中，P_R为接收点的接收功率，单位为W；A_{eff}为接收天线的有效面积，单位为m²；λ为电磁波波长，单位为m；c为光速，单位为m/s；f为频率，单位为赫兹（Hz），量纲为s^{-1}；其他变量的含义同式（6–8）。

由式（6–9）不难看出，接收点的接收功率与电磁波工作频率f的平方成反比，与收发天线间距离d的平方成反比，与发射点的电磁波功率P_T成正比。

自由空间的传播损耗L定义为有效发射功率和接收功率的比值，其计算公式为：

$$L=10\lg\frac{P_T}{P_R} \tag{6–10}$$

式中，L的单位为dB。

当G_T、G_R均为1时，将式（6–8）代入式（6–10）可得式（6–11）：

$$L=10\lg\frac{P_T}{P_R}=10\lg\left(\frac{4\pi d}{\lambda}\right)^2=20\lg\frac{4\pi d}{\lambda}=20\lg\frac{4\pi fd}{c} \tag{6–11}$$

式（6–11）可转化为如下对数形式：

$$L=32.45+20\lg d+20\lg f \tag{6–12}$$

式（6–11）中，d的单位为m，f的单位为Hz；式（6–12）中，d的单位为km，f的单位为MHz。

由式（6–11）和式（6–12）可知，自由空间的传播损耗仅与传播距离d和工作频率f有关，并且与d^2及f^2均成正比。当d或f增加1倍时，L增加6dB。

若G_T、G_R不为1，即发射天线和接收天线的增益不为1，则在进行链路预算时考虑天线增益即可。

2. 对数距离路径损耗模型

对数距离路径损耗模型中的参数简单且使用方便，因此该模型被广泛用于室内路径损耗的预测。对数距离路径损耗模型如下：

$$L=L(d_0)+10\gamma\lg\left(\frac{d}{d_0}\right)+X_\sigma \tag{6–13}$$

式中，$L(d_0)$表示发射机到参考距离d_0的路径损耗，在室内环境下，d_0可取1m，$L(d_0)$可通过测试或直接采用自由空间路径损耗模型得到；γ依赖于周围环境和建筑物类型，表示环境的平均路径损耗指数，根据建筑类型的不同，其取值一般为1.6～3.3；d为发射机到接收机之间的距离，单位取m；X_σ是均值为0、标准差为σ的正态分布随机变量，表示环境内物体对电磁波传播的影响，单位为dB，根据建筑类型的不同，σ的典型取值一般为3.0～14.1dB。

3. 衰减因子模型

衰减因子模型适用于建筑物内传播预测，其包含了建筑物类型影响以及阻挡物引起的变化。这一模型的灵活性很强，预测路径损耗与测量值的标准偏差约为 4dB。衰减因子模型如下：

$$L=L(d_0)+10\gamma_{SF}\lg\left(\frac{d}{d_0}\right)+FAF \quad (6\text{–}14)$$

式中，$L(d_0)$ 表示发射机到参考距离 d_0 的路径损耗，在室内环境下，d_0 可取 1m，$L(d_0)$ 可通过测试或直接采用自由空间路径损耗模型得到；γ_{SF} 表示位于同一楼层上的路径损耗指数，它取决于建筑物的类型，其典型取值可参考表 6–2；FAF（Floor Attenuation Factor）表示楼层衰减因子。

表 6–2　路径损耗参考值

建筑物内环境	自由空间	全开放环境	半开放环境	较封闭环境
路径损耗指数	2	2.0～2.5	2.5～3.0	3.0～3.5

在计算不同楼层路径损耗时，需要附加楼层衰减因子，它主要与楼层数和建筑物类型有关。对于衰减因子模型，在实际运用时，随着电磁波传播距离的增大，实际衰减得更快。因此，对于多层建筑物，将衰减因子模型进行修正，得到以下模型：

$$L=L(d_0)+10\gamma_{SF}\lg\left(\frac{d}{d_0}\right)+\alpha d+FAF \quad (6\text{–}15)$$

式中，α 为信道衰减常数，单位为 dB/m。通常，对于 4 层建筑物，衰减常数的取值范围为 0.47～0.62dB/m；对于 2 层建筑物，衰减常数的取值范围为 0.23～0.48dB/m。

4. Keenan-Motley 模型

Keenan-Motley 模型是在自由空间路径损耗模型的基础上增加了墙壁和地板的穿透损耗。该模型如下：

$$PL(\mathrm{dB})=L_0+P\times W \quad (6\text{–}16)$$

式中，L_0 表示自由空间的传播损耗；P 表示墙壁损耗参考值；W 表示墙壁数目。

该公式没有考虑阴影衰落余量，并且把穿墙损耗仅仅看作是墙壁数目和墙壁损耗参考值的乘积，对所有的墙壁取相同的穿透损耗，因此不是很准确。可以考虑对该公式进行改进，增加不同类型墙壁和楼层间的穿透损耗，并将阴影衰落余量考虑进来，从而得出更加精细的模型，如下：

$$L=L_0+\sum_{i=1}^{I}k_{f_i}L_{f_i}+\sum_{j=1}^{J}k_{w_j}L_{w_j}+\sigma \quad (6\text{–}17)$$

式中，k_{f_i} 表示穿透第 i 类地板的层数；k_{w_j} 表示穿透第 j 类墙壁的层数；L_{f_i} 表示第 i 类地板的穿透损耗；L_{w_j} 表示第 j 类墙壁的穿透损耗；I 表示地板的种类数；J 表示墙壁的种类数；σ 表示阴影衰落余量。不同遮挡物的穿透损耗可参考表 6–3。

表 6–3　不同遮挡物的穿透损耗参考表

材料类型	普通砖墙	混凝土墙体	混凝土楼板	天花板管道	金属扶手电梯	箱体电梯	人体	木质家具	玻璃
穿透损耗	10～15dB	20～30dB	25～30dB	1～8dB	5dB	30dB	3dB	3～6dB	5～8dB

头脑风暴

请观察周围环境中离你最近的天线，按 Keenan-Motley 模型估算该天线 2.6GHz 的 5G 信号到原位置的路径损耗（阴影衰落余量 σ=12）。

5. 多墙模型

为了更好地符合测量，Keenan-Motley 模型可以通过非线性函数来修正。修正后的模型为多墙模型，它的路径损耗计算公式如下：

$$L=L_0+L_c+L_f N_f^{E_f}+\sum_{j=1}^{J}N_{w_j}L_{w_j} \quad (6\text{–}18)$$

式中，L_0 表示发射机和接收机之间的自由空间损耗，L_c 是一个常量，L_{w_j} 表示穿过 j 类墙壁的损耗，N_{w_j} 表示在发射机和接收机之间 j 类墙壁的数目，$N_f^{E_f}$ 表示发射机和接收机之间地板的数目，L_f 表示穿过相邻地板的损耗，指数 E_f 的计算公式为：

$$E_f = \frac{N_f+2}{N_f-1} - b \qquad (6\text{–}19)$$

式中，b 是一个根据经验确定的常量。

上述参数的典型取值为：

$$L_f = 18.3\text{dB},\ J=2,\ L_{w_1}=3.4\text{dB},\ L_{w_2}=6.9\text{dB},\ b=0.46$$

其中，L_{w_1} 是穿过窄墙（厚度小于或等于 10cm）的损耗，L_{W_2} 是穿过宽墙（厚度大于 10cm）的损耗。

6. P.1238 室内传播模型

国际电信联盟无线电通信组（International Telecommunications Union Radio Communications Sector，ITU-R）P.1238 室内传播模型是一个位置通用的模型，即几乎不需要有关路径或位置信息。其基本模型如下：

$$PL(\text{dB}) = 20\lg f + N\lg d + L_f(n) - 28 + X_\delta \qquad (6\text{–}20)$$

式中，N 为距离功率损耗系数，典型取值参见表 6–4；f 为频率，单位为 MHz；d 为终端与基站之间的距离，单位为 m，一般情况下，$d>1$m；$L_f(n)$ 为楼层穿透损耗因子，典型取值参见表 6–5，n（$\geqslant 1$）为终端和基站之间的楼板数；X_δ 为慢衰落余量，其取值与覆盖概率要求和室内阴影衰落标准差有关，可参考表 6–6。

表 6–4　距离功率损耗系数（N）参考取值

频率	居民楼	办公室	商业楼
900MHz	—	33	20
1.2～1.3GHz	—	32	22
1.8～2GHz	28	30	22
4GHz	—	28	22
5.2GHz	—	31	—

表 6–5　楼层穿透损耗因子 $L_f(n)$ 参考取值

频率	居民楼	办公室	商业楼
900MHz	—	9（1 层）、19（2 层）、24（3 层）	—
1.8～2GHz	4n	15+4（n–1）	6+3（n–1）
5.2GHz	—	16（1 层）	—

表 6–6　阴影衰落参考取值

频率	居民楼	办公室	商业楼
1.8～2GHz	8	10	10
5.2GHz	—	12	—

该基本模型把传播场景分为视距（Line Of Sight，LOS）和非视距（Non-Line Of Sight，NLOS）两种。

具有 LOS 分量的路径是以自由空间损耗为主的，其距离功率损耗系数约为 20，穿楼板数为 0，更正后的模型如下：

$$PL(\text{dB}) = 20\lg f + 20\lg d - 28 + X_\delta \qquad (6\text{–}21)$$

对于 NLOS 场景，模型公式不变，仍然为：

$$PL(\text{dB}) = 20\lg f + N\lg d + L_f(n) - 28 + X_\delta \qquad (6\text{–}22)$$

需要注意的是，当 NLOS 穿越多层楼板时，所预期的信号隔离有可能达到一个极限值。此时，信号可能会找到其他外部传输路径来建立链路，其总传输损耗不超过穿越多层楼板时的总损耗。

室内分布系统模型众多，对数学知识要求较高，有兴趣的同学可参考本书的相关电子资料。

室内分布系统模型

6.3 室内传播模型的校正

室内传播模型是进行网络规划的重要工具，传播预测的准确性将大大影响网络规划的准确性。在实际工程中，使用的室内传播模型基本都是经验模型。在这些模型中，影响电磁波传播的主要因素，如收发天线距离、电磁波频率等，都以变量函数的形式在路径损耗公式中反映出来。在不同的建筑物内，建筑结构、建筑材料、室内布局等因素对传播影响的程度不尽相同，所以这些传播模型在具体环境中应用时，一些参变量会有所差别。为了实现对传播损耗的精确预测，必须建立一个能够准确反映目标建筑物无线传播特性的数学模型。

室内传播模型校正是指根据实际室内无线环境的具体特征，以及与无线电磁波传播有关的系统参数，校正现有经验模型公式，使其计算出的服务区内收发两点间的传输损耗更接近实际测量值。

室内分布模型校正

室内分布系统模型校正难度较高，有兴趣的同学可参考本书的相关电子资料。

6.4 室内分布系统链路预算

室内分布系统通过合理的功率分配和天线布放来实现良好的覆盖。链路预算是功率分配的基础，其最终目标是计算覆盖半径，即评估从信号源发射的无线信号经过分布系统各个射频器件与空中接口的无线传播之后能否满足系统覆盖边缘的功率要求。

室外宏基站和室内小区覆盖分布系统的链路预算过程存在较大差异。室外宏基站的天馈系统比较简单，链路预算主要考虑的是室外宏基站天线到终端之间无线链路的各种损耗和增益。而室内小区覆盖分布系统的天馈系统要比室外宏基站的复杂得多，覆盖分布系统的天线到终端之间的无线链路损耗可以通过模拟测试等手段得到相对固定的数值。

在进行系统设计时，需要平衡上下行链路，使得上下行链路的覆盖半径基本相同，因此上下行链路预算需要分别进行分析与计算。

在进行新的室内分布系统设计时，首先，需要确定小区边缘用户的最低速率保障，并由此计算出小区边缘处不同信道的最低接收功率；然后，查询各信源的发射功率，确定不同信道的链路预算参数，该信道的发射功率与小区边缘处该信道的最低接收功率差值为最大路径损耗值；最后，利用实测数据校正传播模型后，结合最大链路损耗即可计算出小区覆盖半径和覆盖面积。

室内传播模型关系到发射天线口功率和用户接收天线之间的无线链路损耗，是室内上下行链路覆盖分析的基础。在室内场景中选择合适的模型进行链路损耗的评估能够使设计预期更加接近于室内分布系统建成后的无线覆盖效果。

由于室内分布系统设计模型众多，理论学习困难，且模型校正需要用到复杂的工具，因此很多设计人员并没有掌握这套理论知识。然而由于有大量的室内分布案例，因此设计人员可以通过学习，总结以往成功的设计方案，并掌握不同场景的经验化设计技能。如果能掌握室内分布设计模型，那么设计人员可以更深刻地理解室内分布设计，从而提升设计技能。

6.5 天线和馈线布局设计

室内分布系统中天线和馈线部分的规划设计在很大程度上直接影响实际网络的性能和用户体验。为保障通信网络的覆盖质量，在规划设计阶段就需要对天线口功率设置和天线点布放提出明确要求，同时对不同场景的天线布放设置建议采用差异化策略。

6.5.1 天线选型与点位规划

天线口功率要满足环保要求。无线辐射需要满足国家标准《电磁环境控制限值》（GB 8702—2014）的要求，该标准规定了电磁环境中控制公众暴露的电场、磁场、电磁场（1Hz~300GHz）的场量限值、评价方法和相关设施（设备）的豁免范围。

按《电磁环境控制限值》（GB 8702—2014）标准要求，当无线电频率为30~3 000MHz时，公众暴露控制限值磁场强度应小于0.032A/m，等效平面波功率密度要小于0.4W/m^2。当室内天线与用户的最小间距为1m时，通过理论计算可得出每个室内分布天线端口的发射功率应小于15dBm/载波。

我们结合目标覆盖区域的特点选择不同的场景。例如，楼宇内部隔断较多的区域可以采用“多天线、小功率”的方式，地下停车场、会议厅等空旷区域可以采用“少天线、大功率”的方式。

1. 天线选型

设计时，可以根据建筑物的结构采用不同的天线，主要遵循以下原则：

（1）一般情况下可采用室内的全向吸顶天线，对于室内房间结构复杂或者墙壁过厚的情况，可以在同一层中布放多个全向吸顶天线进行分区覆盖。

（2）如果建筑物内有中空的天井结构或者大型会议室、餐厅等空旷结构，那么可以采用定向天线进行大面积覆盖。

（3）如果建筑物内有窄长条形结构，那么可以考虑全向天线等距布放，也可考虑定向天线覆盖，还可考虑用泄漏电缆纵向布放，均匀覆盖各个区域。注意，在有金属材料天花板的情况下不能采用泄漏电缆方案。

（4）对于MIMO系统，若采用单极化天线，则双天线间距需要在10λ（λ为工作波长）以上；若实际安装空间受限，则双天线间距也不应低于4λ（需要配合信道校正）。

（5）采用双极化天线代替两副单极化天线，对于室内分布系统改造场景而言，本方式无须增加天线数量和改变点位位置，只需要更换天线类型。

总之，要根据实际情况选择不同的信号辐射方式，以获得最好的效率及覆盖效果。

2. 天线点位规划

为保证业务传输速率要求，满足无线覆盖要求并控制信号外泄，天线布放总体上遵循“多天线、小功率”的原则，根据模拟测试结果合理确定天线密度和天线布放位置，使信号尽量均匀分布。

天线的选址原则主要有以下四点：

（1）天线的选址要考虑覆盖全部区域，但不能过于靠近窗口，因为这容易使室内信号溢出，对外部造成干扰；

（2）天线要放在用户密集区，构成热点覆盖；

（3）应根据模拟测试或仿真分析结果合理确定天线的布放位置，尽量避免设计人员依赖主观经验决定天线的布放位置；

（4）要考虑系统的可扩展性，天线的位置选取要考虑后续方便扩容与维护，并要预留一定的天线点位。

室内覆盖应用场景较多，不同场景下天线选址方式存在差异，除根据基本原则外，设计人员还需要根据场景特点来选择天线位置。

（1）普通住宅楼和底商。

普通住宅楼和底商的覆盖采用里外结合的方式，充分利用普通住宅楼的楼顶或底商楼檐的资源，使用室外天线覆盖普通住宅楼和底商。对于面积较大的空间，要有超前设计的思路，可以采用“多天线、小功率”的方式，避免业主因二次装修而造成盲区。另外，本着尽量覆盖的原则，普通住宅楼的天线口功率应该在满足环保要求的条件下，争取做到 15dBm/ 天线。

（2）一般楼层。

一般楼层采用平面连续覆盖的方式，并考虑到各天线的互补。天线选址规则如下：楼层平面覆盖一般采用全向吸顶天线，特殊场合采用壁挂定向天线；在覆盖能满足需求的前提下，天线尽量分布在楼道中，以便于施工；天线尽量选取在木门、玻璃门或窗附近，减少穿透墙体引起的损耗；天线尽量选取视角比较好的区域，利用视距传播，减少穿透墙体引起的损耗；在低楼层（3F 以下）尽量利用墙体遮挡，降低信号泄漏到室外的概率，降低输入功率。

头脑风暴　观察所在楼层，思考：如果采用无源分布系统，那么天线该如何选位？

在回字形建筑结构的天线布放中，建议奇数层、偶数层天线交叉布放。此外，根据回字形建筑结构和楼层的规模，可以选用 2 个或更多天线进行覆盖。回字形建筑结构天线分布参考图如图 6–2 所示。

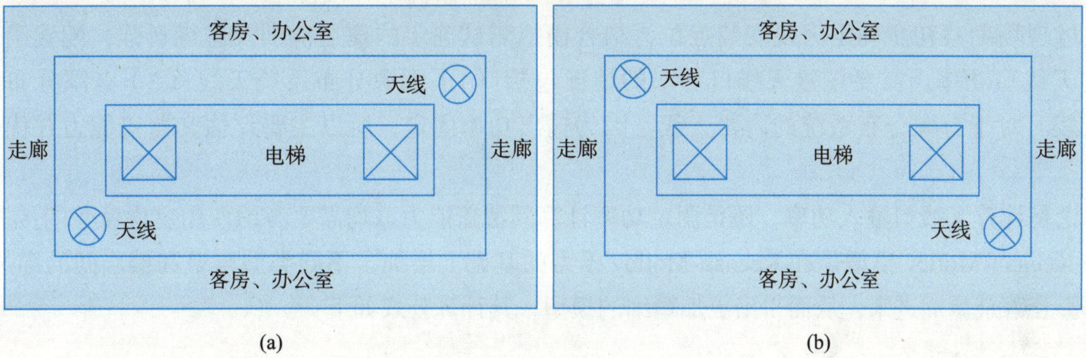

图 6–2　回字形建筑结构天线分布参考图

在长廊形建筑结构中，根据长廊长度确定楼层内需要的天线数量，多天线采用等间距的天线布放方式。长廊形建筑结构天线分布参考图如图 6–3（a）所示。会议室、大厅等结构天线分布参考图如图 6–3（b）所示。

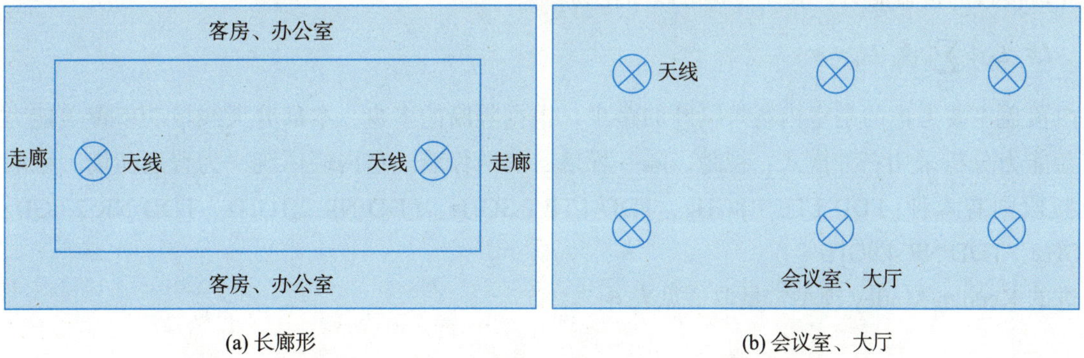

图 6–3　长廊形建筑结构及会议室、大厅天线分布参考图

（3）地下室。

地下室产生信号泄漏的概率较小，噪声小，因此边缘覆盖的电平可降低，可以采用“少天线、大功率”的方式。需要注意的是，在进行地下室室内分布系统设计时，不要忽略了对出入口信号的覆盖。

（4）电梯。

电梯一般采用的是在电梯井道内安装壁挂定向天线覆盖的方式，也可以使用电梯天线和对数周期从上往下或者从下往上覆盖，还可以使用泄漏电缆进行覆盖。各种覆盖方式各有利弊，需要根据电梯主体建筑的室内分布系统建设和业主的需求进行选择。

天线位置的选择在室内分布系统设计中属于重要内容，有兴趣的同学可参考本书的相关电子资料。

天线位置选取

6.5.2 馈线的选取

馈线的使用应按照节约的原则，尽量通过合路形式使用同一条馈线传输信号，避免多条馈线并行传输不同的信号，以达到节约成本的目的。在室内分布系统中，常用的馈线规格包括1/2英寸和7/8英寸。7/8英寸馈线损耗低，但弯曲半径大，对业主的原有装修影响也大，成本高、施工难，常用于干线来节约射频能量。一般情况下，如果主干单段馈线长度超过15m，则可以考虑用7/8英寸馈线。

6.5.3 天线口功率设计

通过现场勘察初步确定天线安装点位，结合模拟测试确定的覆盖范围及边缘场强，配置满足覆盖要求的天线口功率。需要设置天线口功率的情况包括：（1）无源分布系统天线；（2）有源分布系统的外接天线。对于有源分布系统的内置天线，因为输出功率固定，所以主要评估其覆盖能力并优化安装点位。

无论是计算天线口输入功率，还是固定功率计算其覆盖能力，均需要考虑使用室内覆盖的传播模型。改进的Keenan-Motley模型是在Keenan-Motley模型的基础上增加了不同类型墙壁和楼层间的穿透损耗，并将阴影衰落余量加进来，从而得出更加精细的模型。其计算公式如下：

$$L=L_0+\sum_{i=1}^{I}k_{f_i}L_{f_i}+\sum_{j=1}^{J}k_{w_j}L_{w_j}+\sigma \tag{6–23}$$

在式中，k_{f_i}表示穿透第i类地板的层数；k_{w_j}表示穿透第j类墙壁的层数；L_{f_i}表示第i类地板的穿透损耗；L_{w_j}表示第j类墙壁的穿透损耗；I表示地板的种类数；J表示墙壁的种类数；σ表示阴影衰落余量。本部分不计算穿透楼板的覆盖能力，故该公式可以简化为：

$$L=L_0+\sum_{j=1}^{J}k_{w_j}L_{w_j}+\sigma \tag{6–24}$$

室内覆盖主要考虑的是室内场景隔断的多少。根据隔断的多少，本部分天线口功率覆盖能力及固定功率覆盖能力分析采用三种模式：视距、隔一垛墙、隔两垛墙。室内墙体统一为普通砖墙。采取的网络制式及频段则有六种：FDD LTE 1.8GHz、TDD LTE 2.3GHz、FDD NR 2.1GHz、TDD NR 2.6GHz、TDD NR 3.5GHz、TDD NR 4.9GHz。

改进的Keenan-Motley模型常量取值见表6–7。

表 6–7　改进的 Keenan-Motley 模型常量取值表

网络制式	频段（GHz）	穿墙损耗（dB）			阴影衰落余量（dB）	人体损耗（dB）
		视距	隔一垛墙	隔两垛墙		
FDD LTE	1.8	0	11.77	23.54	15	3
TDD LTE	2.3	0	12.69	25.38	15	3
FDD NR	2.1	0	12.23	24.46	15	0
TDD NR	2.6	0	13.32	26.64	15	0
TDD NR	3.5	0	16.75	33.5	15	0
TDD NR	4.9	0	18.15	36.3	15	0

表 6–7 中的阴影衰落余量统一取值为 15dB，由于目前 LTE 语音（Voice over LTE，VoLTE）的使用，人体遮挡会导致出现额外损耗，因此 LTE 网络的人体损耗取值 3dB，其他网络制式的人体损耗值不计。

1. 视距覆盖

在视距覆盖中，天线和终端之间没有阻挡，体现为自由空间传播，一般可以传播得较远。在所有系统接室内分布系统天线覆盖、天线口输入功率均取 –15dBm 的情况下，计算其覆盖半径。

视距传播 6 种制式网络覆盖示例（20m 距离）如图 6–4 所示，由该图可得在传播 20m 之后 6 种网络能够接收到的信号强度。视距传播 6 种制式网络链路计算见表 6–8。

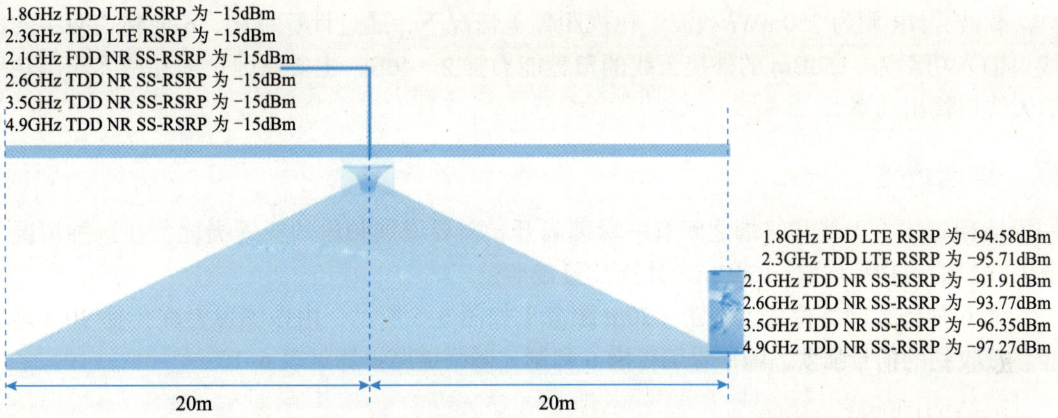

图 6–4　视距传播 6 种制式网络覆盖示例图（20m 距离）

表 6–8　视距传播 6 种制式网络链路计算表

网络制式	频段（GHz）	天线输入功率（dBm）	天线增益（dBi）	天线口功率（dBm）	穿墙损耗（dB）	阴影衰落余量（dB）	人体损耗（dB）	20m 处自由空间损耗（dBm）	20m 处边缘场强（dBm）
FDD LTE	1.8	–15	2	–13	0	15	3	63.58	–94.58
TDD LTE	2.3	–15	3	–12	0	15	3	65.71	–95.71
FDD NR	2.1	–15	3	–12	0	15	0	64.91	–91.91
TDD NR	2.6	–15	3	–12	0	15	0	66.77	–93.77
TDD NR	3.5	–15	3	–12	0	15	0	69.35	–96.35
TDD NR	4.9	–15	5	–10	0	15	0	72.27	–97.27

通过计算，在视距 20m 的情况下，所有制式网络的 20m 处边缘场强均高于 –100dBm，网络能够得到很好的覆盖。

在视距覆盖情况下，视距传播 6 种制式网络覆盖能力见表 6–9。一般而言，LTE 覆盖的边缘场强 RSRP 要求不小于 –115dBm，NR 覆盖的边缘场强 SS-RSRP 要求不小于 –110dBm；考虑到良好覆盖，LTE 覆盖的边缘场强 RSRP 要求不小于 –110dBm，NR 覆盖的边缘场强 SS-RSRP 要求不小于 –105dBm。

表 6–9　视距传播 6 种制式网络覆盖能力表

网络制式	频段（GHz）	天线输入功率（dBm）	天线增益（dBi）	20m 处边缘场强（dBm）	30m 处边缘场强（dBm）	70m 处边缘场强（dBm）	100m 处边缘场强（dBm）	150m 处边缘场强（dBm）
FDD LTE	1.8	–15	2	–94.58	–98.10	–105.46	–108.56	–112.08
TDD LTE	2.3	–15	3	–95.71	–99.23	–106.59	–109.68	–113.21
FDD NR	2.1	–15	3	–91.91	–95.44	–102.80	–105.89	–109.42
TDD NR	2.6	–15	3	–93.77	–97.29	–104.65	–107.75	–111.27
TDD NR	3.5	–15	3	–96.35	–99.87	–107.23	–110.33	–113.85
TDD NR	4.9	–15	5	–97.27	–100.80	–108.16	–111.25	–114.78

由表 6–9 分析可知，视距情况下，FDD NR 2.1GHz 的覆盖距离和 LTE 网络一样，可以达到 100m，TDD NR 2.6GHz 可以超过 70m，TDD NR 3.5GHz 则可以接近 70m，TDD NR 4.9GHz 可以覆盖 50m 左右。

有源室内分布的另一种情况是天线内置在远端单元内，而且发射功率基本是固定的。一般而言，LTE 为 125mW/ 载波，NR 则为 250mW/ 载波。在视距覆盖情况下，通过计算可知，6 种制式网络的覆盖能力都比天线口输入功率为 –15dBm 的外接天线的覆盖能力强 2～4dB，主要原因是远端单元输出功率大于外接天线的天线口输出功率。

2. 隔一垛墙覆盖

隔一垛墙覆盖中，天线和终端之间有一垛墙隔开，需要增加频段的穿透损耗，在这种情况下，室内分布系统天线口输入功率均取 -15dBm，计算其覆盖半径。

隔一垛墙 6 种制式网络覆盖示例图（20m 距离）如图 6–5 所示，由该图可得在传播 20m 之后 6 种制式网络能够接收到的信号强度。隔一垛墙传播 6 种制式网络链路计算见表 6–10。

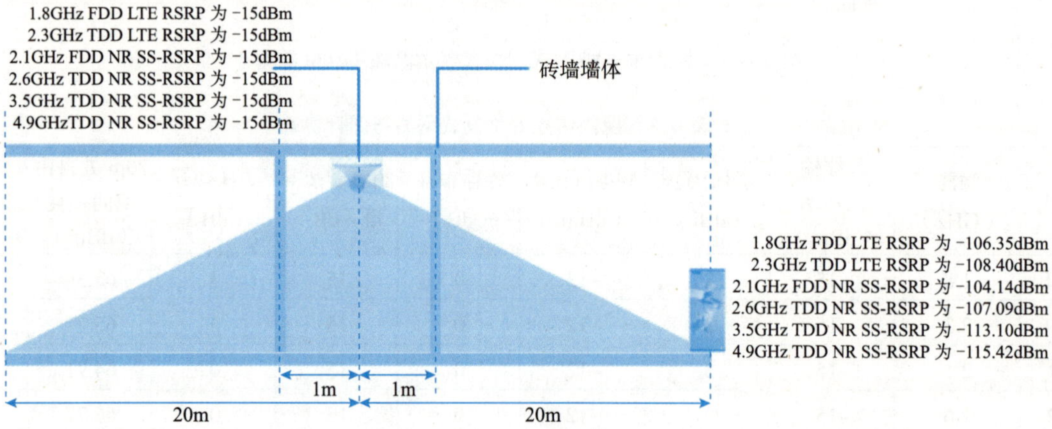

图 6–5　隔一垛墙 6 种制式网络覆盖示例图（20m 距离）

表 6–10　隔一垛墙传播 6 种制式网络链路计算表

网络制式	频段（GHz）	天线输入功率（dBm）	天线增益（dBi）	天线口功率（dBm）	穿墙损耗（dB）	阴影衰落余量（dB）	人体损耗（dB）	20m 处自由空间损耗（dBm）	20m 处边缘场强（dBm）
FDD LTE	1.8	–15	2	–13	11.77	15	3	63.58	–106.35
TDD LTE	2.3	–15	3	–12	12.69	15	3	65.71	–108.40
FDD NR	2.1	–15	3	–12	12.23	15	0	64.91	–104.14
TDD NR	2.6	–15	3	–12	13.32	15	0	66.77	–107.09
TDD NR	3.5	–15	3	–12	16.75	15	0	69.35	–113.10
TDD NR	4.9	–15	5	–10	18.15	15	0	72.27	–115.42

通过计算，在隔一垛墙的情况下，网络覆盖发生了较大的变化，20m 处边缘场强均低于 –100dBm，网络不能得到很好的覆盖，TDD NR 3.5GHz 和 TDD NR 4.9GHz 已经不能满足覆盖的最低要求。隔一垛墙传播 6 种制式网络覆盖能力见表 6–11。

表 6–11　隔一垛墙传播 6 种制式网络覆盖能力表

网络制式	频段（GHz）	天线输入功率（dBm）	天线增益（dBi）	10m 处边缘场强（dBm）	20m 处边缘场强（dBm）	30m 处边缘场强（dBm）	40m 处边缘场强（dBm）	50m 处边缘场强（dBm）
FDD LTE	1.8	–15	2	–100.33	–106.35	–109.87	–112.37	–114.30
TDD LTE	2.3	–15	3	–102.37	–108.40	–111.92	–114.42	–116.35
FDD NR	2.1	–15	3	–98.12	–104.14	–107.67	–110.17	–112.10
TDD NR	2.6	–15	3	–101.07	–107.09	–110.61	–113.11	–115.05
TDD NR	3.5	–15	3	–107.08	–113.10	–116.62	–119.12	–121.06
TDD NR	4.9	–15	5	–109.40	–115.42	–118.95	–121.45	–123.38

由表 6–11 分析可知，FDD LTE 1.8GHz 的覆盖距离最远，可以超过 30m；TDD LTE 2.3GHz 则可以接近 30m；FDD NR 2.1GHz 网络可以超过 20m，TDD NR 2.6GHz 则不到 20m，TDD NR 3.5GHz 和 TDD NR 4.9GHz 均不到 10m。

类似于隔一垛墙，当隔两垛墙时覆盖能力显著下降，故不建议隔两垛墙覆盖。

关于覆盖能力还有多种情况，如有源室内分布系统隔一堵墙的覆盖能力、室内分布系统隔两堵墙的覆盖能力，具体情况可参考本书的相关电子资料。

六种无线制式网络室内覆盖能力

本章小结

室内覆盖网络的容量规划，既要考虑满足当前的网络容量、覆盖、质量要求，又要兼顾远期网络的发展，实现平滑扩容。

在规划过程中，需要明确系统的两个关键指标，即吞吐量和用户数。吞吐量和用户数这两个关键指标相互影响，需要综合考虑。

进行容量规划时，通常存在多种业务类型，如话音业务和数据业务。5G 的网络容量一般会采用直接估算法，这种估算法属于半经验模型，它是根据人数、移动用户渗透率、各电信运营商用户渗透率、用户习惯、用户的单位流量等进行容量估算。

影响室内传播的因素主要有建筑物布局、建筑材料和建筑类型等。不同的建筑物有不同的内部结构，甚至同一栋建筑物的不同楼层也可能有很大差异，因此建筑特性之间的差异性造成了电磁波无线传播的复杂性。

人们针对不同的室内场景结合大量的理论分析与测试数据拟合了一系列室内传播经验模型。自由空间路径损耗模型主要应用于视距传输的场景，因为其他室内传播经验模型中往往包括自由空间传播损耗，所以自由空间路径损耗模型是研究其他传播模型的基础。

室内分布系统通过合理的功率分配和天线布放来实现良好的覆盖。链路预算是功率分配的基础，其最终目标是计算覆盖半径，即评估从信号源发射的无线信号经过分布系统各个射频器件与空中接口的无线传播之后能否满足系统覆盖边缘的功率要求。

室内小区覆盖分布系统的天馈系统要比室外宏基站的复杂得多，覆盖分布系统的天线到终端之间的无线链路损耗可以通过模拟测试等手段得到相对固定的数值。

在进行系统设计时，需要平衡上下行链路，使得上下行链路的覆盖半径基本相同，因此上下行链路预算需要分别进行分析与计算。

为确保通信网络覆盖质量，需要在规划设计阶段明确天线口功率指标及点位布局要求，并针对不同场景制定差异化天线部署策略。

课后习题

一、单选题

1. 在按话务量进行容量估算时，在实际的工程设计中，一般采用（　　）方法来估算资源配置需求。

A. 等效爱尔兰　　B. 坎贝尔　　C. 经验　　D. 模测

2. 自由空间的传播损耗仅与传播距离 d 和工作频率 f 有关，并且与 d^2 及 f^2 均成正比。当 d 或 f 增加1倍时，L 增加（　　）。

A. 3dB　　B. 6dB　　C. 9dB　　D. 10dB

3. 根据《电磁环境控制限值》（GB 8702—2014）标准，当无线电频率为30～3 000MHz时，公众暴露控制限值磁场强度应小于（　　）。

A. 0.01A/m　　B. 0.016A/m　　C. 0.032A/m　　D. 0.048A/m

二、填空题

1. 在室内分布规划过程中，需要明确系统的两个关键指标，即__________和__________。

2. 为了满足无线覆盖要求并控制信号外泄，天线布放总体上遵循__________的原则。

3. 室内分布设计模型众多，目前室内分布设计推荐使用的是P.1238室内传播模型，基本模型如下：$PL(\text{dB})=20\lg f+N\lg d+L_f(n)-28+X_\delta$，其中，$L_f(n)$ 是指__________，X_δ 是指__________。

三、简答题

1. 推导自由空间路径损耗模型：$L=32.45+20\lg d+20\lg f$（距离 d 的单位为km，频率 f 的单位为MHz）。

2. 查阅《电磁环境控制限值》（GB 8702—2014）标准，通过计算证明：天线离用户最近距离1m时每个室内分布天线口功率应小于15dBm/载波。

第7章

室内分布系统的方案设计

学习目标

- 掌握室内分布系统不同类型的方案设计。
- 了解室内分布系统小区规划及切换与外泄控制。
- 掌握室内分布系统电源设计。

素养目标

通过对室内分布系统的方案设计的学习，了解方案设计的多样性，意识到建设优秀的室内分布系统的难度，激发努力学习的奋斗精神，树立爱国、敬业的价值观。

室内分布系统的方案设计是在场景分析的基础上选择合适的方案，它要考虑到诸多因素，包括覆盖区域的建筑结构、用户习惯、建设成本、未来系统迭代等。选择合理的方案是建设优秀的室内分布系统的重要一环。

7.1 分布系统的方案设计

目前室内分布方案众多，包括传统无源分布系统方案、泄漏电缆方案、pRRU 方案等。设计人员应通过分析场景特性，考虑用户需求，结合电信运营商的建设意图，选择某种合理的技术方案。

7.1.1 分布系统方案的前期调研

根据现场勘察和目标网络覆盖区域的资料收集，分析收集来的数据是进行室内分布系统网络规划的基础和依据。其目的是通过对网络覆盖区域的基本信息、市场需求、业务分布等进行细致了解后，获取数据化的资料，作为后期网络规划的输入。资料收集和分析的具体内容包括场景特征、用户业务需求信息、现有网络资料、竞争对手信息等。

1. 场景特征

场景特征包括建筑物的边界信息、地形、人为环境、位置、类型、结构、图纸等。建筑物的功能类型及分布特点等情况是进行室内覆盖分析和室内分布系统规划的基础。通常根据建筑物的功能可以分为：酒店、饭店、住宅区、写字楼等居住生活办公场所，机场、火车站、码头等交通枢纽，体育馆、展览馆、大型会场等公共活动场所，超市、购物街等大型娱乐购物场所，以及地下停车场等特殊区域。

建筑物的类型、规模及用途决定了无线网络的覆盖、频率、小区和容量规划。在机场、火车站、码头等交通枢纽处，人群密集，需要满足全天候高流量需求，控制信道和业务信道的业务量都很大；同时这类区域覆盖面积大且隔离少，频率与小区规划难度较高。体育馆、展览馆、大型会场等公共活动场所的覆盖特点与交通枢纽类似，但话务量的时间性更明显，集中在特定时段，该类场所的覆盖要求基站容量有很好的扩展性。酒店、写字楼等居住办公型建筑需要采用立体覆盖方案，重点解决电梯间与建筑整体的协同覆盖问题，通常需要单独覆盖电梯间，其中层间小区规划和高层频率规划是主要难点。

2. 用户业务需求信息

用户业务需求包括现有的用户类别和用户业务模型，如收入水平、人口密度、消费习惯、已开通业务等。用户业务需求分析需要关注现有的容量需求，如现有的话务量和数据业务量。用户业务需求分析还需要分析潜在的用户业务类型及未来该区域可能增加的用户数。用户业务需求信息的获取主要是通过场景相应的业务分布建立相关业务模型来实现，其目的是更加合理地提出信源需求，提高资源利用率和成本回收率。

3. 现有网络资料

由于室内分布系统的建设方式是多系统叠加建网，因此对每种制式的网络需求要有合理的规划和配置。如果电信运营商已经建设有其他制式的网络，在室内分布系统规划设计前需要尽可能完整地收集现有网络的资料（主要包括已建站址信息、基站数据、小区话务量、各小区数据业务流量等），便于在后期的网络规划中合理利用现有的网络资源，避免与新建的系统出现干扰等问题。同时，现有网络的用户业务使用情况对多技术分布系统中需要新建网络的类似业务需求预测可提供重要参考。

4. 竞争对手信息

竞争对手在某室内场景的网络状况和建网策略对自身的室内分布系统规划目标（如覆盖率、建设成本等）会造成一定影响。只有尽可能了解竞争对手在室内分布场景中的建设信息，才能在新的室内分布系统建设中明确重点，进而取得市场主动权。

室内分布系统建设模式的确定应基于上述数据分析得出初步结论，再结合电信运营商现有室内分布系统现状决定采用新建或改建方案。

7.1.2 传统无源分布系统的设计

传统无源分布系统主要由信源设备、馈线、合路器、功分器、耦合器以及天线等组成。

室内分布信源在4G、5G时代主要采用分布式基站，直放站也有较多应用。选择信源依据的是覆盖区楼宇特点、用户需求及不同电信运营商的建设策略。

MIMO技术在5G时代成为主流，在4G、5G室内分布系统建设过程中，要充分考虑室内分布系统建设的通道数。

在具体的方案设计中，信源选取还需要遵循以下几个原则：

（1）信源的选取应将室外网络和分布系统综合考虑，合理分配室内外的基站容量，减少室内外切换，控制室内外信号干扰，使整体网络容量得到最大化，同时实现室内外信号的平滑过渡衔接，实现网络覆盖质量的最优化。

（2）信源配置完成后，尽量保持在短期内稳定，同时结合网络优化原则，根据业务发展情况做出适时调整和优化。

（3）对于直放站作为信源的场景，尽量采用光纤直放站。

有通信专用机房的楼宇应将信源与电源、传输等设备安装在通信专用机房内。没有通信专用机房的楼宇，相关通信设备应尽量简化，选择就近安装。

挂墙型信源设计主要考虑以下因素：

（1）墙体材料。首选砖墙结构。隔板墙体承重力不够，钢筋混凝土浇筑的墙体太结实，打孔不方便。

（2）墙面空间。选择的墙面需要有成片空闲区域，满足设备挂墙的足够空间要求。如果选择井道，则井道深度至少是设备挂装厚度的 2 倍，确保有一定的安装维护空间，以满足安装、调试、维护和散热的要求。

（3）供电。系统一般采用交流供电的方式，需要从业主交流配电箱中找一个满足容量要求的备用微型断路器，根据交流线线长和设备负载，确定电源线的线径。

（4）接地设计。优先选用井道内桥架或接地点作为信源设备接地点；楼顶防雷带或接地点也可作为备选，确保天馈系统可靠接地。

（5）室外天线安装。设计人员需要确定 GNSS 时钟天线或直放站接收天线的安装位置，与业主确认馈线路由及穿孔方式。若天线安装位置没有防雷保护，则还需要在天线附近安装避雷针。

（6）光纤路由规划。光纤路由包括机房接入光缆线路、BBU 与 RRU 或 RRU 与 RRU 设备之间的传输线路。光纤路由规划不仅要勘察现有传输资源，还需要与业主充分沟通，从而设计合理的路由方案。

传统无源室内分布系统应包含信源安装方案，机房与弱电间两种场景的信源安装设计要求存在差异。弱电间挂墙安装时需要合理规划空间布局，确保设备安装位置、走线及接地等符合要求。信源安装图示例如图 7–1 所示。

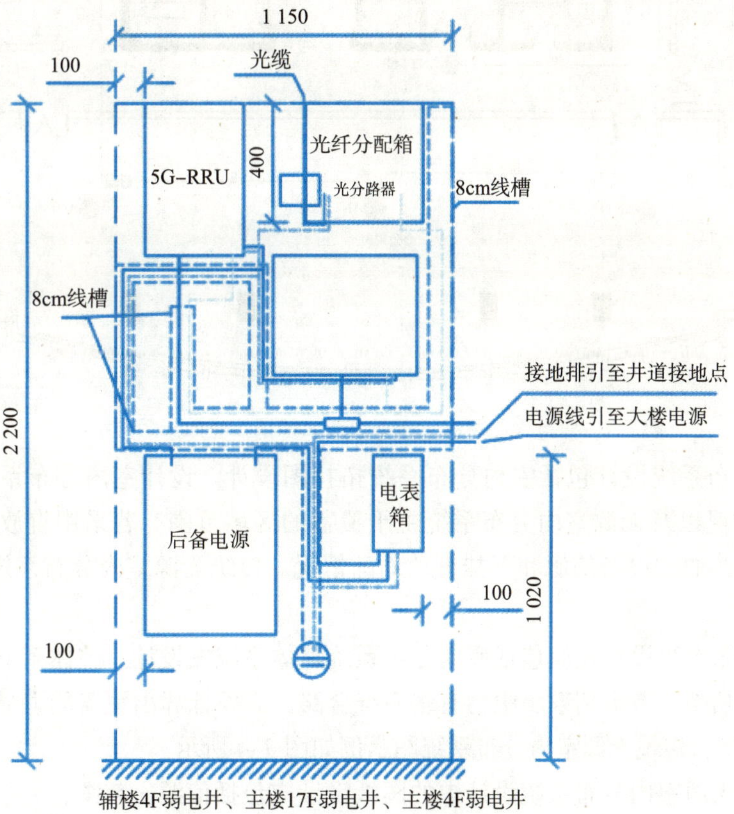

图 7–1　信源安装图示例

头脑风暴 如果当前建筑的弱电井空间有限，那么可以考虑在哪些区域安装设备？

传统无源室内分布系统设计应包括室内分布系统天线和馈线平面安装图设计。设计图纸时，需要标明天线的编码与各段馈线的长度，图例中应区分各类设备、器件及馈线尺寸和型号。另外，由于图纸基本为黑白打印，因此馈线的尺寸建议用虚线或者线的粗细来区分。传统无源室内分布系统天线和馈线平面安装图示例如图 7–2 所示。

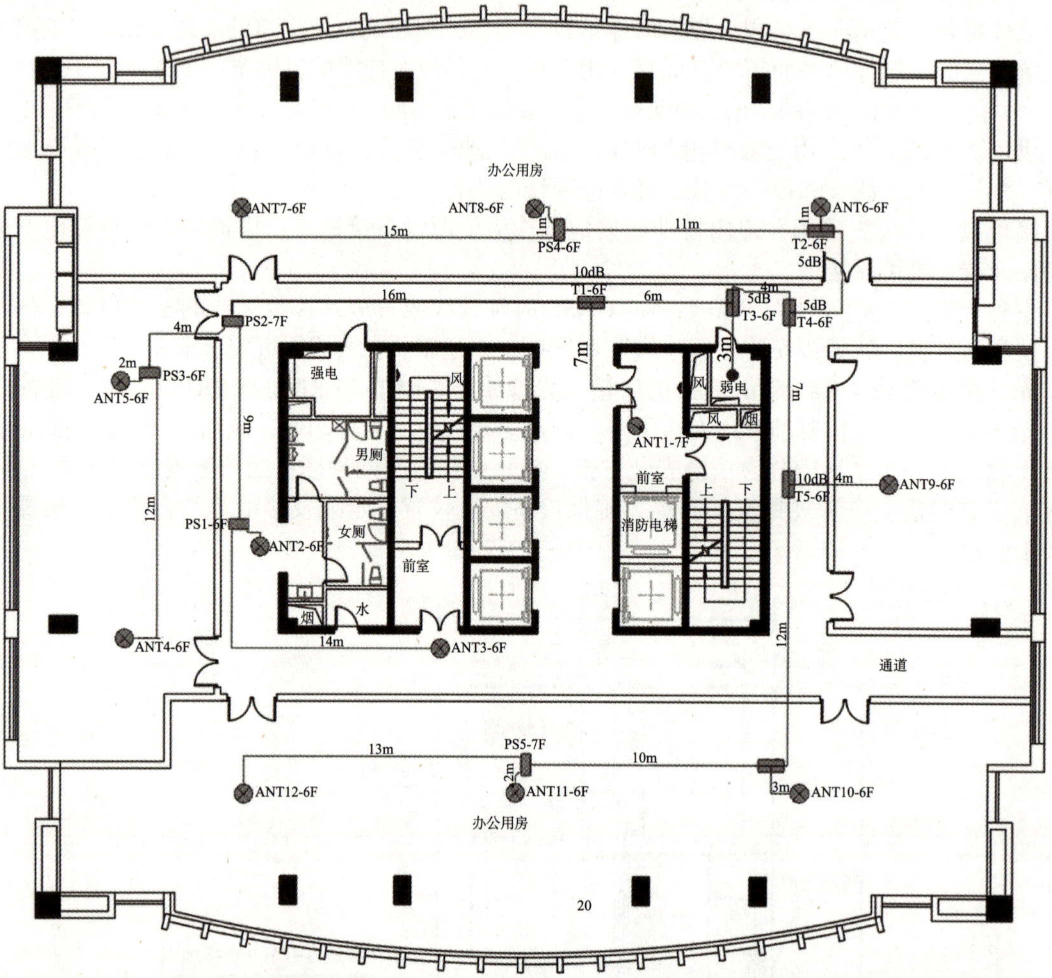

图 7–2　传统无源室内分布系统天线和馈线平面安装图示例

传统无源室内分布系统设计包括室内分布系统拓扑图设计。设计室内分布系统拓扑图时，需要设计近端设备的合路情况以及无源室内分布系统主干覆盖的区域范围。若采用直放站作为信源，则设计方案要说明近端机连接的主设备信源和下挂直放站的情况。传统无源室内分布系统拓扑图示例如图 7–3 所示。

传统无源室内分布系统设计还应包括室内分布系统整体系统图设计。整体系统图设计需要设计出每副天线的天线口输入功率，考虑到系统中会有多系统合路，需要计算出覆盖能力最差的网络信号的强度和主要覆盖信号的强度。传统无源室内分布系统图示例如图 7–4 所示。

一个完整的传统无源室内分布系统设计中的图纸设计应包括信源安装图、天馈系统平面布置图、拓扑图、系统图、模拟测试图等。对于模拟测试图，由于系统设计越来越成熟，因此较小的项目通常不需要。

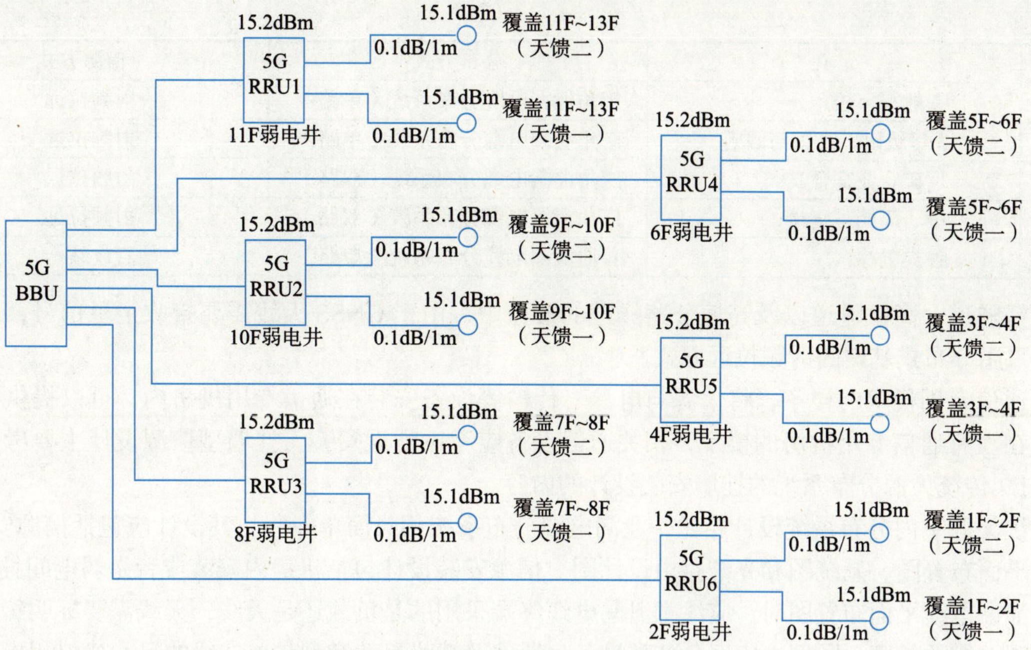

图 7–3　传统无源室内分布系统拓扑图示例

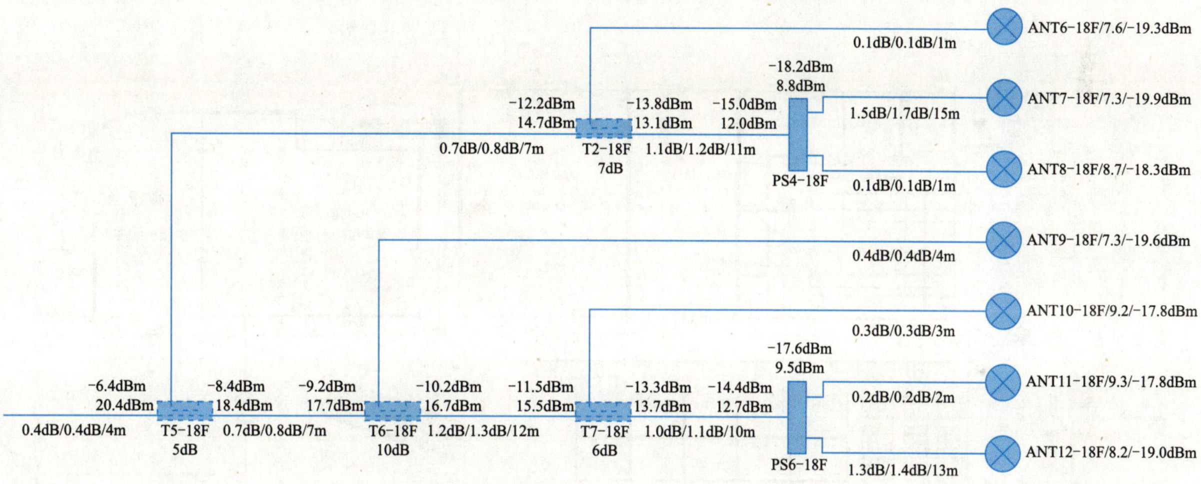

图 7 4　传统无源室内分布系统图示例

7.1.3　泄漏电缆分布系统的设计

泄漏电缆分布系统由信号源、合路器、功分器、耦合器、干线放大器、负载等射频器件以及泄漏电缆组成。对于不同场景下的建筑物，应根据其楼宇特点及用户需求选用最合适的信源。泄漏电缆室内分布系统不同场景下信源及分布方式的选择见表 7–1。

表 7–1　泄漏电缆室内分布系统不同场景下信源及分布方式的选择

场景	定义	分布方式	信源方式
隧道	高铁隧道	普通泄漏电缆分布系统（双路）	射频拉远
	地铁隧道	普通泄漏电缆分布系统（双路）	射频拉远
	高速公路隧道	普通泄漏电缆分布系统（双路）	射频拉远
	过街隧道	普通泄漏电缆分布系统（单路）	直放站

续表

场景	定义	分布方式	信源方式
写字楼	一般写字楼	广角泄漏电缆分布系统（单路）	射频拉远
宾馆	3 星级以下宾馆与酒店	广角泄漏电缆分布系统（单路）	射频拉远
宿舍	厂矿企业宿舍	广角泄漏电缆分布系统（双路）	射频拉远
写字楼	中、高档写字楼	广角泄漏电缆分布系统（双路）	射频拉远
电梯	各类电梯	普通泄漏电缆分布系统（单路）	直放站

在地铁隧道、高铁隧道以及高速公路隧道的覆盖中，由于 GNSS 天线需要接收卫星信号，因此信源基本上会采用分布式基站的射频拉远方式。

在有通信专用机房的楼宇，将信源与电源、传输等设备安装在通信专用机房内，可以提供可靠的通信保障。在没有通信专用机房的楼宇，相关通信设备应考虑就近安装。挂墙型信源设计主要考虑的因素可参考 7.1.2 传统无源分布系统的挂墙安装设计的内容。

与传统无源室内分布系统设计相比，泄漏电缆分布系统相对简单一些，其设计应包括信源安装设计、泄漏电缆平面布置图、系统图和光纤路由设计图。信源安装设计包括机房内安装或者是弱电间挂墙安装。

设计泄漏电缆平面布置图时，应注意泄漏电缆终端采用的是负载还是天线，天线需要标明编码、各段馈线或泄漏电缆的长度。图例中应区分各类设备、器件及馈线尺寸和型号，馈线的尺寸建议用虚线或者线的粗细来区分，特别是馈线和泄漏电缆的区分。泄漏电缆分布系统天线和馈线平面布置图示例如图 7–5 所示。

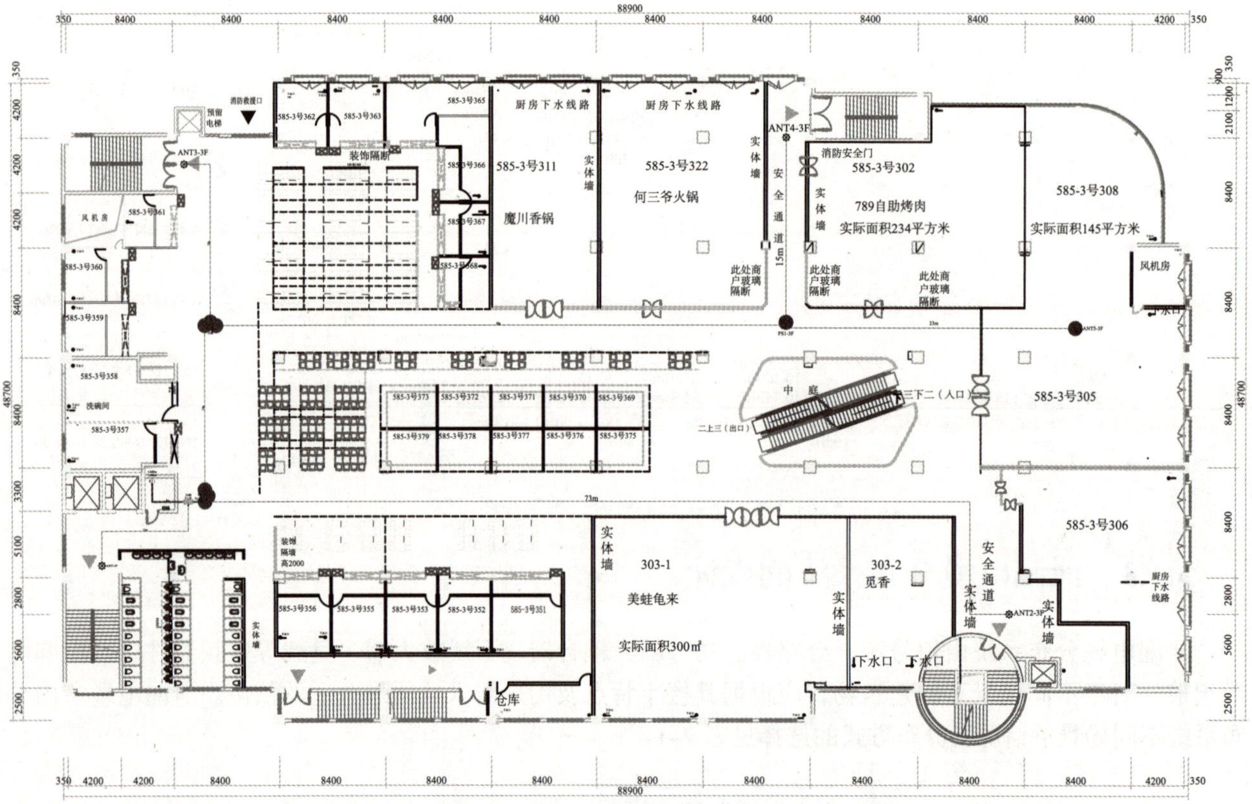

三层平面布置图

图 7–5 泄漏电缆分布系统天线和馈线平面布置图示例

在进行泄漏电缆分布系统拓扑图设计时需要设计近端设备的合路情况以及泄漏电缆分布系统主干覆盖的区域范围。若采用直放站作为信源，则需要设计出近端机连接的主设备信源和下挂直放站的情况。

泄漏电缆分布系统拓扑图示例如图 7–6 所示。

设计泄漏电缆室内分布系统图时，需要设计出泄漏电缆末梢端的功率。若终端采用天线，则需要计算出每副天线的天线口输入功率，这部分计算方式和传统无源分布方式的天馈系统功率分配一致。考虑到系统中会有多系统合路，需要计算出覆盖能力最差的网络信号的强度和主要覆盖信号的强度。

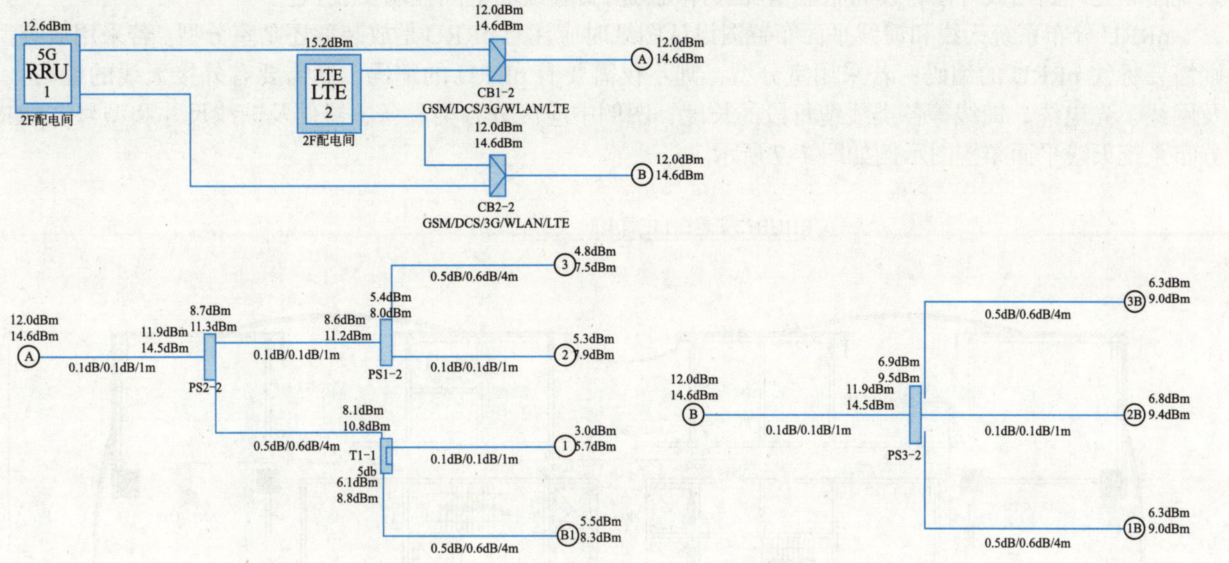

图 7–6　泄漏电缆分布系统拓扑图示例

无源分布系统方案的选择内容较多，有兴趣的同学可参考本书的相关电子资料。

无源分布系统方案设计

7.1.4　pRRU 分布系统的设计

pRRU 分布系统由基本处理单元、数据汇聚单元和远端单元组成。其中，远端单元根据天线的设置，可以分为放装型、室分型；根据通道数，可以分为 2T2R（两发两收）和 4T4R（四发四收）两种。不同场景下的建筑物应根据其楼宇特点及用户需求选用最合适的 pRRU。pRRU 分布系统不同场景下分布方式的选择（部分）见表 7–2。

表 7–2　pRRU 分布系统不同场景下分布方式的选择（部分）

场景	定义	分布方式	远端单元（pRRU）方式
大型场馆	大型会展中心、体育场馆	pRRU 分布系统	放装型 4T4R
写字楼	中、高档写字楼	pRRU 分布系统	放装型 4T4R 和室分型 4T4R 结合
	企事业单位的办公地点	pRRU 分布系统	放装型 4T4R 和室分型 4T4R 结合
	区级以上政府机关办公楼	pRRU 分布系统	放装型 4T4R 和室分型 4T4R 结合
宾馆	3 星级（含）以上宾馆与酒店	pRRU 分布系统	室分型 2T2R
医院	2 级（含）以上医院	pRRU 分布系统	放装型 4T4R 和室分型 4T4R 结合
商场	商业综合体	pRRU 分布系统	放装型 4T4R
	大型商场、卖场、室内市场	pRRU 分布系统	放装型 4T4R

pRRU 分布系统作为最高容量的分布系统，一般建议设置在高业务需求或者高口碑场景中。pRRU 分布系统设计还需要遵循以下原则：

（1）pRRU 分布系统选取应统筹考虑室外网络和室内分布系统，合理分配室内外的基站容量，减少室内外软切换，控制室内外信号干扰，使整体网络容量最大化，同时实现室内外的平滑过渡，确保网络覆盖质量最优。

（2）汇聚单元优先选择就近安装。汇聚单元挂墙安装设计主要考虑因素可参考 7.1.2 传统无源分布系统的挂墙安装设计的内容。

pRRU 分布系统设计应包括 BBU 安装设计、数据汇聚单元安装设计、远端单元及天线平面布置图、系统图和光纤路由设计图，设备根据情况选择机房内安装或弱电间挂墙安装。

pRRU 分布系统天线和馈线平面布置图设计图纸时应注意 pRRU 是放装型还是室分型。若采用放装型，则需要标注 pRRU 的编码；若采用室分型，则不仅需要有 pRRU 的编码，还需要有外接天线的编码，以及网线、光电缆、馈线等各类线缆每段的长度，图例中应区分各类设备、器件及馈线尺寸和型号。pRRU 分布系统天线平面布置图示例如图 7–7 所示。

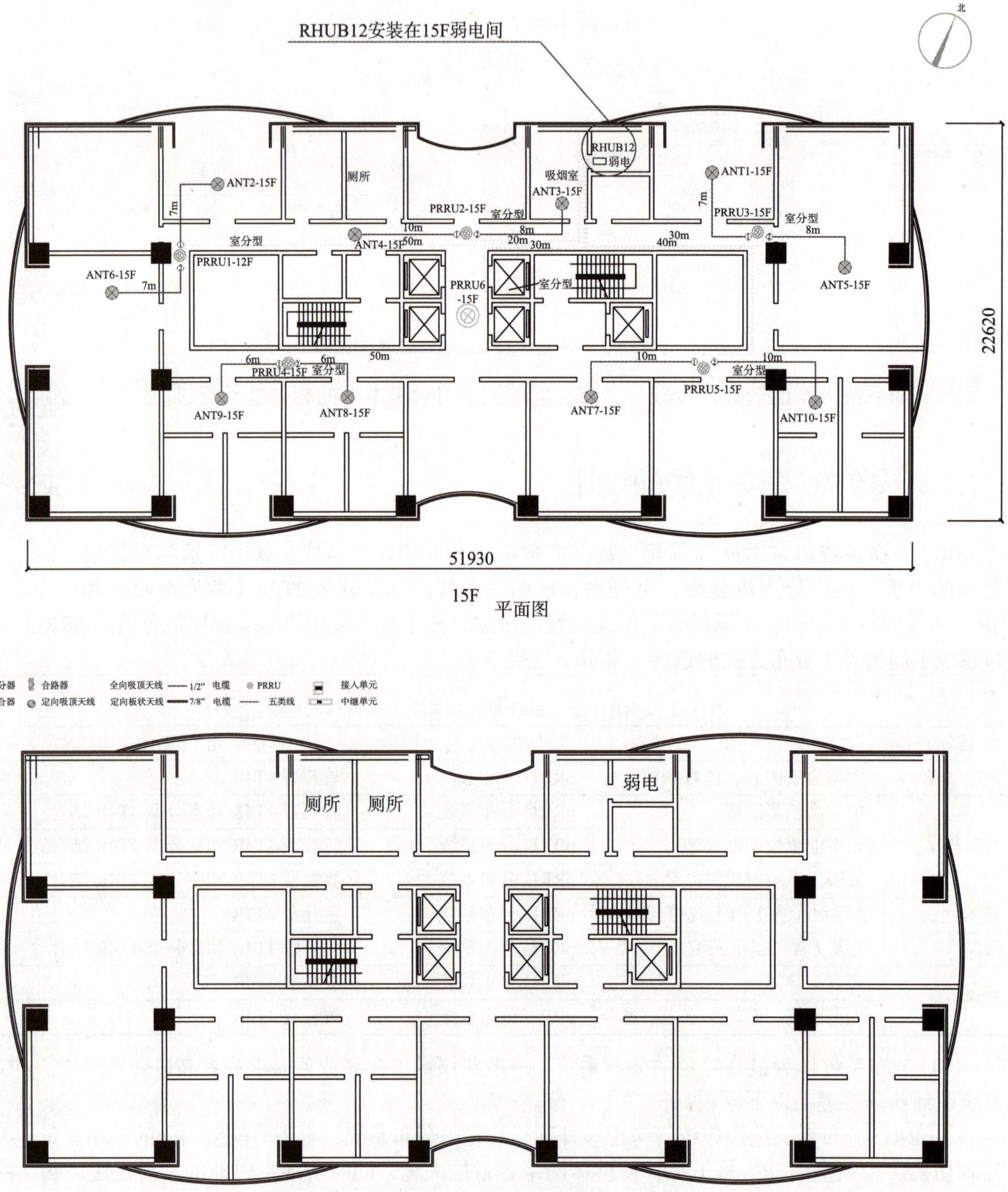

图 7–7　pRRU 分布系统天线平面布置图示例

由于 pRRU 分布系统的结构相对比较简单，因此拓扑图和系统图基本在一张图上即可体现。设计系统图时，应注意 pRRU 采用的是放装型还是室分型。若采用放装型，则可以不需要设计天线口的输入功率，其功率以设备输出功率为准；若采用室分型，则需要计算天线口的输入功率。pRRU 分布系统图需要数据汇聚单元与 BBU 直连的连接图，pRRU 分布系统图示例如图 7–8 所示。

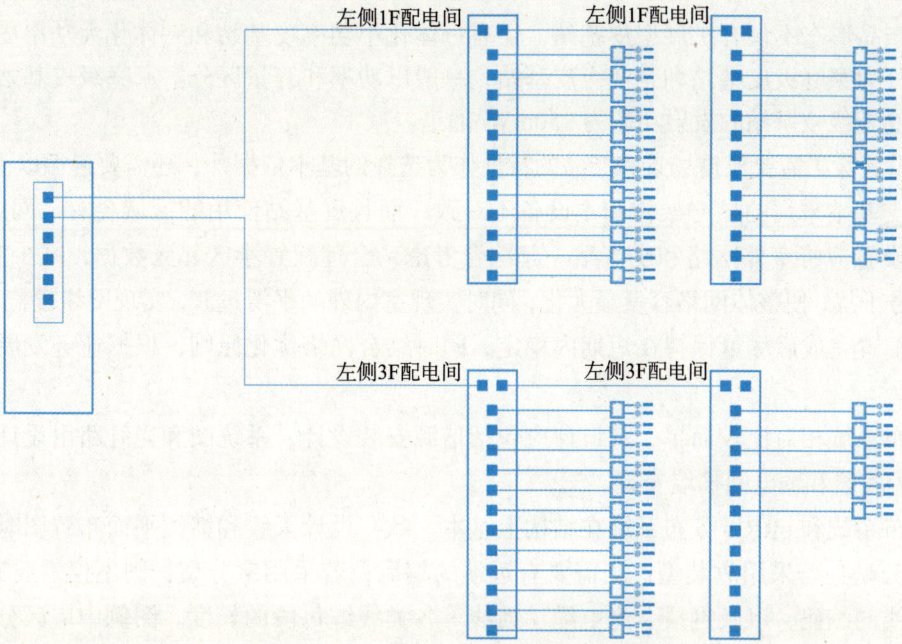

图 7–8　pRRU 分布系统图示例

头脑风暴

室内分布系统维护人员反映冬天老鼠喜欢在 pRRU 设备上停留，损坏设备。该如何避免此类问题呢？

pRRU 分布系统方案是 5G 的新兴方案，有兴趣的同学可参考本书的相关电子资料。

pRRU 分布系统方案设计

7.1.5　皮基站分布系统的设计

扩展型皮基站分布系统结构和 pRRU 分布系统类似，组成架构包括接入单元设备、中继单元设备和远端单元设备三部分。远端单元根据天线的设置，可以分为放装型（天线内置）、室分型（需外接室内分布天线）；根据通道数，可以分为 2T2R、4T4R。对于不同场景下的建筑物，应根据其楼宇特点及用户需求选择合适的远端单元。皮基站分布系统不同场景下分布方式的选择示例见表 7–3。

表 7–3　皮基站分布系统不同场景下分布方式的选择示例

场景	定义	分布方式	信源方式
厂矿企业的行业应用	厂矿生产区	扩展型皮基站分布系统	放装型 4T4R
	厂矿办公区	扩展型皮基站分布系统	放装型 4T4R 和室分型 4T4R 结合
	厂矿生活区	扩展型皮基站分布系统	室分型 2T2R
地下室	各类地下室	扩展型皮基站分布系统	室分型 2T2R

续表

场景	定义	分布方式	信源方式
投诉点位	家庭投诉		家庭级皮基站
	面积在 $200m^2$ 左右的场景，独立投诉		企业级皮基站

皮基站的产品形态不仅有扩展型皮基站，还有一体化小功率皮基站和一体化大功率皮基站。一体化小功率皮基站分为家庭级皮基站和企业级皮基站，一般以功率和容量区分。家庭级皮基站的发射功率为50mW/ 通道，企业级皮基站的发射功率为 250mW/ 通道。

皮基站的设置除了需要根据场景和产品的特性作为选择的基本依据外，还需要遵循以下两个原则：

（1）由于皮基站采用的核心架构和主设备不一致，而且皮基站使用的区域会有“网络插花”现象，因此皮基站的设置应将室外网络和皮基站一起综合考虑，合理配置小区邻区数据，减少室内外软切换，控制室内外信号干扰，使整体网络容量最大化，同时实现室内外的平滑过渡，实现网络覆盖质量的最优化。

（2）信源配置完成后尽量保持在短期内稳定，同时结合网络优化原则，根据业务发展情况做出适时调整和优化。

皮基站分布系统相对比较简单，其设计应包括信源安装设计、系统图和光纤路由设计图。信源安装设计包括机房内安装和弱电间挂墙安装。

皮基站分布系统和 pRRU 分布系统在结构上基本一致，设计天线和馈线平面布置图时应注意远端是放装型还是室分型：若采用放装型，则需要有远端的编码；若采用室分型，则不仅需要有远端的编码，还要有外接天线的编码，以及网线、光电缆、馈线等各类线缆每段的长度。图例中应区分各类设备、器件及馈线尺寸和型号。由于图纸基本是黑白打印的，因此建议用虚线或者线的粗细来区分网线、光电缆、馈线。皮基站分布系统天线平面布置图示例如图 7–9 所示。

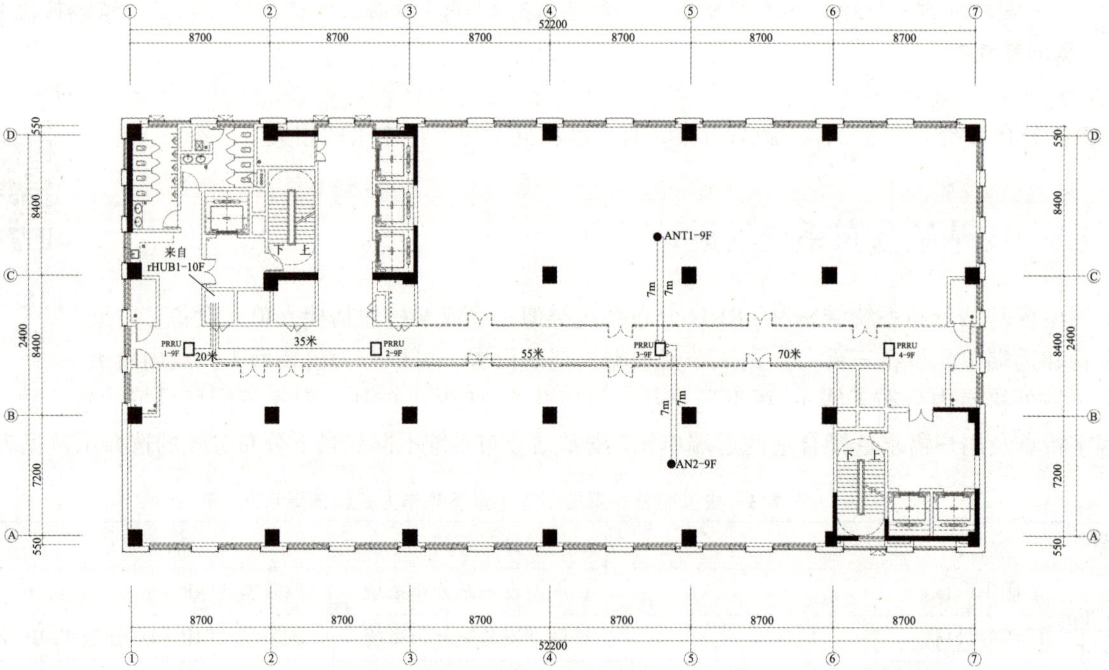

图 7–9　皮基站分布系统天线平面布置图示例

同样，皮基站分布系统和 pRRU 分布系统一样，结构相对比较简单，拓扑图和系统图基本在一张图上即可体现。设计系统图时，应注意远端采用的是放装型还是室分型：若采用放装型，则可以不需要设计天线口的输入功率；若采用室分型，则需要计算天线口的输入功率。需要注意的是，皮基站分布系统图需要包含中继单元与接入单元的连接图。皮基站分布系统图示例如图 7–10 所示。

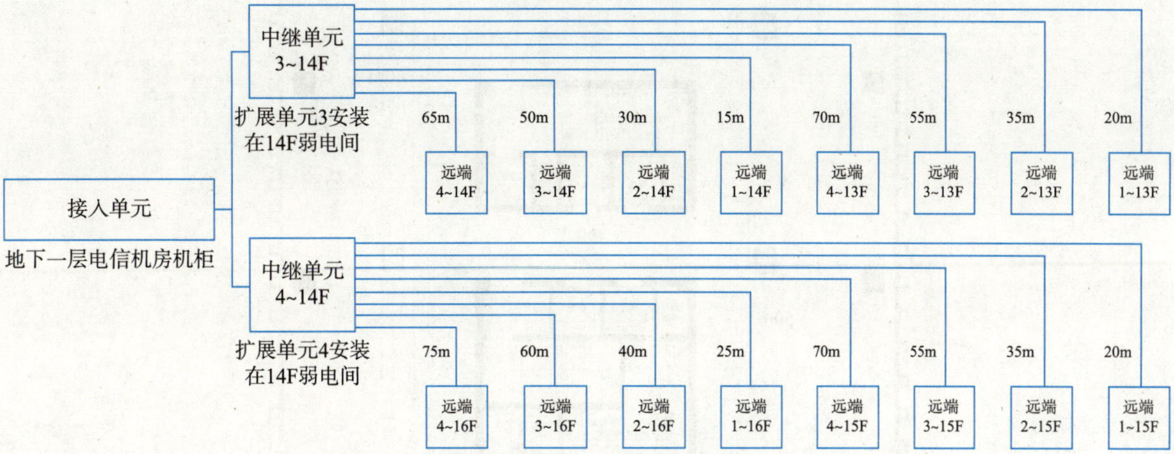

图 7–10　皮基站分布系统图示例

7.1.6　光纤分布系统的设计

光纤分布系统由主单元、扩展单元和远端单元三个功能部件组成。根据其工作原理，光纤分布系统可归类为分布式的光纤直放站。远端单元根据天线的设置可以分为放装型（天线内置）、室分型（需外接室内分布天线）；根据通道数，可以分为 1T1R、2T2R。不同场景下的建筑物应根据其楼宇特点及用户需求选择合适的远端单元。光纤分布系统不同场景下分布方式的选择见表 7–4。

表 7–4　光纤分布系统不同场景下分布方式的选择

场景	定义	分布方式	信源方式
地下室	空旷型地下室	光纤分布系统	放装型 2T2R
	半空旷型地下室	光纤分布系统	室分型 1T1R
隧道	高速公路隧道	泄漏电缆分布系统	室分型 2T2R
	过街隧道	传统无源室内分布系统	室分型 2T2R
小区覆盖	大型小区覆盖、城中村覆盖	传统无源室外分布系统	室分型 2T2R
市场	覆盖型聚集类市场	光纤分布系统	放装型 2T2R

光纤分布系统的本质是直放站，需要主设备信源才能提供网络容量，因此使用光纤分布系统的场景一般是网络业务需求量不大的区域。

在有通信专用机房的楼宇，将信源、主单元以及电源、传输等设备安装在通信专用机房内。在没有通信专用机房的楼宇，相关通信设备根据实际条件尽量就近安装。挂墙型信源、主单元及扩展单元设计可参考 7.1.2 传统无源分布系统的挂墙安装设计的内容。

光纤分布系统设计应包括信源安装设计、远端单元和天线平面布置图、系统图和光纤路由设计图。信源安装设计包括机房内安装和弱电间挂墙安装。

光纤分布系统设计天线和馈线平面布置图时应注意远端是放装型还是室分型，该图的设计要求可以参考 pRRU 的设计。光纤分布系统天线和馈线平面布置图示例如图 7–11 所示。

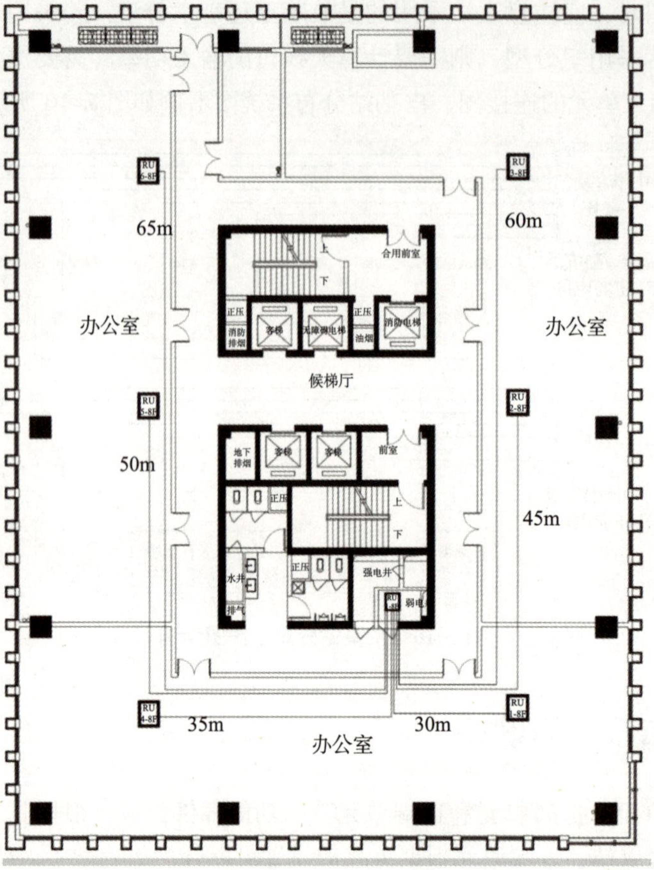

图 7-11　光纤分布系统天线和馈线平面布置图示例

远端若采用放装型，则拓扑图和系统图基本在一张图上即可体现，可以不需要设计天线口的输入功率，其功率以设备输出功率为准。远端若采用室分型，则需要考虑远端的类型是毫瓦级远端还是瓦级远端：如果是毫瓦级远端，则拓扑图和系统图基本在一张图上即可体现，需要设计天线口的输入功率；如果是瓦级远端，则需要单独设计拓扑图和系统图，系统图上需要设计出每副天线的天线口输入功率。考虑到系统中会有多系统合路，则需要计算出覆盖能力最差的网络信号的强度和主要覆盖信号的强度。光纤分布系统图示例如图 7-12 所示。

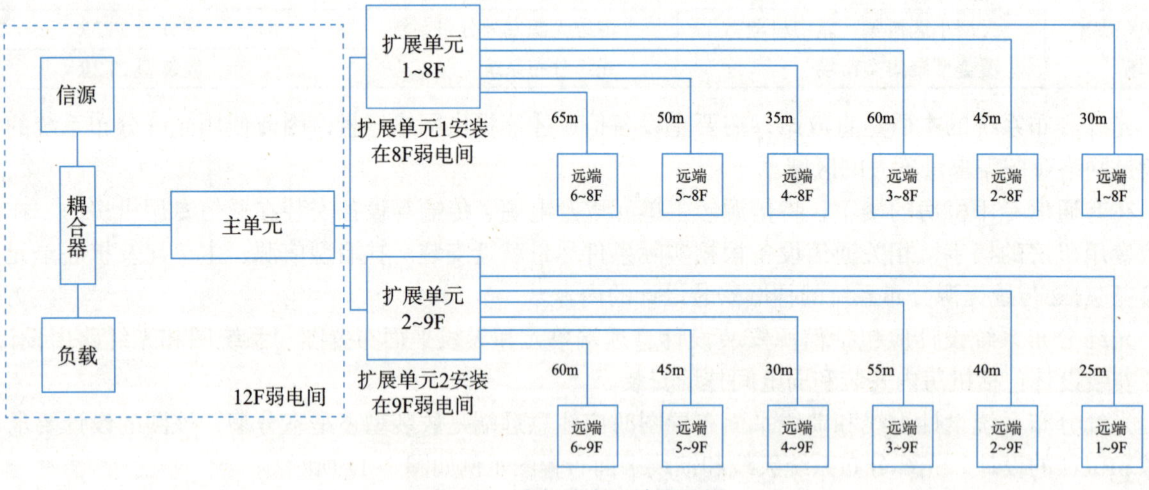

图 7-12　光纤分布系统图示例

7.2 室内分布系统小区规划

7.2.1 物理小区标识（PCI）规划

物理小区标识（Physical Cell Identifier，PCI）是 5G NR 网络中用于唯一标识小区的关键低层参数，主要作用是在物理层区分不同小区的无线信号，确保终端能够正确识别和接入目标小区。5G 的小区搜索流程确定了采用小区 ID 分组的形式，首先通过辅助同步信道（Secondary Synchronization Channel，SSCH）确定小区组 ID，再通过物理同步信道（Physical Synchronization Channel，PSCH）确定具体的小区 ID。

PCI 由主同步码和辅同步码组成。其中，主同步码有 3 种不同的取值（0，1，2），辅同步码有 336 种不同的取值（0，1，…，335）。因此共有 1 008（3×336 = 1 008）个 PCI 码。

1. PCI 规划的原则

（1）可用性原则：满足最小复用层数与最小复用距离的要求，从而避免可能发生的冲突。

（2）扩展性原则：在初始规划时，需要为网络扩容预留资源，避免后期频繁调整规划。通常采取以下措施：1）保留 2～3 个 PCI 组（每组可按 Mod30 规则分组，一组 168 个）；2）每个激活 PCI 组预留 10%～15% 备用 PCI（以一组 168 个计可预留 17～25 个）；3）新增小区必须配置独立的 PCI，确保同步至一个主服务小区。

（3）不混淆原则：混淆是指一个小区的邻区具备相同的 PCI，此时终端请求切换时，由于两个邻区的 PCI 相同，因此终端不知道切换到哪个目标小区。

（4）错开最优化原则：5G 的 RS（Reference Signal，参考信号）在频域的位置与该小区分配的 PCI 相关，通过将邻区的 RS 符号频域位置尽可能地错开，可以在一定程度上降低 RS 符号间的干扰，有利于提高网络的性能。

2. PCI 规划的约束条件

（1）同一个小区的所有邻区列表中不能有相同的 PCI；

（2）使用相同 PCI 的两个小区之间的距离需要满足最小复用距离；

（3）PCI 复用时，空间隔离上复用距离≥5 倍小区覆盖半径，层级隔离上至少间隔 4 层小区；

（4）邻区导频位置要尽可能地错开，即相邻的两个小区 PCI 模 3 后的余数不同；

（5）对于可能导致越区覆盖的高站，需要单独设定较大的复用距离；

（6）需要考虑室内覆盖预留、城市边界预留。

另外，在进行小区的 PCI 规划时，主要考虑的是各个物理信道和信号对 PCI 的约束。

约束条件 1：主同步信号对小区 PCI 的约束要求

相邻小区 PCI 模 3 后的余数不同，即：

$$\text{mod}(PCI_1, 3) \neq \text{mod}(PCI_2, 3) \tag{7–1}$$

原理：相邻小区必须采取不同的主同步信号（Primary Synchronization Signal，PSS）序列，否则将严重影响下行同步的性能。

约束条件 2：辅同步信号对小区 PCI 的约束要求

相邻小区 PCI 除以 3 后的整数部分不同，即：

$$\text{int}(PCI_1, 3) \neq \text{int}(PCI_2, 3)\ \text{（此约束条件较弱）} \tag{7–2}$$

原理：相邻小区采用的辅同步信号（Secondary Synchronization Signal，SSS）序列需要不同，否则将影响下行同步性能。由于 SSS 信号序列由两列短 m 序列共同决定，因此只要 $N_{ID}^{(1)}$ 和 $N_{ID}^{(2)}$ 不完全相同即可。约束条件 1 已经保证了相邻小区的 $N_{ID}^{(2)}$ 不同，所以该约束条件相对较弱。

约束条件 3：物理广播信道（Physical Broadcast Channel，PBCH）对小区 PCI 的约束要求

相邻小区 PCI 不同，即：

$$\mathrm{PCI}_1 \neq \mathrm{PCI}_2 \tag{7–3}$$

原理：加扰广播信号的初始序列不同。广播信道的扰码初始序列 $C_{init}=N_{ID}^{cell}$。

约束条件 4：物理控制格式指示信道（Physical Control Format Indicator Channel，PCFICH）对小区 PCI 的约束要求

相邻小区 PCI 模 2 的小区 RB 个数后的余值不同，即：

$$\bmod(\mathrm{PCI}_1, 2N_{RB}^{DL}) \neq \bmod(\mathrm{PCI}_2, 2N_{RB}^{DL}) \tag{7–4}$$

此约束条件隐含在约束条件 1 中。

原理：相邻小区的 PCFICH 映射的物理资源的位置不同。

约束条件 5：下行参考信号（Downlink Reference Signal，DL-RS）对小区 PCI 的约束要求

相邻小区 PCI 模 6 的余值不同，即：

$$\bmod(\mathrm{PCI}_1, 6) \neq \bmod(\mathrm{PCI}_2, 6) \tag{7–5}$$

此约束条件隐含在约束条件 1 中。

原理：相邻小区的 DL-RS 映射的物理资源的位置不同。

约束条件 6：上行参考信号（Uplink Reference Signal，UL-RS）对小区 PCI 的约束要求

相邻小区 PCI 模 30 的余值不同，即：

$$\bmod(\mathrm{PCI}_1, 30) \neq \bmod(\mathrm{PCI}_2, 30) \tag{7–6}$$

此约束条件隐含在约束条件 1 中。

原理：UL-RS 采用的基序列不同，即保证相邻小区的 UL-RS 中的 q 不同，q 由 u，v 来决定，u 由 $f_{gh}(ns)$ 及 f_{SS}^{PUCCH} 或 f_{SS}^{PUCCH} 来确定。当 $\bmod(\mathrm{PCI}_1, 30) \neq \bmod(\mathrm{PCI}_2, 30)$ 时，f_{SS}^{PUCCH} 不同，可以保证很大概率上的 q 值不同。

7.2.2 跟踪区（TA）规划

5G 的跟踪区（Tracking Area，TA）与 LTE 的 TA 相似。5G 系统引入 TA，其作用有以下 4 个方面：

（1）网络需要终端加入时，通过邻区列表进行寻呼，快速地找到终端；

（2）终端可以在邻区列表中自由移动，以减少与网络的频繁交互；

（3）当终端制定一个不在其上注册的邻区列表时，需要发起 TA 更新，MME 为终端分配一个新的邻区列表；

（4）终端也可以发起周期性的 TA 更新，以便和网络保持紧密联系。

在进行 TA 规划时，需要遵循以下 3 个原则。

1. 与 4G 协同

因为 5G 网络覆盖受限，所以终端会频繁地在 5G 与 4G 系统间进行互操作，从而引发系统重选和位置更新流程，导致终端耗电。因此在进行网络规划时，TA 尽量与 4G 协同。

2. 覆盖范围合理

TA 的规划范围应适度，不能过大或过小。如果 TA 的范围过大，那么网络在寻呼终端时，寻呼消息会在更多小区发送，导致寻呼信道（Paging Channel，PCH）负荷过重，同时使空口的信令流程增加。如果 TA 的范围过小，那么终端发生位置更新的机会增多，同样会增加系统负荷。

3. 地理位置区分

地理位置区分的主要目的是充分利用地理环境减少终端位置更新和系统负荷。其原理同位置区（Location Area，LA）/ 路由区（Routing Area，RA）类似。例如，利用山脉等作为位置区的边界，尽量不要将位置区的划分边界设在话务量较高的区域，在地理上应该保持连续。

7.2.3　邻区规划

5G 的邻区规划与 4G 的邻区规划原理基本一致，需要综合考虑各小区的覆盖范围及站间距、方位角等，并且需要配置 5G 与异系统（如 LTE/3G/2G）的邻区关系。在具体配置上，5G 的每个 gNB 配置其他 gNB 的小区为邻区时，必须先增加外部小区信息，这与在 BSC 中配置跨 BSC 邻区时类似，即必须先增加对应的小区信息，再配置邻区。

1. 邻区设置原则

邻区设置原则如下：

（1）互易性原则。

根据各小区配置的邻区数情况及互配情况，调整邻区，尽量做到互配，即如果小区 A 在小区 B 的邻区列表中，那么小区 B 也要在小区 A 的邻区列表中。

（2）邻近性原则。

如果两个小区相邻，那么它们要在彼此的邻区列表中。对于站点比较少的业务区（6 个以下），可将所有扇区设置为邻区。

（3）百分比重叠覆盖原则。

确定一个终端可以接入的导频门限，在大于导频门限的小区覆盖范围内，如果两个小区重叠覆盖区域的比例达到一定程度（如 20%），则将这两个小区分别置于彼此的邻区列表中。

（4）需要设置临界小区和优选邻区。

临界小区泛指组网方式不一致的网络交界区域、同频网络与异频网络的交界、对称时隙与非对称时隙的过渡区域、不同本地网的区域边界、不同组网的结构边界。优选邻区是与本扇区重叠覆盖较多的小区，切换时优先切换到这些小区上。

邻区调整首先调整方向不完全正对的小区，然后调整正对方向的小区。对于网络搬迁，在现有网络邻区设置的基础上，根据路测情况进行调整，调整后的邻区列表作为网络搬迁的初始邻区。如果存在因邻区列表没有配置而导致掉话的情况，则在邻区列表中加上相应的邻区。

系统设计时先按通用规则设置初始邻区列表，正式运行后根据切换统计优化调整。通用规则要求同站小区必须互设为站内邻区，站间邻区按距离分为一级（≤1.5 倍站距）和二级（≤3 倍站距）。扇区正对方向（主瓣 ±60°）一级邻区强制添加邻区，背向方向（主瓣反向 ±30°）一级邻区及正对方向二级邻区需要根据实测信号质量选择性添加邻区。

2. 互操作邻区设置

考虑到5G与其他网络共存的情况，合适的互操作邻区设置对于提高5G与4G的切换成功率、降低5G掉话率、提升5G用户的感知能力起到很大的作用。

对于5G与其他系统的互操作邻区设置，除了遵循互易性、邻近性、百分比重叠覆盖、临界小区和优选邻区之外，还需要遵循以下3个原则：

（1）与5G小区正对的4G小区，必须设置为邻区关系。

（2）若5G与4G共站址，则宜将与5G同方向的4G小区设置为邻区关系。

（3）5G覆盖区域的4G系统应添加5G锚点邻区，以便用户能够及时切换到5G网络享受更高的宽带业务。

虽然自动邻区关系（Automatic Neighbor Relation，ANR）算法可以自动增加和维护邻区关系，但考虑到ANR需要基于用户的测量和整网话务量密切相关，并且测量过程会引入时延，因此初始建网不能完全依靠ANR。初始邻区关系设置好后，随着用户数的不断增加，此时可以采用ANR功能来发现一些漏配邻区，从而提升网络性能。

7.2.4 室内分布系统分区规划

室内分布系统的分区规划原则如下。

（1）小区划分主要依据建筑物的结构特性、面积、容量需求及业务密度分布等因素。通常来说，以下4种情况需要进行分区：

①覆盖面积大于或等于50 000m^{2}的独立楼宇，需要进行分区覆盖；

②业务需求大于单小区最大等效容量的需求时，需要进行分区覆盖；

③写字楼高于20层时需要进行分区，可按照人流量分区；

④多台有源设备的引入必然会对基站造成上行底噪的干扰，因此为了提高基站的性能，单个基站的有源设备数量过多时需要进行分区。

（2）分区后的布线系统应保证各个分区的覆盖区域清晰明确。

（3）小区的划分要从有利于各小区的切换来考虑，有利于频率的复用，减少各小区的干扰，需要简要分析各区域（电梯、楼层、停车场等）的小区切换情况、可能出现的问题以及应采取的措施。

7.3 切换与外泄控制

随着室内分布系统在各类建筑物中的广泛建设和使用，室内信号泄漏到室外的情况不可避免地会出现，从而对室外小区产生干扰。同时，也存在如何协调好室内外切换以保证用户体验感知的问题。为了尽量减少室内信号外泄和保障平滑切换，下面就泄漏控制策略和切换设置原则进行分析。

7.3.1 泄漏控制策略

如果外泄的产生是由室内信号强度过大造成的，那么需要降低天线的发射功率以减少对室外信号的干扰，通过“多天线、小功率”的理念进行室内覆盖的建设。在进行信号强度的调整时，为了保障室内信号没有过多地泄漏到室外，可以检测在建筑物外的 10～15m 区域内室内信号电平值是否低于室外信号电平 10dB，作为一个简单的评估依据。为了实现室内信号的泄漏控制，应结合建筑物外墙材质和建设场景合理设计室内分布系统。泄漏控制通常考虑以下原则。

（1）室外墙（砖混合承重墙）可以不特别考虑泄漏控制。

（2）对天线进行合适的选型，采用方向性较好的定向板状天线向室内进行覆盖，从而有效地减少信号向室外的泄漏。例如，大楼的进出口、玻璃幕墙、窗户、非金属轻质隔墙等区域。

（3）通常对于 5 层以下的楼层采用定向吸顶天线，如果楼宇周边有立交桥、过街天桥，则可以根据桥的高度适当增加定向吸顶天线的使用楼层。

（4）由不同基站覆盖的相邻楼宇，如果距离小于或等于 20m，则通常需要增加定向吸顶天线，以防信号泄漏。

（5）监测并定位信号泄漏的天线，对天线进行重新布放，调整天线的辐射方向，或者适当增设衰减器，也可以借助室内障碍物的阻挡增加路损，避免强度较大的信号直接泄漏到室外产生干扰。

头脑风暴

当前建筑的室内分布系统的哪些区域需要泄漏控制？

7.3.2　切换设置原则

切换设置的基本原则是尽量减少切换次数。频繁的切换会增加系统的开销，降低网络性能并导致用户的通话感知下降。因此，要科学合理地进行切换设置，建议遵循以下设置原则。

（1）切换区域的设置需要综合考虑小区的切换时间要求、干扰水平、话务容量、目标覆盖建筑的楼层高度和材料等因素，从而做到切换区域大小适当，避免出现由于区域过小而形成的干扰和区域过大而引起的切换不及时等问题。

（2）室内分布小区与室外小区的切换区域通常设置在门厅外 5m 的地方，切换区域的直径为 3～5m，保证用户在进入室内前完成切换。这样设置切换区域既避免了过分靠近马路导致过往车辆用户的频繁切换，又避免了过于靠近室内区域导致关门时室内信号的突然衰弱而发生的切换失败问题。

（3）高层建筑一般受周边室外宏站覆盖的影响，同时存在大量较强信号，没有主导频覆盖，往往出现频繁切换与掉话现象。该场景下通常采用“多天线、小功率”的方式，天线安装在房间内，定向天线从靠窗位置向内覆盖，高层室内小区不配置室外邻区。

（4）切换区域应该设置在人流量小的地方，避免大量用户在使用网络的过程中出现频繁切换的现象。同时，切换区域不能设置得过大，否则会导致多个小区信号重叠区域过多而产生“乒乓切换”现象。

（5）电梯与目标建筑平层之间的切换确定在电梯厅内发生，建议将电梯单独划分为一个小区或者将电梯与低层共用同一个小区，电梯厅尽量使用与电梯同小区的信号进行覆盖。

（6）对于地下车库等区域，由于车辆速度较快，建议切换区域设置得尽可能长，如果遇到车道拐弯的阻挡，则可以采用增加天线等措施保障切换区域的连续。另外，对于地下车库，车辆一旦进入地下车库，室外信号的覆盖强度会迅速下降，因此需要将切换区域设置在进入地下车库入口处的车道上。为了保证在地下车库的入口处也有足够的重叠覆盖区域，有必要在出入口处分别安装一副天线，保证信号顺利切换。

（7）对于隧道覆盖，如高铁隧道、地铁隧道、高速公路隧道等，由于隧道较狭窄，外部信号较难辐射进去，隧道内覆盖的信号也无法较好地渗透出来，因此信号重叠区域非常小。高铁速度非常快，地铁和高速汽车速度也较快，用户进入隧道后，才能接到隧道内的信号，而此时隧道外的信号急剧下降，无法及时进行切换，导致掉话；用户出隧道后，才能接收到隧道外的信号，而此时隧道内的信号急剧下降，无法及时进行切换，导致出现掉话的现象。因此，为了提升切换成功率，建议通过天线将隧道内的信号延伸至隧道口，增加切换重叠区。隧道出入口切换设置示意图如图 7–13 所示。重叠覆盖区的距离要能满足所有系统的切换要求，重叠覆盖区的距离不能太长，必须控制信号外泄，避免对隧道外的室外宏站覆盖区造成干扰。

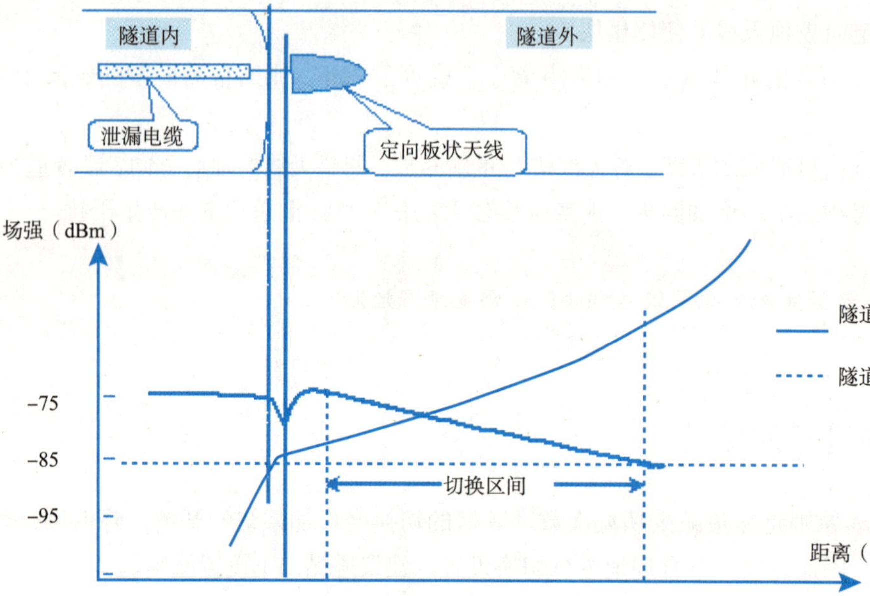

图 7–13　隧道出入口切换设置示意图

7.4 室内分布系统电源设计

室内覆盖站点一般建于信号屏蔽较强的建筑物、隧道内，视站点重要程度选择性地建设设备机房。室内分布系统及拉远信源设备一般建设在远端，传输及信源近端设备设置在设备机房。常用的室内分布供电系统包括交流供电系统与直流供电系统。

7.4.1　供电系统

移动网通信系统设备供电系统设计应参照执行《5G 供电与环境的基础设施　第 1 部分：总则》（YD/T 4524.1—2024）与《通信电源设备安装工程设计规范》（GB 51194—2016）。为了保障室内分布系统功能的正常运转，通常要求室内分布系统的电源供电满足如下设计原则。

1. 交流供电系统

市电引入要求：优先采用一类 / 二类市电（YD/T 5040—2019 分类标准），标配 ATS 自动切换装置（切换时间≤100ms），引入容量 =1.2×（P 设备 +P 空调 +P 照明）+30% 远期扩容冗余。

配电架构：380V 市电→一级配电柜→智能电能表箱→各分支回路（含空调 / 照明 / 开关电源输入等独

立回路)。

2. 直流供电系统

系统组成：高频开关电源系统（含交流配电 / 整流模块 / 监控 / 直流配电），后备电池组（铅酸 / 磷酸铁锂电池），可选 HVDC 240V 远供模块。

运行模式：市电正常时采用整流模块（效率≥96%）供电＋电池浮充，市电中断时采用电池组放电（LVD 两级保护）供电。

3. 蓄电池系统

（1）配置原则：要求蓄电池配置按近期负荷考虑，并预留 10%～20% 余量以适应未来扩容。蓄电池容量应按基站设备 2～6h、传输设备 ≥24h 后备时间配置。若为 5G 核心节点，则基站设备蓄电池容量按≥4h 配置。

（2）新技术应用：《通信电源设备安装工程设计规范》（GB 51194—2016）新增新能源磷酸铁锂电池，其容量配置可比铅酸电池减少 35%。磷酸铁锂电池的循环寿命≥2000 次 @80%DOD，需要配置 BMS 系统（±10mV 电压精度）。

（3）电池选型：蓄电池应采用阀控式密封铅酸蓄电池，其性能应符合《通信用阀控式铅酸蓄电池》（YD/T 799—2024）标准要求；在高温、长寿命、节能要求高或其他特殊应用场景下，可选用磷酸铁锂电池，其性能应符合《通信用磷酸铁锂电池组　第 1 部分：集成式电池组》（YD/T 2344.1—2023）标准要求。所选电池应具备高能量密度、长循环寿命及良好的温度适应性。

根据上述两项要求，不同类型室内分布基站蓄电池配置见表 7–5。

表 7–5　不同类型室内分布基站蓄电池配置

负荷等级	直流负荷范围	推荐配置方案	后备时间保障	适用场景说明
轻载站	≤15A	1×48V/50Ah VRLA 或 1×48V/50Ah $LiFePO_4$	基站设备：3～4 小时 传输设备：≥24 小时	小型室分站 / 微基站
中载站	15～30A	1×48V/100Ah VRLA 或 1×48V/65Ah $LiFePO_4$	基站设备：4～6 小时 传输设备：≥24 小时	标准室内宏站
重载站	＞30A	2×48V/100Ah VRLA 并联 或 1×48V/150Ah $LiFePO_4$	基站设备：6～8 小时 传输设备：≥24 小时	重要枢纽室内站（需配置智能均流系统）

4. 供电系统供电原则

后备电源原则：移动通信主设备（如 BBU、RRU 等）应采用直流后备电源供电，原则上不采用交流 UPS 供电方式。直放站在条件允许的情况下，也应配置直流后备电源，确保无线信号覆盖的连续性。

BBU 供电原则：BBU 应优先部署于具备完善基础设施的核心汇聚机房或边缘接入机房，并采用 –48V 直流供电。分布式场景的 BBU 可下沉至云化接入点（如商场弱电间）等边缘节点，BBU 设备距离直流输出单元距离≤100m 时采用 –48V 直流供电，距离＞100m 时采用 240V HVDC，如情况特殊，经评估后可允许交流供电。如果云化接入点所在区域属于无线覆盖重要场景，则需要配置磷酸铁锂电池作为后备电源。

RRU 供电原则：为减少业主纠纷，RRU 供电应优先通过边缘机房的直流远供系统实现。如果室内分布系统建设单位和业主关系良好，可以在弱电间或者弱电井安装交直流系统给 RRU 和直放站供电。当 RRU 间距超过 100m 时，电缆传输损耗（如压降、热损耗）显著增加，优先采用就近市电供电（220V AC）。电源容量应根据该点位设备的系统总负荷核算，引入一路相应容量的外市电给合路点的各个设备分别进行供电。每个 RRU 配置一体化电源（含整流模块）和蓄电池组，蓄电池容量需要满足退服时长要求

（如 3~4 小时），电源设备应靠近 RRU 安装，减少低压直流线缆长度（建议≤30m），避免二次压降。当电缆敷设困难、RRU 位置分散时，考虑高压直流远供（HVDC）：采用 240V/336V 直流，通过耐高温阻燃电缆传输，需要配置远端 DC-DC 转换模块。当单点 RRU 功耗较低时，可以考虑 POE，但需要确认设备接口的兼容性。

机房电源线布放原则：电力电缆应采用铜芯导线，接地线用镀锌钢芯导线；机房内必须使用阻燃型电缆；直流电缆按电压降、载流量和机械强度选型；交流电缆按载流量和机械强度选型。电源线应规范敷设于走线槽或镀锌钢管内，确保固定牢靠、接地良好。直放站等采用交流供电的设备必须独立接入配电箱输出端子排，禁止 T 接（在主干电缆中间剥开绝缘层，直接分接支路电缆，形如字母“T”）、并接（将多根电缆简单绞合后用胶带缠绕，实现多线并联）及搭接（将两段电缆导体部分重叠后用夹具固定，无熔焊或压接）。

交流设备供电原则：为交流设备供电的电源插板应至少配备两芯及三芯插座各一个，并固定于不易触及的安全位置，防止触电。

7.4.2 接地与防雷

各通信系统设备防雷和接地应参照《通信局（站）防雷与接地工程设计规范》（YD 5098—2005）以及《通信局（站）防雷与接地工程设计规范》（GB 50689—2011）执行，以确保系统的正常运行。

头脑风暴

常见的接地类型有哪些？

接地及防雷要求如下：

（1）室内分布系统必须保证良好接地，接地电阻标准要求符合防雷与接地工程设计规范。信号源设备和室内分布系统的有源设备独立接地时，接地电阻≤10Ω；联合接地时，接地电阻≤4Ω。

（2）基站和干线放大器设备必须接地，接地线连接至大楼综合接地排。若走线槽已经与综合接地排相连，则接地线可连接至走线槽。

（3）使用直放站作为室内分布系统信号源时，施主天线的同轴电缆在进入机房与设备连接处应安装馈线避雷器并接地，以防出现由施主天线和馈线引入的感应雷。馈线避雷器接地端子应就近引接到室外馈线入口处接地线上。

（4）有源设备的供电设备正常不带电的金属部分和避雷器的接地端，均应做保护接地，严禁做接零保护。

（5）GNSS 天馈系统应在避雷针的有效保护范围之内。GNSS 天线安装在楼顶时，馈线严禁与楼顶避雷带缠绕。GNSS 馈线入室时应加装同轴防雷器（设备未内置时），其接地线应优先接至馈线窗接地汇流排（截面积≥$6mm^2$）。当室外段全程绝缘安装时，经等电位检测合格后，可接至室内接地汇集线。当通信设备内 GNSS 馈线输入、输出端已内置防雷器时，不应增加外置的同轴馈线防雷器。

本章小结

室内分布系统网络规划设计需要根据现场勘察和目标网络覆盖区域的资料收集，分析收集来的数据。资料收集和分析的具体内容包括场景特征、用户业务需求信息、现有网络资料、竞争对手信息等。

传统无源分布系统主要由信源设备、馈线、合路器、功分器、耦合器以及天线等组成。它对天线选点、功率计算的要求较高，需要辅助工具进行设计。

pRRU 分布系统设计应包括 BBU 安装设计、数据汇聚单元安装设计、远端单元及天线平面布置图、系统图和光纤路由设计图，设备根据情况选择机房内安装或弱电间挂墙安装。

室内分布系统小区规划包括 PCI 规划、TA 规划、邻区规划、室内分布系统分区规划等，需要对 5G 理论相关内容进行深入理解。

室内分布系统不可避免地会出现室内信号泄漏到室外，从而对室外小区产生干扰的情况。规划设计时应尽量减少室内信号外泄和保障平滑切换，合理选择泄漏控制策略和切换设置原则。

室内分布系统及拉远信源设备一般建设在远端，传输及信源近端设备设置在设备机房。常用的室内分布供电系统包括交流供电系统与直流供电系统，目前大的室内分布系统很多采用增压供电，以减少业主纠纷。

通信系统设备防雷和接地是保障通信运维的重要内容，在室内分布系统设计中应该参照国家相关标准进行设计。

课后习题

一、单选题

1. PCI 由主同步码和辅同步码组成，5G 共有（　　）个 PCI 码。

A. 3　　B. 36　　C. 336　　D. 1 008

2. 为了保障室内信号没有过多地泄漏到室外，可以检测在建筑物外的 10～15m 区域内室内信号电平值是否低于室外信号电平（　　）dB 作为一个简单的评估依据。

A. 3　　B. 7　　C. 10　　D. 20

二、填空题

1. ________是 5G NR 网络中用于唯一标识小区的关键低层参数。

2. 对于直放站作为信源的场景，尽量采用________直放站。

3. 皮基站远端单元根据天线的设置，可以分为放装型和________；根据通道数，可以分为 2T2R 和________两种。

三、简答题

1. 设计室内分布系统时，信源选择比较重要，请分析室内分布系统信源选取需要遵循的原则。

2. 对于一个完整的传统室内分布系统设计，图纸应该包括哪些内容？

3. 由于高铁的速度太快，因此隧道内外无线系统切换比较困难。请说明高铁隧道出入口应如何切换设置。

4. 初期 5G 在覆盖方面还存在薄弱环节。合适的互操作邻区设置对于提高 5G 与 4G 的切换成功率、降低 5G 掉话率、提升 5G 用户的感知能力起到很大的作用。请分析 5G 与其他系统的互操作邻区设置需要遵循的原则。

第8章

5G 室内分布系统多场景覆盖方案

学习目标

- 了解常见的室内场景分类。
- 熟悉不同室内场景的特点。
- 掌握常见场景的室内分布方案设计。

素养目标

通过对 5G 室内分布系统多场景覆盖方案的学习，了解室内分布系统工程对社会的巨大作用，提高服务人民、奉献社会的责任感。

室内分布系统建设的场景是多种多样的，5G 网络根据各种场景的覆盖需求、业务需求和质量需求的不同，应采用符合场景建设的室内分布系统技术手段进行覆盖。

根据场景的功能性的不同，室内分布系统设计的对象通常包括宾馆与酒店、商务写字楼、交通枢纽、商场与超市、文体中心、学校、综合医院、政府机关、电信运营商自有楼宇、大型园区、居民住宅、地下室和电梯等 12 大场景。由于教材篇幅所限，本教材仅对学生比较熟悉、应用较广泛的场景的室内分布系统覆盖方式进行分析，其他学生不熟悉的场景设计请参考本书的相关电子资料。

商场与超市室内分布方案设计　　文体中心室内分布方案设计　　大型园区室内分布方案设计

8.1 室内场景分类

对于室内分布系统覆盖设计而言，不同场景的设计要求和设计方法是有较大区别的，总结归纳不同场景，根据不同场景进行合理设计对室内分布系统设计具有重要意义。

8.1.1　室内场景说明

如前所述，室内分布系统设计的对象包括 12 大场景，其中每个场景又可以分为若干个分场景。表 8–1 列出了根据特点和用途细分的一些典型场景。

表 8–1　根据特点和用途细分场景

场景		场景描述
宾馆与酒店		宾馆与酒店根据级别和重要性可以分为三星级及以上酒店、连锁酒店、其他宾馆与酒店三类
商务写字楼		一般指商业办公用楼，根据写字楼的等级可以分为甲级及以上写字楼和普通写字楼
学校	教学楼	一般为由各类教室组成的楼宇
	行政办公楼	一般为学校管理层办公的楼宇
	图书馆	学校内藏书的建筑
	食堂	学生就餐的场所
	体育馆	学生运动及体育比赛的地方
	宿舍楼	学生就寝的楼宇
居民住宅	多层居民住宅小区	建筑物的层数在 7 层及以下，建筑密度相对较高、建筑规模较大、小区面积较大的居民住宅小区
	别墅小区	楼宇一般低于 4 层，以 2～3 层为主，建筑物多为砖混结构，小区内部绿化较多
	高层居民小区	多为混凝土框架结构的塔楼，建筑层数一般在 8 层及以上，建筑规模较大，每层容纳的用户数较多
	城中村	楼宇密集，道路狭窄，基础配套严重不足，一般为自建楼房
电梯与地下室	电梯	包括货梯、客梯以及观光电梯等
	地下室	一般泛指仅作为停车场使用的地下室

室内场景中的隔断疏密程度对分布系统的设计和建设影响巨大。无线设计人员根据场景及建筑物内部覆盖区域的隔断疏密，将室内场景划分为密集型、半密集型、半空旷型以及空旷型四类。

上述两种方法对 5G 的场景进行分类，分类依据的侧重点不同。根据场景的特点和用途划分场景，主要侧重点在于场景的功能及场景的重要程度；根据场景及建筑物内部覆盖区域的隔断疏密划分场景，主要侧重点在于场景的网络覆盖建设方面。

根据场景的特点和用途划分的场景，大多可归类于根据隔断疏密所划分的场景。例如，学校的体育馆、食堂可以归类于空旷型场景；对于学校的图书馆，有卡座的食堂可以归类于半空旷型场景；学校的教室可以归类于半密集型场景，学校的宿舍则归类于密集型场景。

5G 室内分布场景分类

5G 室内分布的场景很多，内容较为复杂，具体情况可参考本书的相关电子资料。

8.1.2　室内分布系统建设应考虑的因素

对于差异化的场景而言，为了保障 5G 室内分布系统的优质建设和用户体验，成本管控合理，且易于扩展和维护，需要优先考虑以下六大因素：（1）建筑物的规模和传播特性；（2）服务指标要求；（3）建设造价；（4）系统维护便利性；（5）系统安全性 / 稳定性；（6）系统可扩展性。

本部分根据场景的特点和用途结合场景中隔断的疏密，分别就宾馆与酒店、学校、居民住宅以及电梯和地下室这四个学生熟悉的场景展开 5G 室内分布系统覆盖建设方案分析。

8.2 宾馆与酒店方案设计

随着国家经济的不断发展，人们生活水平不断提高，交通出行便利，使得商务和旅游越来越频繁，酒店业也得到高速发展。入住宾馆与酒店的中高端用户比例不断扩大，对高价值业务和各种数据业务的需求量也在增大。因此，对高性能的无线网络建设需求较为强烈。

大多数宾馆与酒店位于市区，这些建筑物周围高楼林立，无线传播环境复杂，各种大小场景的相互嵌套又导致网络的建设难度增大。具体的网络建设要求主要反映在以下 4 个方面。

（1）覆盖：宾馆与酒店的室内分布系统建设需要根据楼宇的高度、宽度和形态来选择相应的覆盖方案。

（2）容量：宾馆与酒店的业务量较大，中高端用户比较集中，需要结合楼宇内人员结构、业务类型进行预测。

（3）干扰：高层信号混杂，干扰大，通信质量差，设计时需要室内外协同考虑，从频率策略、邻区配置、天线选型、天线位置等多方面进行考虑。

（4）切换：信号外泄和切换问题多，需要合理设置切换区域，同时考虑高层、电梯、地下停车场出入口等区域的切换。

宾馆与酒店根据级别和重要性可以分为三星级及以上酒店、连锁酒店、其他宾馆与酒店三类。下面对宾馆与酒店的场景特点和信号覆盖特点分别进行阐述。

（1）场景特点：宾馆与酒店是室内分布系统覆盖场景中内部隔断最多的场景，属于密集型场景。宾馆与酒店的场景因为比较典型，所以也可以称为“宾馆密集型”场景。

宾馆与酒店的大楼类型较多，楼宇楼层的高度差距大。低层为地下停车场、咖啡厅、餐厅和会议室；高层为客房，内部的隔断非常多，基本一间房就有一个隔断，隔断间距为 3~4m，客房的进门处，两侧是柜子和卫生间，有些宾馆与酒店的卫生间是背靠背的，有些宾馆与酒店的卫生间则是在客房同一侧。宾馆与酒店的每层楼一般中间是过道，两侧是房间，过道上有吊顶，吊顶高度为 2.4~2.6m。三星级及以上酒店通常会设置会议室和大型餐厅，部分酒店还会设置健身房和游泳池。宾馆与酒店场景如图 8–1 所示。

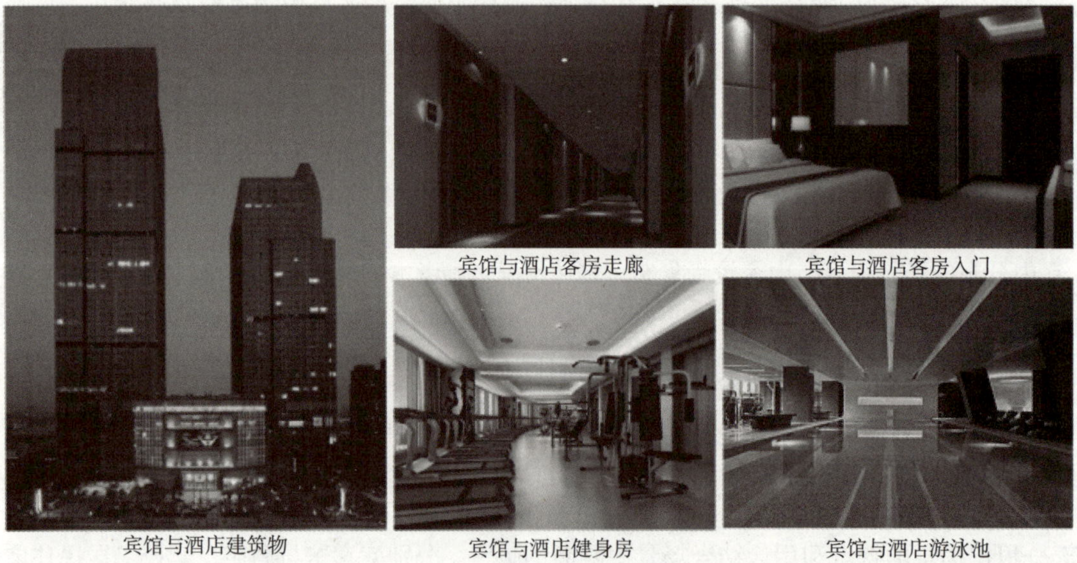

图 8–1　宾馆与酒店场景

（2）信号覆盖特点：宾馆与酒店内的电磁传播环境非常差，隔断多，客房入门处有卫生间和衣柜等设施造成信号的二次阻挡，走廊的吊顶造成层高较低。这些因素严重影响信号的传播，导致房间内出现弱覆盖区，电梯、地下室等一般会成为覆盖盲区。若宾馆与酒店的楼层较高，则会引起高层区域信号杂乱，没有主覆盖小区，造成出现“乒乓切换”的现象，降低通话质量。宾馆与酒店整体用户数不多，但是高端用户比例较大，而且大部分是旅游和出差的旅客，对信号的要求较高，特别是等级较高的宾馆与酒店。

8.2.1 总体覆盖思路

对于该类场景，先核实是否具备 LTE 室内分布系统。若该类场景具备 LTE 室内分布系统，则设计人员需要核实其原有室内分布系统的建设方式：若为有源室内分布，则设计人员考虑新建 5G 室内分布系统；若为无源室内分布，则设计人员需要根据点位重要程度选择建设的网络。对于中国移动，其可以在原有的室内分布系统上合路 TDD NR 2 600MHz 的 5G 网络；对于中国电信和中国联通，重要的点位需要建设 TDD NR 3 500MHz 的 5G 网络，则可以选择移频 MIMO 室内分布系统来改造原有的室内分布系统，非重点的点位选择建设 FDD NR 2 100MHz 的 5G 网络，需要将原有 LTE 的 RRU 替换为 NR 的 RRU。替换时需要注意，室内分布系统内是否有干线放大器和直放站，若有，则需要同步更换满足 5G 网络需求的设备。

若该类场景不具备 LTE 室内分布系统，则需要新建 5G 室内分布系统，根据点位及覆盖区域的重要程度，选择不同的室内分布系统建设。总体建设思路如下：

（1）根据宾馆与酒店的重要等级，考虑 5G 网络的通道数设置。高星级高容量酒店可以选择 pRRU 分布系统和传统无源分布系统双路覆盖相结合的方式。

（2）连锁酒店、其他宾馆与酒店则可以选择无源分布系统或泄漏电缆室内分布系统。

（3）采用传统无源分布系统覆盖时，可以考虑采用错层双路的方式进行覆盖。

（4）采用分布式基站，根据场景特性选择 BBU 集中放置在综合业务区还是下沉到宾馆与酒店内，RRU 和数据汇聚单元可以拉远布放在相应楼层弱电井中。

（5）高层室内需要防止室外宏站信号的干扰，通常安装室内定向天线增强覆盖。

8.2.2 覆盖策略

（1）重要的点位选择 pRRU 室内分布系统双路覆盖，次重要的点位选择传统无源分布系统双路覆盖。为了保证宾馆与酒店每间客房的用户体验，在进行天线布放时应注意客房的门位置，选择在门口安装天线，以保证传播的信号可以穿透客房的木门，减少信号穿透损耗。

采用 pRRU 室内分布系统覆盖宾馆与酒店场景时，建议选择 2T2R 三点位的 pRRU 远端。2T2R 三点位的 pRRU 覆盖客房示意图如图 8–2 所示。这种方式可以有效地将信号发射端设置在客房的各个门口，减少信号辐射的穿透损耗，提升客房内部的覆盖电平。采用 2T2R 三点位的 pRRU 远端，一个 pRRU 远端可以覆盖 12 个客房，若直接采用放装型 pRRU 远端，则只能覆盖 4 个房间。

（2）当客房较大时，考虑到宾馆与酒店内电磁传播环境较差，可以将天线部署到客房内。2T2R 三点位的 pRRU 覆盖客房示意图如图 8–3 所示。3.5GHz 频段信号在砖体墙里的穿透损耗为 16.75dB，客房内部的信号强度可以相应提升 16.75dB。在天线部署到客房内的情况下，天线安装的位置一般比较合理，前面没有阻挡，阴影衰落余量也可以适当减小，从而进一步提升边缘场强的电平值。

图 8–2　2T2R 三点位的 pRRU 覆盖客房示意图

在天线部署到客房内的情况下，天线口的输入功率可以适当降低，建议降低 10～15dB。为了室内的美观程度，入室的天线可以选择开关面板型天线，天线的安装位置建议在房门的上方，或者在客房空调出风口处。

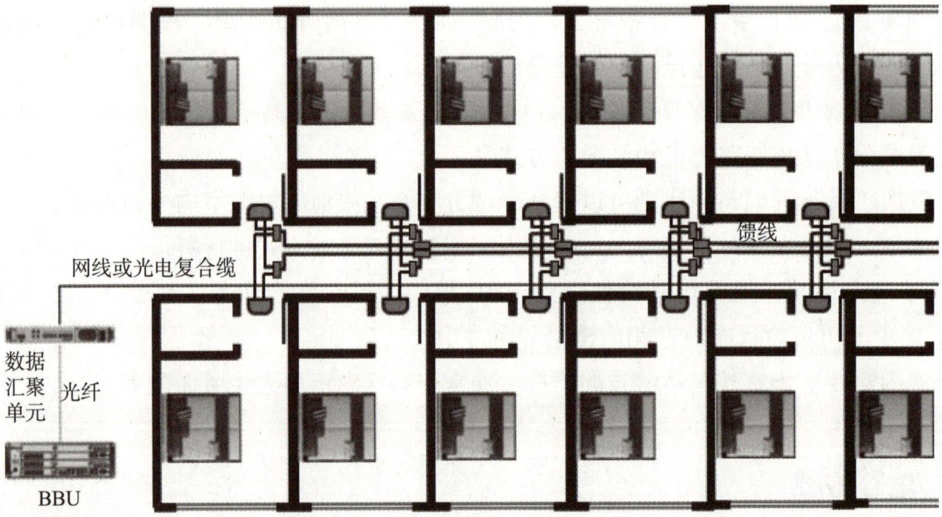

图 8–3　2T2R 三点位的 pRRU 天线入室覆盖示意图

若天线不能安装进客房，则应采用定向板状天线并将天线安装在门口上方或窗边，天线信号仅穿透单门或单墙覆盖客房内部。星级较高的酒店建议一个房间布放一副天线。对比这两种情况，天线入室方案可以提升该类场景覆盖效果，降低投资成本。

（3）对于一些低等级的宾馆与酒店，规模不大，而且人流量相对较小，数据需求不大，这样的情况下可采用传统无源室内分布，也可考虑采用泄漏电缆双路覆盖。泄漏电缆双路覆盖客房示意图如图 8–4 所示，这种方案可以将无线信号均匀地辐射到客房内，只需要安装两路泄漏电缆，不需要安装天线和 pRRU 分布系统中的远端，可以极大地降低成本。

（4）对于走廊区域，传统无源分布系统可以考虑每隔 12～15m 安装一个吸顶天线以保证信号强度。若采用室分型 2T2R 三点位的 pRRU 可外接天线覆盖，而泄漏电缆分布系统本身就可以覆盖。

（5）对于金属材质的天花板或吊顶，由于金属材料对无线信号有较强的屏蔽作用，因此天线必须采取外露安装的方式。

图 8–4　泄漏电缆双路覆盖客房示意图

（6）电梯可以选择传统无源分布系统单路覆盖、泄漏电缆分布系统单路覆盖，地下室则可以选择传统无源分布系统单路覆盖、泄漏电缆分布系统单路覆盖、光纤分布系统双路覆盖等方式。

（7）如果业主对室内部署有美观要求，则可以考虑使用美化天线的方式。

8.2.3　小区及切换规划

对于高层宾馆与酒店，基于切换及干扰考虑，小区规划一般采用垂直分区方式；当楼群单层面积较大且超过单个小区的覆盖面积时，小区规划可以采用水平分区方式。小区规划要利用建筑结构，减少小区之间的重叠覆盖区，同时结合切换区规划与邻区规划。分区模式示意图如图 8–5 所示。

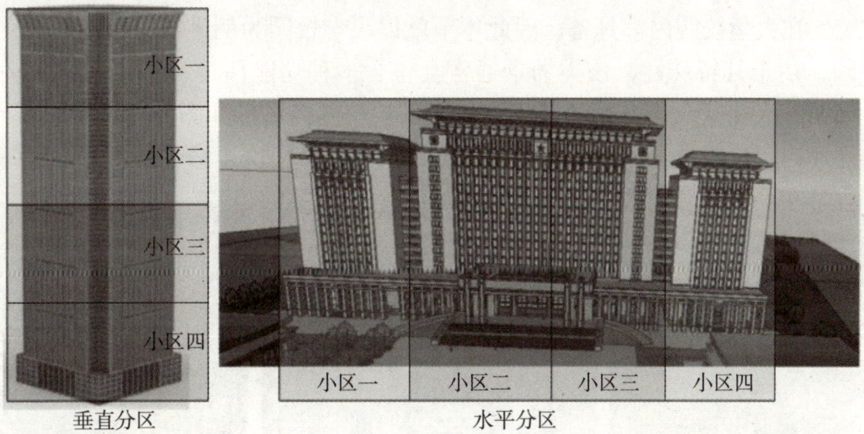

图 8–5　分区模式示意图

8.2.4　干扰抑制

对于高层宾馆与酒店，由于其通常无其他建筑物遮挡，且大多采用落地窗方案，因此周围基站的室外信号穿透玻璃后强度较大，系统存在较为严重的信号干扰。常用的解决办法是增加室内定向吸顶天线以加强室内信号覆盖，即使会有信号从窗户泄漏到室外，但是由于高层楼宇的室外一般无用户，因此产生的影响也较小。

另一种解决办法是通过异频组网的方式，高层楼宇内和室外采用不同的频率进行组网。虽然这种方法很大程度上抑制了干扰，但是异频的切换会导致出现呼叫建立的成功率低以及业务中断风险高的问题。在采用异频方案时，我们通常建议采用低层楼宇同频、高层楼宇异频的折中方案。该方案在避免高层楼宇干扰的同时，确保了低层楼宇的室内外切换。

8.2.5 容量规划

不同宾馆与酒店的用户规模差异显著，每用户平均收入（Average Revenue Per User，ARPU）值普遍较高，入住期间单用户通信需求旺盛。日间因外出人员多而流量较低，傍晚话务量与数据流量达到峰值。

宾馆与酒店的室内分布系统设计需要工程实践，学生通常不具备实践经验，具体设计可以参考本书的相关电子资料。

宾馆与酒店的室内分布设计方案　　商务写字楼的室内分布设计方案　　文体中心的室内分布设计方案

8.3 学校方案设计

随着城市建设的不断发展，城市中心的中小学也有了一些改扩建工程，一部分大学院校则由于面积过小，开始搬迁到市郊，校园内部的建筑及功能则更加完善，校园也变得更加美丽。一般而言，中小学具备的功能性建筑，在大学校园内都具备，因此本节就以大学校园为例进行分析。

对于大学校园，由于其特殊性，该类场景通常会包含多种功能性建筑。其中，教学楼、宿舍楼、行政楼、食堂、图书馆、大礼堂、体育馆等属于室内区域。校园内场景如图 8-6 所示。校园建筑物的外部，场景又比较多样化，如空旷的操场、室外运动区域、密集的教学楼群、宿舍楼群等。

图 8-6　校园内场景

对于校园内的各种功能性建筑物，其无线传播环境不同，建设难度也较大。由于校园内的学生密集度高，开学期间施工的难度较大，因此建议在假期进行施工建设，特别是在寒暑假期间。

校园 5G 网络建设的要求主要包括以下 4 个方面。

（1）覆盖：校园内部的室内分布系统建设需要根据各功能性建筑物的高度、宽度和形态来选择相应的覆盖方案。

（2）容量：校园内，无线通信业务量大，用户集中，特别是宿舍楼，需要结合楼宇内人员结构，评估该校园内电信运营商的用户渗透率，根据业务类型进行预测。

（3）干扰：校园内的高层建筑物信号混杂，干扰较大，通信质量差，需要室内外协同考虑，即从频率策略、邻区配置、天线选型、天线位置等多个方面进行考虑。

（4）切换：信号外泄和切换问题较多，需要合理设置切换区域，同时考虑高层、电梯、地下停车场出入口等区域的切换。

8.3.1　教学楼

场景特点：教学楼的建筑楼层较低，建筑物横向较宽，总体占地面积大小不一。一般较为老式的楼宇无电梯和地下室，周围楼宇的布局及特点一般差别不大。

教学楼建筑物一般采用钢筋混凝土框架，房间间隔主要为砖混结构墙体。教学楼内部主要由各个教室组成，中间为走廊，两侧为教室。教室可以分为小型教室、中型教室和阶梯教室。其中，小型教室一般可以容纳 40～50 名学生上课，中型教室一般可以容纳 60～100 名学生上课，阶梯教室面积较大，一般可以容纳 200 名甚至更多的学生。教学楼内一般会配置一定数量的教室和办公室，以小房间居多。

头脑风暴　请同学们分析教学楼的内部房间类型。

信号覆盖特点：教学楼的横向较宽，信号阻挡较为严重，穿透损耗较大，导致室外基站信号覆盖比较困难，需要建设室内分布系统并结合室内外协同策略进行深度覆盖。教学楼内部的教室内比较空旷，属于视距传播，教室之间的隔断为砖混结构墙体，穿透损耗较大。每个教室在走廊侧一般配置两扇门，穿透损耗相对较小。

1. 总体覆盖思路

对于该类场景，非新建校区通常具备 LTE 室内分布系统，中国移动可以考虑利用原有的室内分布系统，中国电信和中国联通则考虑采用单独新建的 5G 无源室内分布系统或 pRRU 分布系统。由于大学校园内电信用户量巨大，潜在用户量大，因此电信运营商高度重视，会和学校管理部门充分协商，反复沟通确定方案。施工方式和其他场景有较大差异，电信运营商大多会在学校暑期施工，更换所有射频器件，重新建设 5G 无源室内分布系统。

若需要新建 5G 室内分布系统，则参考以下思路：

（1）根据该校园内电信运营商的用户渗透率，结合用户的业务需求，选择网络建设的规模；

（2）对于高容量需求的高校，教学楼采用 pRRU 室内分布系统覆盖，pRRU 设备稳定，技术成熟，容量大；

（3）对于一般容量需求的高校，教学楼采用无源室内分布系统覆盖，无源室内分布系统技术成熟，适应大部分场景覆盖；

（4）采用传统无源分布系统覆盖时，可以采用错层双路的方式进行覆盖；

（5）采用分布式基站作为信源，BBU 通常集中放置在学校专用机房，RRU 和数据汇聚单元可以拉远布放在相应楼层弱电井内；

（6）教学楼内的教室窗户一般比较大，室外信号能够进入窗边，通常安装室内定向天线增强覆盖，防止室外宏站信号的干扰；

（7）根据校园的容量需求的大小，考虑 5G 网络的通道数设置，对于容量需求较高的学校，采用四通道 MIMO 进行覆盖，对于容量需求一般的学校，则可以采用双通道方式覆盖。

2. 覆盖策略

（1）对于容量需求较高的学校，教学楼采用pRRU分布系统覆盖时，可以选择放装型2T2R pRRU远端，直接将远端安装在教室内，中型教室放置 1 个，阶梯教室可以放置 1～2 个。小型教室可以考虑采用室分型 4T4R pRRU 外接双极化天线吸顶安装，两个小型教室各安装 1 副天线。

（2）对于容量需求一般的学校，教学楼采用传统无源分布系统覆盖时，可以考虑每个教室安装天线，小型教室安装 1 副天线，中型教室安装 2 副天线，阶梯教室可以安装 2～4 副天线。走廊上每隔 12～15m 安装一个吸顶天线以保证信号强度。

（3）靠近窗边、信号容易泄漏的区域，采用 pRRU 远端直接覆盖时，2 层及以上教学楼需要考虑外部渗透到窗边的信号，在适当的位置安装远端，以保证教室内不会出现“乒乓切换”现象。

（4）电梯建议采用板状天线在电梯井内安装，每 3 层安装 1 副天线。若不允许在电梯井内安装天线，则考虑在电梯厅内安装定向板状天线朝电梯门方向进行覆盖，一般每层安装 1 副天线。

3. 小区及切换规划

教学楼根据建筑物面积的大小以及大楼层数的多少，采用水平分区和垂直分区相结合的方式划分小区。由于教学楼和宿舍楼是学生发生“潮汐现象”的两个重要场所，因此可以适当考虑采用共小区的方式解决大量切换区域的问题。切换带规划的原则为该区域的终端密度较低，终端运动速度较慢，教学楼的切换带建议设置在教学楼周边。

4. 容量规划

校园场景用户密集、单用户话务量显著高于普通场景，数据业务的需求近年呈现爆发式增长态势。校园通信业务峰值呈潮汐式摆动于教学区与生活区之间。典型业务包括：短视频、在线游戏及云服务等，呈现全天候长忙时特征。

针对学校类场景业务量具有忙闲不均、此消彼长的特点，建议在容量允许的条件下共享基带资源以提高资源利用率。通常是校园内各区域设备小区分区域共用多个 BBU，在保证资源较高利用率的同时，又可以应对突发大业务量的需求。

8.3.2 行政办公楼

场景特点：一般为学校管理层办公楼宇，部分楼宇也配置若干教室，属于半空旷型场景。该类型建筑物多为钢筋混凝土结构，部分建筑物采用玻璃幕墙结构。行政办公楼通常楼层较高，有电梯和地下室，该场景的内部建筑隔断较多。

信号覆盖特点：该场景的内部隔断多导致无线信号穿透损耗情况复杂，楼板使用钢筋混凝土导致楼层间信号穿透损耗大。因此校园行政办公楼总体建设覆盖思路和教学楼基本一致。

行政办公楼的覆盖策略如下：

（1）对于容量需求高的学校，行政办公楼采用 pRRU 分布系统覆盖。

（2）对于容量需求一般的学校，行政办公楼采用传统无源分布系统双路覆盖。

（3）行政办公楼每层的格局基本相似，建议采用错层双路的方式进行覆盖，提升网络覆盖的能力。

（4）靠近窗边、信号容易泄漏的区域，建议采用定向天线从窗边往内覆盖。

（5）电梯建议采用板状天线在电梯井内安装，每 3 层安装 1 副，也可以采用泄漏电缆覆盖电梯。若不允许在电梯井内安装天线，则考虑在电梯厅内安装定向板状天线朝电梯门方向进行覆盖，一般每层安装 1 副天线。

8.3.3　食堂

场景特点：食堂可以容纳的人员较多，该类建筑物多为钢筋混凝土结构，层数较少，一般为 1~2 层，单层面积比较大，中间区域为桌子和凳子，四周为厨房和售卖部，一般采用玻璃相隔，层高通常在 5m 以上，部分食堂设有少量包间，包间采用轻质墙体隔离。

信号覆盖特点：该场景的结构特点与中间空旷型的聚类市场相似。平层内部隔断多，隔断基本为玻璃，穿透损耗小，包间区域的穿透损耗略大。食堂的数据流量有突发性的特点：在学生用餐期间，食堂内部的数据流量需求会直线上升；学生用餐后，食堂内部的数据流量需求会直线下降。

食堂的覆盖策略如下：

（1）容量需求高的学校，食堂采用 pRRU 分布系统覆盖时，可以选择放装型 4T4R pRRU 远端吸顶安装。对于大型食堂，可以采用室分型 4T4R pRRU 远端外接赋形天线贴墙安装。

（2）食堂若采用传统无源分布系统覆盖，则可考虑采用错排双路覆盖。

（3）包间覆盖可以考虑在每个包间内安装 1 副天线。

（4）靠近窗边、信号容易泄漏的区域，建议采用定向天线从窗边往内覆盖。

8.3.4　图书馆

场景特点：该类建筑物多为钢筋混凝土结构，层数较少，一般为 1~3 层，单层面积较大，大部分区域为书架，少部分区域则为课桌和凳子，层高通常在 5m 以上。

信号覆盖特点：该场景的结构特点与大型连锁超市相似，平层内部隔断很少，阻挡信号传播的主要为书架，穿透损耗小。由于学生大多携带通信设备，因此图书馆内的数据流量需求较大。

图书馆的总体建设覆盖思路和教学楼基本一致，图书馆的覆盖策略如下：

（1）对于容量需求高的学校，图书馆可以选择放装型 4T4R pRRU 远端吸顶安装。大型图书馆可以采用室分型 4T4R pRRU 远端外接赋形天线贴墙安装。

（2）图书馆采用传统无源分布系统覆盖时，可以考虑采用错排双路的方式进行覆盖。

（3）靠近窗边、信号容易泄漏的区域，建议采用定向天线从窗边往内覆盖。

8.3.5　宿舍楼

场景特点：宿舍区的建筑物较为密集，排列较为规则，一般采用钢筋混凝土框架，房间间隔为砖混结构墙体，宿舍楼每层均为宿舍，内部的隔断非常多，一般情况下一个宿舍就有一个隔断，隔断间距为 3~4m。

新建的宿舍楼和宾馆与酒店的客房区域基本相似，进门处的两侧是柜子和卫生间，有些宿舍的卫生间是背靠背的，有些宿舍的卫生间则是在宿舍同一侧。老式的宿舍房间内设有柜子和卫生间，一般每层设置一个大型的公共卫生间。每层宿舍的中间一般都是过道，两侧是宿舍房间，房间和过道上基本不会有吊顶。

信号覆盖特点：宿舍区的建筑物较为密集，学生人数众多且数据流量需求集中，需要考虑采用室内外协同手段满足大容量的深度覆盖需求。由于宿舍楼的房间间隔多，建筑物阻挡严重，因此穿透损耗大。

1. 总体覆盖思路

对于该类场景，非新建校区宿舍楼通常具备LTE室内分布系统，如果需要新建5G室内分布系统，那么容量需求高的宿舍楼采用pRRU室内分布系统覆盖，容量需求一般的宿舍楼可以采用无源室内分布系统覆盖。另外，宿舍楼的窗户一般比较大，每个寝室有一个大窗户，室外信号能够进入窗边，防止室外宏站信号的干扰，可以根据周边情况安装室内定向天线增强覆盖。鉴于宿舍楼隔断密集，宜采用四通道室内分布系统建设方案。

2. 覆盖策略

（1）对于容量需求高的学校，宿舍采用pRRU分布系统覆盖时，可以选择放装型2T2R三点位pRRU远端，若学校采用传统无源分布系统，RRU不建议级联。两种方式的覆盖天线安装在走廊上时，建议安装点位在宿舍门的上方；也可以采用天线入室的方式，用馈线伸入房间规避墙体的穿透损耗，适当降低入室天线的发射功率。适当在走廊上安装若干天线，天线间距可以为15～20m，天线功率也可以适当降低。

（2）对于靠近窗边、信号容易泄漏的区域，2层及以上需要考虑从外部渗透到窗边的信号，适当提升天线口的输入功率，以保证宿舍内不会出现“乒乓切换”现象。1层的宿舍还需要考虑宿舍内的信号泄漏问题，建议在天线入室的情况下，在窗口处安装定向天线向内覆盖。

3. 小区及切换规划

宿舍楼根据建筑物面积的大小以及大楼层数的多少，采用水平分区和垂直分区相结合的方式划分小区。教学楼和宿舍楼可考虑共小区解决方案。宿舍楼小区切换区域通常选择上下楼梯处及宿舍门口。

4. 容量规划

学校的容量主要发生在宿舍区，其特点为用户多且分布密集，单机话务模型高，终端数据流量需求明显。考虑到5G网络的持续发展，未来校园的数据流量需求会不断增加，特别是宿舍区的容量需求，因此在建设时，就应该充分考虑未来小区的容量规划及容量扩容的便捷性。

头脑风暴

请梳理大学生常见的无线网络业务需求类型。

学校属于学生熟悉的场景，但建筑规模大，类型多，室内分布设计有难度，同学们可以学习本书的相关电子资料。

学校的室内分布设计方案

8.4 居民住宅方案设计

近 20 年来，国内房地产事业“井喷式”的发展促使了多样化的居民住宅建设。根据楼宇分布、楼层高度、结构特点等，居民住宅可以分为别墅小区、多层小区、高层小区等，还有在城市发展过程中由原城乡接合部私人居民住宅区域转换为的城中村。住宅小区类场景如图 8–7 所示。

尽管居民住宅场景多样且复杂，但其覆盖建设都需要从覆盖、容量、切换和外泄 4 个核心方面入手。这 4 个核心方面考核的要素与前面的方案基本相同，切换时要避免在人流量大的区域设置分区而导致大量用户频繁切换。需要考虑高层、电梯、地下停车场出入口等区域的切换。

多层居民住宅小区俯瞰示意图

别墅小区俯瞰示意图

高层居民住宅小区俯瞰示意图

城中村俯瞰示意图

图 8–7　住宅小区类场景

对于居民住宅小区，由于业主对相关通信设施建设的敏感和对健康问题的担忧，室内分布系统的施工建设通常受限较多，因此，该类场景在采用室内分布系统建设的同时会结合大量的室内外综合覆盖方法进行深度覆盖。

8.4.1　多层居民住宅小区

场景特点：多层居民住宅小区的建筑物基本为砖混材质的板楼，建筑物的层数一般在 7 层及以下，建筑物的长度明显大于宽度，建筑物基本为条形结构，但也有可能会根据地形建设成弧形或“L”型。建筑物的高度较矮，建筑物的密度相对较高，建筑物的规模较大，小区面积较大，每层容纳的住户较多，建筑物的分布相对较规则。多层居民住宅小区一般没有电梯和地下室。多层居民住宅小区场景如图 8–8 所示。

图 8-8　多层居民住宅小区场景

信号覆盖特点：多层居民住宅小区内的电磁传播环境较差，前后楼层阻挡会导致部分区域出现信号弱覆盖以及盲区等问题，并且楼顶建设宏基站覆盖效果并不理想，底层信号覆盖受到周围楼宇的阻挡，出现弱覆盖。从多层居民住宅小区的建设特性分析，该类小区大多建设在马路边上，沿街边的居民住宅楼宇的覆盖效果较好；进入小区内部后，覆盖电平值会急剧下降，甚至会出现信号覆盖盲区，无法满足用户网络覆盖的需求。

解决思路：对于该类场景，先核实是否具备 LTE 分布系统。若具备，那么改造升级参考中国移动、中国电信和中国联通的常用改造方案。

如果该类场景为 RRU 外接射灯天线覆盖，那么对于中国移动，其可以在原有的分布系统上合路 TDD NR 2 600MHz 的 5G 网络。对于中国电信和中国联通，采用建设 FDD NR 2 100MHz 的 5G 网络时，需要同步更换满足 5G 网络需求的设备。若采用建设 TDD NR 3 500MHz 的 5G 网络，则需要更换原有不支持 3.5GHz 频段的器件和射灯天线。

若新建 5G 分布系统，则可以用以下几种方式进行 5G 小区覆盖。

（1）采用地面美化天线方式覆盖，按照每个单元一个天线的方式覆盖。这种方式需要获得物业的允许，施工人员需要开挖居民住宅小区内部的地面，施工中可能遇到较大的困难，投资成本也相对较高。

（2）采用居民住宅小区楼顶安装高性能射灯型美化天线方式覆盖。采用这种方式覆盖时，主设备信源可以采用“BBU+RRU”的模式，天线采用 2T2R 的高性能射灯天线，从路边的那排楼宇开始向内覆盖，每栋楼房的楼顶安装天线来覆盖里面的楼宇。楼顶安装射灯天线覆盖方案示意图如图 8-9 所示。

图 8-9　楼顶安装射灯天线覆盖方案示意图

采用 RRU 直连射灯天线时，可以选用多通道的 RRU，外接多副射灯天线，以扩大覆盖区域，降低点位的建设成本。例如，8T8R 的 RRU 可以接 4 副天线。RRU 直连射灯天线覆盖能力见表 8-2。

表 8–2 RRU 直连射灯天线覆盖能力

RRU 类型	输出功率（W）	频段（MHz）	子载频功率（mW）	天线输入功率（dBm）	天线增益（dBi）	天线口功率（dBm）	50m 处的链路损耗（dB）	边缘场强（dBm）	主瓣边缘场强（dBm）
RRU（4T4R）	80	2 100	33.3	15.23	14.1	29.33	121.37	–92.04	–94.79
RRU（8T8R）	50	2 100	20.8	13.19	14.1	27.29	121.37	–94.09	–96.84
RRU（8T8R）	50	2 600	15.3	11.84	15.1	26.94	123.23	–96.29	–99.04
RRU（8T8R）	50	3 500	15.3	11.84	15.1	26.94	125.81	–98.87	–101.62

注意：上表未列出阴影衰落余量和穿透损耗。计算中，阴影衰落余量（dB）以 15dB 计，穿透损耗（dB）以 33.5dB 计。例如，50m 处的损耗 121.37dB 主要包括自由传播损耗，根据 $32.45+20\lg d+20\lg f$，将 d=0.05km、f=2 100MHz 代入计算得自由传播损耗约为 72.87dB，将阴影衰落余量和穿透损耗计入得总损耗为 72.87＋15＋33.5＝121.37（dB）。

表 8–2 中，RRU 的通道功率分别取 80W 和 50W，频段为 2 100MHz 的天线增益为 14.1dBi，频段为 2 600MHz 和 3 500MHz 的天线增益为 15.1dBi，穿透损耗选择南方普通多层住宅砖体墙的穿透损耗，需要穿透一垛外墙和一垛内墙，阴影衰落余量取 15 dB，楼间距取 50m，计算其覆盖能力。如表中所示，50m 处边缘场强为 15.23dBm–121.37dB＝–92.04dBm。

在 RRU 直接连接射灯天线的情况下，FDD NR 2 100MHz、TDD NR 2 600MHz 和 TDD NR 3 500MHz 这三个 5G 网络的覆盖，无论是边缘场强，还是主瓣边缘场强，均能达到覆盖要求。

对于一些用户渗透率不高、数据需求不大的多层住宅小区，也可以采用 RRU 连接直放站或者是光纤分布，再连接射灯天线覆盖，可以进一步降低网络建设的成本。远端功率的选择比较多样化，在上述同样的条件下，通过计算，RRU 直连射灯天线覆盖能力见表 8–3。

表 8–3 RRU 直连射灯天线覆盖能力

光纤分布远端类型	输出功率（W）	频段（MHz）	子载频功率（mW）	天线输入功率（dBm）	天线增益(dBi)	天线口功率（dBm）	50m 处的链路损耗	边缘场强（dBm）	主瓣边缘场强（dBm）
直放站远端	20	2 100	8.3	9.21	14.1	23.31	121.37	–98.07	–100.81
直放站远端	20	2 600	6.1	7.86	14.1	21.96	123.23	–101.27	–104.02
直放站远端	20	3 500	6.1	7.86	15.1	22.96	125.81	–102.85	–105.60
光纤分布远端	5	2 100	2.1	3.19	14.1	17.29	121.37	–104.09	–106.84
光纤分布远端	8	2 600	2.4	3.88	15.1	18.98	123.23	–104.25	–107.00
光纤分布远端	10	3 500	3.1	4.85	15.1	19.95	125.81	–105.86	–108.61

表 8–3 中未列出阴影衰落余量和穿透损耗，同样计算中，阴影衰落余量（dB）以 15dB 计，穿透损耗（dB）以 33.5dB 计，损耗的计算请参考前面的过程。

在表 8–3 中，直放站远端设备采用双通道 20W 功率配置（2×20W），外接射灯天线，FDD NR 2 100MHz、TDD NR 2 600MHz 和 TDD NR 3 500MHz 这三个 5G 网络的边缘场景满足覆盖 SS-RSRP 高于 –105dBm 的要求，主瓣边缘场强也能满足要求。

若采用光纤分布远端，对于 FDD NR 2 100MHz 的 5G 网络，远端输出功率需要 5W，才能满足边缘场强要求；对于 TDD NR 2 600MHz 的 5G 网络，远端输出功率需要 8W，才能满足边缘场强要求；对于

TDD NR 3 500MHz 的 5G 网络，远端输出功率需要 10W，才能满足边缘场强要求。

从多层居民住宅小区的房屋特性分析，多层居民住宅小区的北面一般由上下楼梯间、厨房、卫生间和小房间组成，其数据需求没有客厅和南面房间的需求大，因此北面的 SS-RSRP 大于或等于 –110dBm 也可以满足覆盖要求。

（3）在多层居民住宅小区周围高层楼宇的楼顶加装高增益美化天线，从高往低覆盖。

（4）在多层居民住宅小区边角新增美化路灯型一体化站来解决 5G 的深度覆盖问题。

（5）对投诉较多且为优质客户的房间，考虑安装家庭级一体化皮基站。

（6）多层居民住宅小区内部采用路灯杆安装天线覆盖两侧住宅楼宇。在这种情况下，需要选用大张角的天线，能够解决建筑物从上到下一定宽度的覆盖问题。路灯杆安装天线覆盖方案示意图如图 8–10 所示。这种方式下，每副天线的覆盖面积有限，投资成本较大。

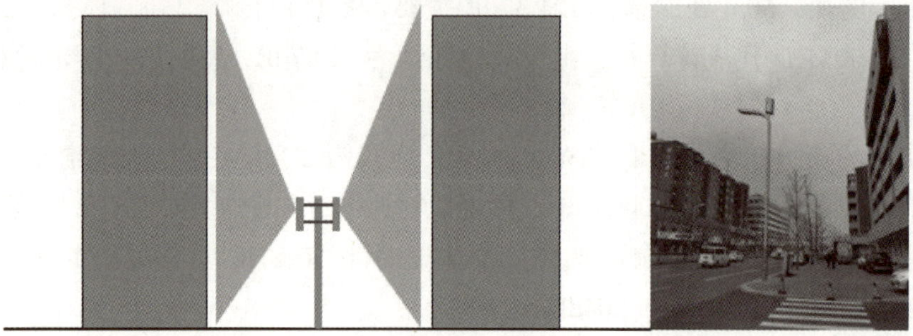

图 8–10　路灯杆安装天线覆盖方案示意图

8.4.2　高层居民住宅小区

场景特点：高层居民住宅小区多为混凝土框架结构的塔楼，建筑层数一般在 8 层及以上，35 层及以上的建筑物为超高层建筑。不同规模和档次的高层居民住宅小区的建筑密度差别较大。高档高层居民住宅小区一般建筑物的密度不会太高，建筑物的规模较大，每层容纳的住户较多，配有电梯、地下停车场等，绿化面积较大，入住率较高。同时，这些小区具有统一的物业管理，对施工规范要求相对较高。高层居民住宅小区场景如图 8–11 所示。

图 8–11　高层居民住宅小区场景

信号覆盖特点：高层区域信号杂乱，没有主覆盖小区。电梯、地下室等区域为覆盖盲区。同时，由于高层居民住宅小区的建筑物较高，周围基站的信号被阻挡，因此位于小区中央区域的部分楼宇及周边道路容易出现弱覆盖，甚至出现覆盖盲区。

解决思路：对于该类场景，先核实是否具备 LTE 室内分布系统。该类场景如果具备 LTE 室内分布系统，那么改造升级参考中国移动、中国电信和中国联通的常用改造方案。该类场景如果不具备 LTE 室内分布系统，那么需要新建 5G 室内分布系统，结合实际的建设难度，对该类小区的 5G 深度覆盖建设提出以下几个方面的建议。

（1）考虑到高层居民住宅小区每层布线的工程量和建设难度，可适当考虑采用“室内分布系统 + 上仰角射灯天线或路灯天线系统”相结合的覆盖方式，以降低施工复杂度和提高建设效率。

（2）使用室内分布覆盖电梯、电梯厅等室内公共区域和地下室时，采用“室内分布外打”的方式，引入 RRU 信号，外挂天线覆盖高层居民住宅小区。

（3）相邻的高层建筑物之间也可以利用楼顶天线或“墙体外挂天线对打”的方式进行覆盖。

（4）地面射灯天线向上可以覆盖 5～6 层的高度，因此还需要在楼宇的高层增加天线，通过“上下天线对打”的方式解决整栋建筑物的覆盖问题，具体包括在楼顶安装射灯天线、抱杆天线、排气管天线等。射灯天线安装示例如图 8–12 所示。

射灯天线　　射灯天线安装图 1　　射灯天线安装图 2

图 8–12　射灯天线安装示例

（5）安装在高层的天线尽量采用垂直大张角天线增大覆盖面的高度。

（6）若楼宇施工存在一定的困难，则可以考虑通过建设美化路灯站点的方式解决小区 5G 深度覆盖的问题。

大倾角天线、排气管天线和美化方柱天线示例如图 8–13 所示。

大倾角天线　　排气管天线　　美化方柱天线

图 8–13　大倾角天线、排气管天线和美化方柱天线示例

头脑风暴

请观察所居住的小区存在哪些天线。

高层居民住宅小区的建筑物类型较多，有环抱型、岛型、错落有致型等。环抱型的特点是：高层建筑物分布在小区的周围，多层建筑物和活动区域分布在小区的中央。岛型的特点是：高层建筑物分布在小区的中央，多层建筑物和活动区域分布在小区的周围。错落有致型的特点是：高层建筑物、多层建筑物和活动区域没有具体分布的规律。对于这些具体类型的高层居民住宅小区需要统一规划，结合多种覆盖方式来建设。高层居民住宅小区采取多种方式结合覆盖示意图如图 8–14 所示。

图 8–14（a）中，分层覆盖适合高品质的高层居民住宅小区。室内覆盖纳入分布系统，室内分布系统覆盖地下室、电梯和居民住宅平层。室外则由路灯杆天线覆盖低层，楼顶采用射灯天线覆盖高层，中间楼层采用“室内分布外打”的方式覆盖，从平层覆盖引信号接射灯天线覆盖中间楼层。

图 8–14（b）中，上下覆盖适合普通品质的高层居民住宅小区。室内采用分布系统覆盖地下室和电梯，室外则由路灯杆天线覆盖低层，楼顶采用射灯天线覆盖高层。

图 8–14（c）中，四周高、中间低覆盖适合普通品质的环抱型高层居民住宅小区。室内采用分布系统

覆盖地下室和电梯，室外则由中间低层安装射灯天线仰角覆盖四周高楼的高层覆盖，中间低层则由四周高楼的楼顶采用射灯天线向下覆盖。

图 8–14（d）中，四周低、中间高覆盖适合普通品质的岛型高层居民住宅小区。室内采用分布系统覆盖地下室和电梯，室外则由四周低层安装射灯天线仰角覆盖中间高楼的高层，四周低层则由中间高楼的楼顶采用射灯天线向下覆盖。

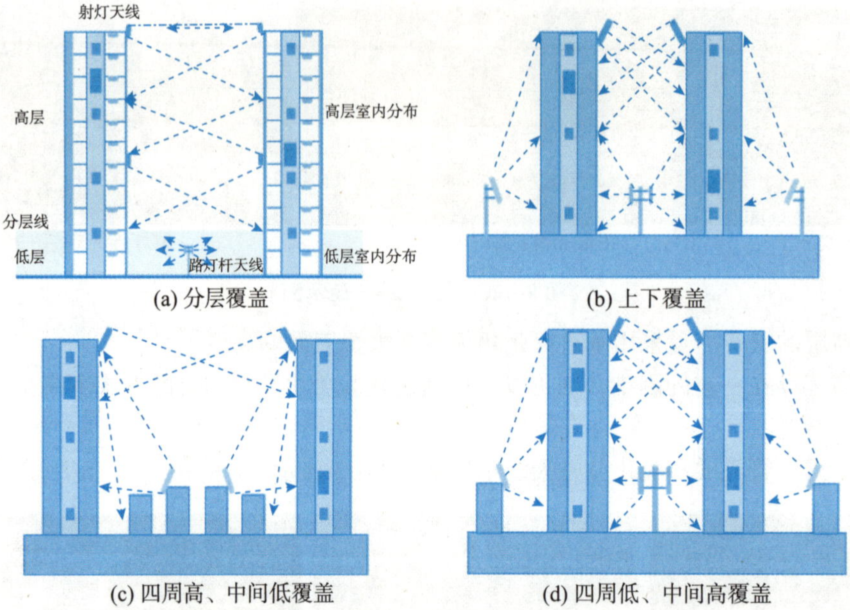

图 8–14　高层居民住宅小区采取多种方式结合覆盖示意图

8.4.3　城中村

场景特点：楼宇密集，道路狭窄，基础配套严重不足，居民区立体结构复杂，楼层高矮不一，无线传播环境复杂，物业管理较为混乱。城中村的居民大多为中老年人和外来务工人员。城中村场景如图 8–15 所示。

图 8–15　城中村场景

信号覆盖特点：建筑物阻挡严重，穿透损耗大，室内外信号覆盖严重不足。由于城中村的楼宇密集，5G 宏站信号经过多次阻挡，到用户房屋内急剧衰减，无法满足用户正常使用的需求。同样，由于城中村的楼宇密集，因此 5G 基站的建设经常会遇到较大的困难。

解决思路：对于该类场景，先核实是否具备 LTE 小区分布系统。该类场景若具备 LTE 小区分布系统，那么改造升级可参考中国移动、中国电信和中国联通的常用改造方案。该类场景若不具备 LTE 小区分布系统，那么需要建设小区分布系统。信源可以采用“BBU＋RRU”，分布系统采用光纤分布系统，小区分布系统采用专门的小板状天线进行覆盖。光纤分布系统覆盖城中村设备安装位置如图 8–16 所示。

接入单元　　扩展单元　　远端单元

图 8–16　光纤分布系统覆盖城中村设备安装位置

光纤分布系统由于可以将 5G 信号通过光纤输送到远端，因此极大地增加了覆盖面积，而且作为小区分布系统，其安装也是非常便捷的。

（1）接入单元（Access Unit，AU）可以就近安装在信源处，可以安装在 19 英寸的机柜内，也可以挂墙安装。

（2）扩展单位（Extend Unit，EU）可以拉远到覆盖目标区域，可以在通信杆上安装，也可以贴墙安装。

（3）远端单元（Remote Unit，RU）可以采用放装型和室分型。一般情况下，建议采用室分型外接定向天线安装；不能安装天线时，可以考虑放装型，设备可以安装在楼顶，也可以安装在通信杆上，天线的覆盖方向朝着目标区域。

接入单元和信源一起就近取电，扩展单元则需要考虑取电的便捷性，而远端单元则由扩展单元远程供电。

居民住宅同样属于同学们熟悉的场景，但种类太多，对于不同类型的居民住宅，设计方案有所差异，同学们可以学习本书的相关电子资料。

住宅的室内分布设计方案

8.5 电梯和地下室方案设计

8.5.1　电梯

场景特点：电梯包括货梯、客梯以及观光电梯等。电梯井一般为钢筋混凝土结构，一部电梯配有一个电梯井。电梯场景如图 8–17 所示。

信号覆盖特点：电梯的电磁传播环境较差，由于有电梯门及墙体阻挡，因此电梯轿厢内部基本是弱覆盖区域，甚至是覆盖盲区。电梯井内，除电梯外，其他区域属于视距传播，但是电梯的轿厢穿透损耗较大，一般为 20～35dB，给 5G 网络覆盖的建设造成较大的难度。电梯内部的人流量与电梯所属的场景有关，通常来说，电梯内部的人员从低层到高层逐渐减少。

电梯作为高层建筑物内人员流动的主要通道，建设 5G 网络覆盖必须作为重点，选择何种覆盖方式非常重要。以下为电梯覆盖的几种策略。

图 8-17　电梯场景

1. 用电梯厅安装的室内分布天线覆盖电梯

进入电梯前的门厅叫电梯厅，电梯厅天线覆盖如图 8-18（a）所示。在电梯厅每层安装天线来覆盖电梯，一般是因为电梯井内不允许安装天线，这属于不得已而采用的方案。

从覆盖角度分析，这种方式下天线需要穿透两层门及钢筋混凝土的墙体，损耗较大，覆盖范围有限，并且必须每层都安装天线，造成建设成本增加。从质量角度分析，如果覆盖的楼宇比较大，上下层有不同小区的划分，那么电梯的运行会导致小区间切换频繁，使网络质量下降。

2. 用小板状天线覆盖电梯

小板状天线覆盖如图 8-18（b）所示。这种方式下，天线安装在电梯井道内。由于小板状天线存在波瓣宽度的问题，覆盖范围有限，因此建议每 3～4 层安装一副天线。

3. 用对数周期天线覆盖电梯

对数周期天线覆盖如图 8-18（c）所示。这种方式下的天线增益比小板状天线的增益大，建议每 5～8 层安装一副天线。为提高覆盖效果，有的方案采用每 4～5 层安装一副天线。

上述用小板状天线覆盖电梯和用对数周期天线覆盖电梯这两种方式要求一个电梯井道的天线归属于一个小区，以减少切换。

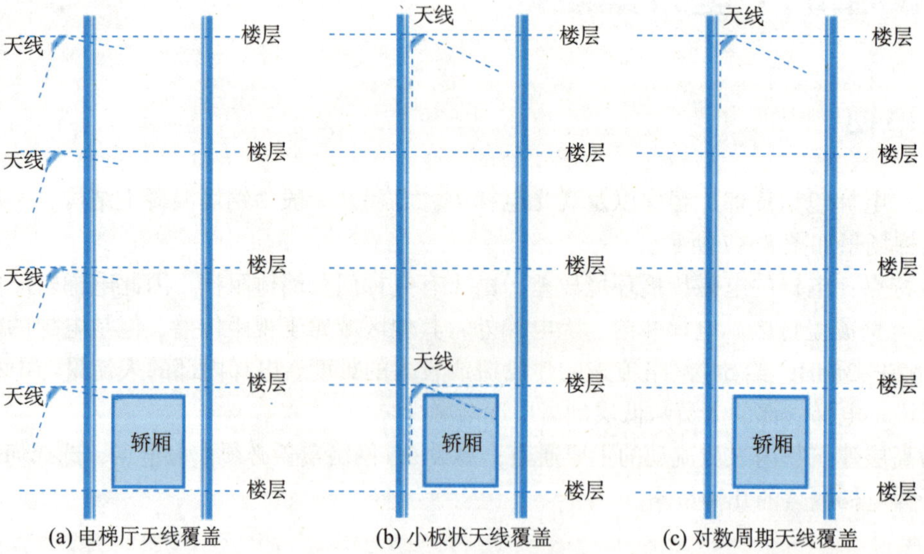

图 8-18　电梯覆盖方式图一

4. 用泄漏电缆覆盖电梯

泄漏电缆对于电梯井、隧道有着比较好的覆盖能力，其信号相对比较均匀。泄漏电缆覆盖如图 8–19（a）所示。一般建议泄漏电缆安装在电梯门的反面井道壁上，注意泄漏电缆的辐射方向朝着电梯。结合泄漏电缆分布系统的特点，信号输入点选择大楼电梯的中间楼层效果最佳。使用泄漏电缆覆盖电梯，成本高，施工难度大，非特殊场景使用不多。

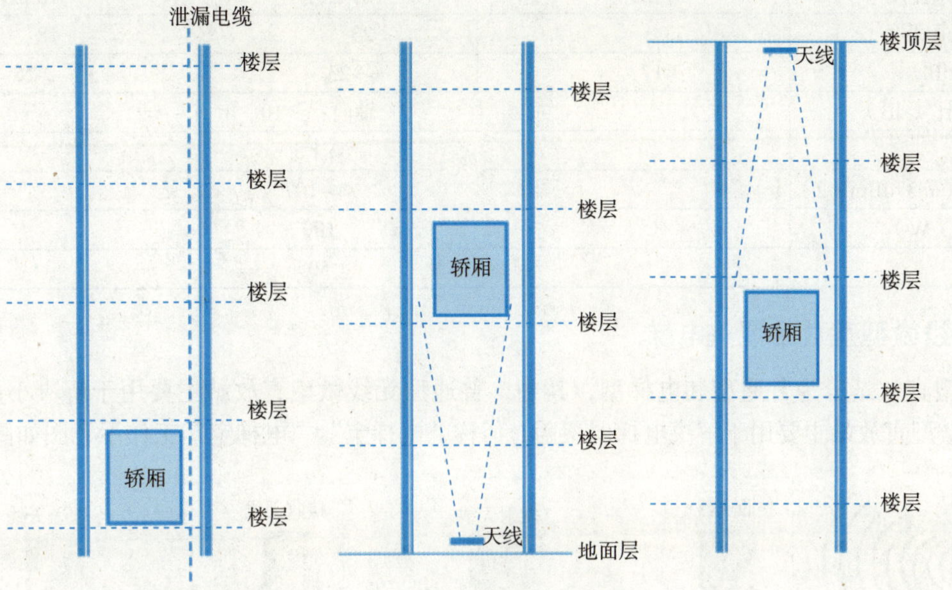

（a）泄漏电缆覆盖　（b）底部安装电梯天线覆盖　（c）顶部安装电梯天线覆盖

图 8–19　电梯覆盖方式图二

5. 用电梯专用天线覆盖电梯

电梯专用天线，简称电梯天线，也称为基坑天线。电梯天线实物图如图 8–20 所示。电梯天线是专门为了覆盖电梯而设计生产的一种天线。电梯天线的安装位置可以分为：在电梯底部安装，从下往上覆盖，如图 8–19（b）所示；在电梯顶部安装，从上往下覆盖，如图 8–19（c）所示。

图 8–20　电梯天线实物图

在有电梯和地下室的楼宇，在地下室建设室内分布系统场景下，可以从室内分布系统中接一路信号，用电梯天线从下往上覆盖。如果是没有地下室而有电梯覆盖需求的点位，而且楼顶有基站、小基站、微

RRU或顶层有室内分布系统的，则建议电梯天线从上往下覆盖。电梯天线的相关参数指标示例见表8–4。

表8–4 电梯天线的相关参数指标示例

参数	技术指标		
工作频段（MHz）	820～960	1 710～2 690	3 300～3 800
极化方式	垂直极化		
天线增益（dBi）	13.5	16.5	18.5
水平面波束宽度（°）	33±5	23±5	18±5
垂直面波束宽度（°）	33	23	18
前后比（dB）	⩾17	⩾23	⩾25
交叉极化比（dB）	轴向：⩾10		
驻波比	⩽1.5		
三阶交调(@37dBm×2)	⩽–107		
功率容限（W）	100		
阻抗（Ω）	50		

6. 用无线微型直放站覆盖电梯

无线微型直放站分为普通型和电梯型，其中，普通型无线微型直放站主要用于解决小范围弱覆盖，电梯型无线微型直放站主要用于解决电梯弱覆盖，俗称“电梯宝”。“电梯宝”工作示意图如图8–21所示。

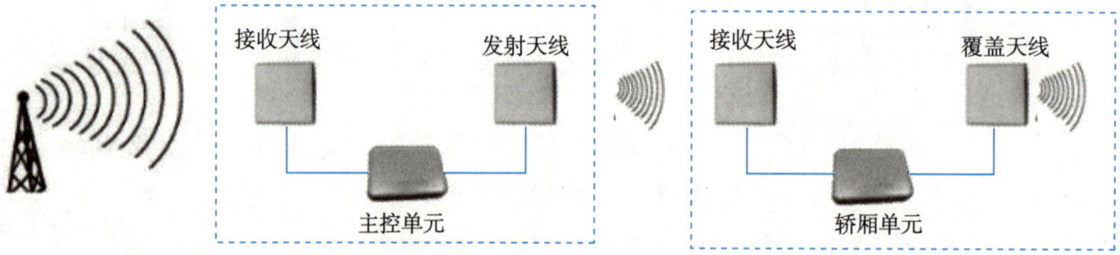

图8–21 “电梯宝”工作示意图

电梯型无线微型直放站是一种专门用来覆盖电梯的设备。主控单元一般安装在楼顶的电梯机房内，通过主控单元的接收天线，将施主站的无线信号接收进来，将经过带通滤波（过滤带外的噪声）后的信号放大，然后通过主控单元的发射天线把信号发射出去。轿厢单元一般安装在电梯的轿厢上方，通过轿厢单元的接收天线将主控单元发射天线发射出来的信号接收，经过带通滤波（过滤带外的噪声）后的信号放大，通过轿厢单元的覆盖天线将信号发射出去，实现轿厢内的覆盖。

在上行链路中，电梯型无线微型直放站接收其目标覆盖区域内的手机信号，经过轿厢单元和主控单元，把信号发射到基站，从而实现手机到基站的信号传送。

电梯型无线微型直放站的主控单元发射到电梯井道的信号，也可以根据电梯井道的数量将信号功分，分别连接发射天线，实现1个主控单元携带多个轿厢单元的布局。微型直放站安装示意图如图8–22所示。

在使用电梯型无线微型直放站时，需要注意的是，若在轿厢上方连接电源，则需要经物业和业主方的许可，方能实施。

对于简单的电梯覆盖，也可以通过无线微型直放站连接对数周期天线覆盖电梯。至于具体的覆盖方式，电信运营商需要根据勘察后的实际情况结合业主要求选择合适的电梯覆盖方式。

头脑风暴

采用“电梯宝”覆盖电梯的优势在哪里？

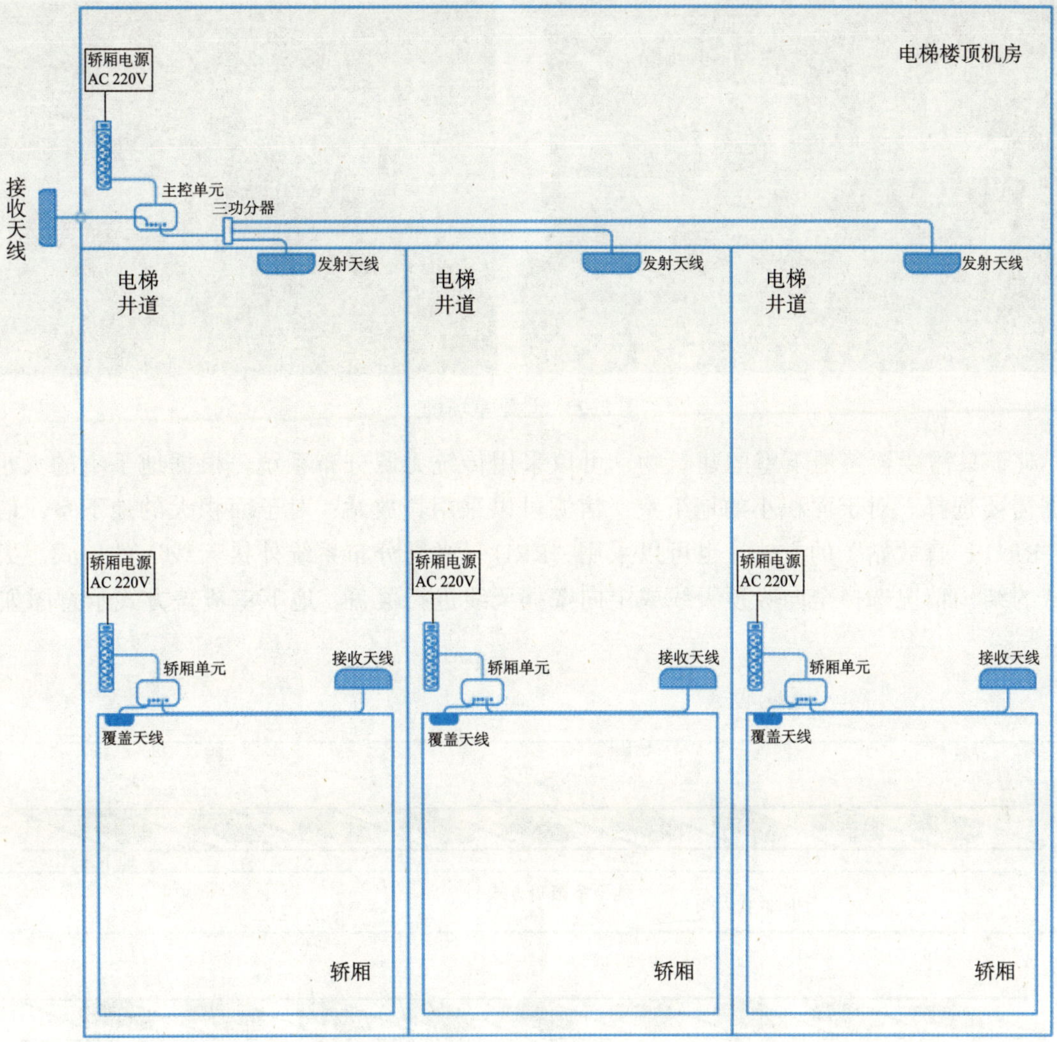

图 8–22　微型直放站安装示意图

8.5.2　地下室

场景特点：由于各种现代楼宇的建设一般都会同时建设地下室，因此地下室的数量不断增多。该类场景具有特殊性，这使得在考虑其室内覆盖建设时要更具有针对性。该类场景内部除柱子之外基本为承重墙体，因此内部很少有隔断。地下室场景如图 8–23 所示。

信号覆盖特点：地下室的电磁传播环境较好，内部隔断数量非常少，属于视距传播的空旷型场景。地下室内部人流量较少，数据流量需求很小，属于覆盖型场景。另外，地下室覆盖会涉及与汽车相关的物联网。

解决思路：对于该类场景，已运营大楼大多具备室内分布系统。对于中国移动，其可以在原有的室内分布系统上合路 TDD NR 2 600MHz 的 5G 网络；对于中国电信和中国联通，其可以建设 FDD NR 2 100MHz 的 5G 网络。

若新建 5G 室内分布系统，则具体地下室的覆盖策略包括以下几个方面。

（1）对于需要和主体建筑物进行一体化覆盖的地下室，一般根据主体建筑物的覆盖技术，将地下室融入整体覆盖方案中。

图 8–23　地下室场景

（2）对于只需要覆盖地下室的建筑物，可以采用传统无源分布系统。根据地下室的大小，信源可以根据需要选择。对于面积小的地下室，信源可以采用直放站；对于面积大的地下室，信源既可以采用“RRU+ 直放站”的方式，也可以采用“RRU+ 光纤分布系统外接天线”的方式。天线根据覆盖区域的结构情况选择全向吸顶天线或定向壁挂天线进行覆盖。地下室覆盖方式示意图如图 8–24 所示。

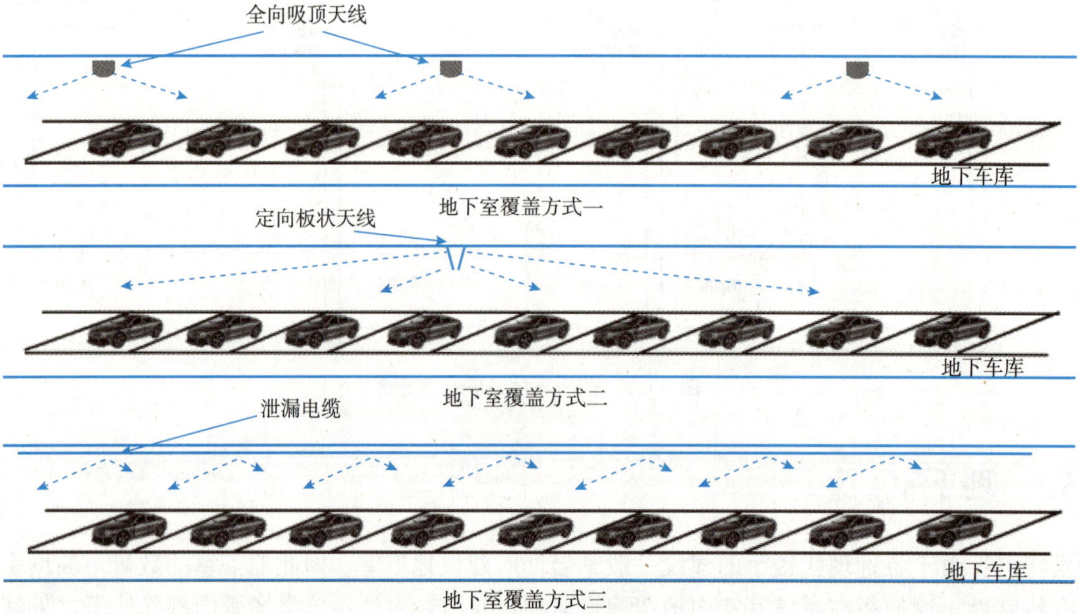

图 8–24　地下室覆盖方式示意图

采用定向板状天线覆盖方式的工程比较简单，单天线覆盖的距离较远，遇到有隔断的区域则需要增加天线，以满足覆盖要求。采用全向吸顶天线覆盖方式的覆盖信号最均匀，无论是信号输出处，还是分布系统末梢，全向吸顶天线的天线口输入电平基本一致。

在地下室采用泄漏电缆分布系统覆盖时，覆盖的信号比较均匀。地下室安装泄漏电缆的条件较好，采用类似馈线的布放方式布放泄漏电缆即可，即使遇到隔断，泄漏电缆穿过隔断也可以继续覆盖。

（3）有较大弯道出口的地方，采用传统无源分布系统覆盖时，天线一般采用小型板状天线，向外覆盖以尽量保证室内外信号的良好衔接和切换带的合理部署，其安装位置一般控制在弯道附近；采用泄漏电缆分布系统覆盖时，可以耦合一路信号覆盖出口。

（4）对于较直的地下室进出口，可以结合现场的安装条件选择覆盖方式。当采用传统无源分布系统覆盖时，可以采用板状天线或吸顶天线进行覆盖；当采用泄漏电缆分布系统覆盖时，可以在泄漏电缆末梢端增加一个板状天线或吸顶天线进行覆盖。现在很多地下停车场采用无人智能停车系统，出口处必须确保信号接收良好。

电梯和地下室场景相对单一，设计相对比较容易，同学们可以学习本书的相关电子资料。

电梯和地下室的室内分布设计方案

本章小结

本章主要针对室内覆盖不同场景进行系统规划和设计。5G 网络根据各种场景的覆盖需求、业务需求和质量需求的不同，应采用符合场景建设的室内分布系统技术手段进行覆盖。

根据场景的功能性的差异，室内分布设计通常包括宾馆与酒店、商务写字楼、交通枢纽、商场与超市、文体中心、学校、综合医院、政府机关、电信运营商自有楼宇、大型园区、居民住宅、地下室和电梯等 12 大场景。

首先，要清楚不同场景的定义和分类。例如，宾馆与酒店根据级别和重要性可以分为三星级及以上酒店、连锁酒店、其他宾馆与酒店三类。

其次，要清楚场景特点。例如，宾馆与酒店场景内部隔断最多，属于密集型场景。宾馆与酒店的场景因为比较典型，所以也可以称为“宾馆密集型”场景。同时，宾馆与酒店的大楼类型较多，楼层数量差异大，功能分层也较多，包括地下停车场、咖啡厅、餐厅和会议室、客房，甚至还有游泳池和健身房等。酒店内部的隔断非常多，严重影响信号覆盖。

最后，针对场景特点进行有针对性的设计。例如，若新建 5G 室内分布系统，则根据点位及覆盖区域的重要程度，选择不同的室内分布系统建设，可以采用 pRRU 室内分布系统覆盖流量需求大的区域，采用无源室内分布系统覆盖需求一般的区域。无源室内分布技术成熟，适应于大部分场景覆盖。通过综合应用各种设计方案提高无线信号覆盖效果，同时兼顾项目设计的经济性和维护的便利性。

对于方案的具体设计，需要根据项目实际情况结合设计规范进行。例如，无源分布系统可考虑每隔 12～15m 安装一个吸顶天线以保证信号强度；对于金属材质的天花板或吊顶，由于金属材料对无线信号有较大的屏蔽作用，因此天线必须外露安装。电梯可以选择传统无源分布系统单路覆盖，地下室则可以选择传统无源分布系统单路覆盖等方式。

由于场景众多，不同场景具体设计时有诸多差异，需要在实际设计工作中去深入理解并掌握。

课后习题

一、单选题

1. 地下停车场场景属于（　　）场景。

A. 密集型　　B. 半密集型　　C. 半空旷型　　D. 空旷型

2. 电梯采用小板状天线覆盖，覆盖范围有限，一般情况下，建议（　　）层安装一副天线。

A. 1～2　　B. 2～3　　C. 3～5　　D. 5～7

二、填空题

1. 居民住宅场景多样且复杂，覆盖建设都需要从覆盖、__________、__________和外泄 4 个核心方面入手。

2. 教学楼和宿舍楼是学生发生“潮汐现象”的两个重要场所，可以适当考虑采用__________的方式解决大量切换区域问题。

3. 高校的体育馆、食堂可以归类于空旷型场景，人员较多的图书馆、有卡座的食堂可以归类于__________场景，教室可以归类于__________场景，学校宿舍则归类于密集型场景。

三、简答题

1. 分析城中村的无线信号的覆盖特点。

2. 由于住宅高层区域通常无其他建筑物遮挡，因此大量室外信号会聚集在室内，从而引起较为严重的信号干扰，请说明常用的解决方案。

3. 分析以商品批发为主的聚类市场的无线覆盖策略。

4. 请说明使用“电梯宝”覆盖电梯的工作原理。

第9章

5G 室内分布系统多系统设计

学习目标

- 了解多系统共建导致的系统干扰类型及影响。
- 深入学习室内分布系统的干扰原理，掌握降低干扰的措施。
- 熟悉多系统合路的技术方案。

素养目标

通过对 5G 室内分布系统多系统设计的学习，了解电磁环境干扰处理的难度，激发努力学习科技知识的奋斗精神，从多系统共建共享的重要性出发，树立爱国、敬业的价值观。

我国存在着 CDMA、GSM、TD-SCDMA、WCDMA、TD-LTE、LTE FDD、TDD NR、FDD NR 等多种无线通信网络制式。这几种无线通信系统工作在 700MHz、800MHz、900MHz、1 800MHz、1 900MHz、2 100MHz、2 300MHz、2 600MHz、3 500MHz、4 900MHz 等多个无线通信频段上。随着工信部对节能减排的具体要求以及对电信基础设施的共享考核，同时伴随着中国铁塔股份有限公司的成立，室内分布系统的共建共享已成为室内覆盖工程建设的要点。如何减少系统间干扰、进行多系统合路，是设计人员需要重点关注的内容。

9.1 室内分布系统的干扰原理

当多系统合用室内分布系统时，其所带来的各系统间干扰需要根据各系统之间的频率关系以及发射 / 接收特性进行具体研究。从无线信号干扰产生的机理来看，干扰可以分为噪声影响、邻频干扰、杂散辐射、接收机互调、阻塞干扰。通常在分析合路系统干扰时，应首先明确各系统间的频率关系、上下行保护频段有多宽以及是否存在同频干扰、邻频干扰、互调干扰或杂散干扰，然后分析是否存在阻塞干扰，最后对于码分多址系统应了解噪声增加的情况。另外，对于 TDD、FDD 系统来说，需要考虑上下行系统的影响，充分分析其共存的可能性。室内分布多系统合路干扰示例如图 9–1 所示。

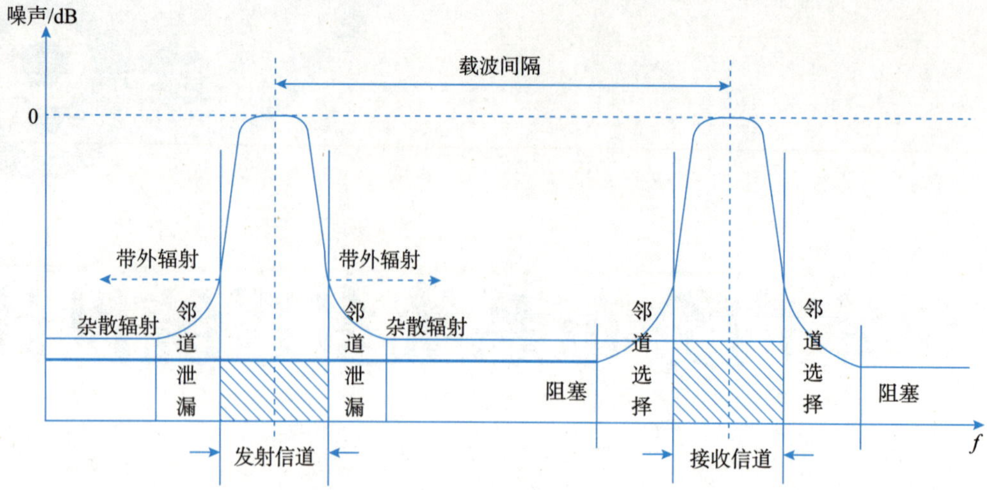

图 9–1　室内分布多系统合路干扰示例

9.1.1　噪声干扰

噪声按照来源可以分为接收机内部噪声和接收机外部噪声。接收机内部噪声包括热噪声和放大器的噪声；接收机外部噪声是指来自接收机以外的非移动通信发射机的电磁波信号，又可以分为自然噪声和人为噪声两种。

1. 热噪声

热噪声属于白噪声，在整个频段内均匀分布，随着工作温度的变化而变化。另外，接收机在一定的工作带宽内工作，使得只有在有效带宽内的热噪声才能被接收进来，因此接收机内的热噪声大小随其工作带宽的变化而变化。因为接收机内都有非绝对零度的导体存在，所以热噪声是不可避免的噪声。热噪声是由一定温度下导体内的电子随机热运动而产生的电势所引发的。

该电势的计算公式为：

$$e_n^{-2}=4kTWR_i \tag{9–1}$$

该电势所对应的噪声功率的计算公式为：

$$N=\frac{\left(\frac{\sqrt{4kTWR_i}}{2}\right)^2}{R_i}=KTW \tag{9–2}$$

式中，k 为玻尔兹曼常数，值为 1.380 648 8×10^{-23}J/K；T 为开尔文绝对温度；W 为接收机有效带宽；R_i 为噪声源内部电阻。

NR 系统的带宽在 5～400MHz 可变，并且采用正交频分多址（Orthogonal Frequency Division Multiple Access，OFDMA）/ 单载波频分多址（Single Carrier Frequency Division Multiple Access，SC-FDMA）方式，用户实际只占用系统带宽中的一部分，因此信道的热噪声水平也会随着占用带宽的变化而变化。

2. 放大器的噪声

放大器的载流子输运涨落产生热噪声，材料缺陷引发复合噪声，其综合效应使经过放大器的信号信噪比劣化。

信噪比的恶化量采用噪声系数 NF 来表示，定义为放大器的输入信噪比与输出信噪比的比值，具体计算公式为：

$$\mathrm{NF}=\frac{S_{\mathrm{in}}/N_{\mathrm{in}}}{S_{\mathrm{out}}/N_{\mathrm{out}}} \tag{9-3}$$

3. 自然噪声

自然噪声主要包括天电噪声、宇宙噪声、太阳射电噪声、大气噪声效应及各类自然现象产生的噪声。

4. 人为噪声

人为噪声包括各种工业和非工业电磁辐射引入的噪声。例如，汽车点火系统的火花产生的噪声；电力机车或无轨电车等电轨接触处火花产生的噪声；微波炉、高频焊接机、高频热合机等高频设备产生的噪声；电动机、发电机和断续接触电力器械产生的噪声；高压输配电线及输电配电所的电晕放电产生的噪声。在移动通信系统所在的百兆赫兹至千兆赫兹频段内，人为噪声功率超过自然噪声功率，成为外部噪声的主体。

9.1.2　邻频干扰

如果不同的系统分配了相邻的频率，就会发生邻频干扰。由于收发设备滤波性能的非完美性，工作在相邻频道的发射机会泄漏信号到被干扰接收机的工作频段内，同时，被干扰接收机也会接收到工作频段以外其他发射机的工作信号。决定该干扰的关键特性指标是发射机的邻道泄漏比（Adjacent Channel Leakage Ratio，ACLR）和接收机的邻道选择性（Adjacent Channel Selectivity，ACS）。

9.1.3　杂散干扰

发射机中的功率放大器、混频等模块的非理想特性将导致工作带宽外产生宽范围辐射分量（不含规定带外频段），包括热噪声、谐波、寄生辐射、频率转换产物及互调等。

对于杂散干扰和邻频干扰，其中邻频干扰所考虑的干扰发射机泄漏信号是指被干扰接收机工作频段距离干扰发射机工作频段较近，但是两者的工作频段带宽相差不到 2.5 倍，即尚未达到杂散干扰所规定的频段相差间隔。相对之下，当两个系统的工作频段相差带宽在 2.5 倍以上时，滤波器非理想性将主要表现为杂散干扰。

在 5G 网络中，杂散干扰与 5G 基站带外发射有关。发射机的杂散干扰主要通过直接落入接收机的工作信道形成同频干扰而影响接收机。这种影响可以理解为抬高了接收机的基底噪声，使被干扰基站的上行链路变差，从而降低了接收机的灵敏度。

9.1.4　互调干扰

接收机互调干扰包括多干扰源形成的互调、发射分量与干扰源形成的互调、交叉调制干扰 3 种。

多干扰源形成的互调是由于被干扰系统接收机的射频器件非线性，在两个以上干扰信号分量的强度较高时所产生的互调产物。

发射分量与干扰源形成的互调是由于双工器滤波特性不理想，所引起的被干扰系统的发射分量泄漏到接收端，从而与干扰源在非线性器件上形成互调。

交叉调制干扰也是由接收机非线性引起的。在非线性的接收器件上，被干扰系统的调幅发射信号与靠近接收频段的窄带干扰信号混合，从而产生交叉调制。

互调干扰主要包括三阶、五阶互调干扰。如果互调产物落在其中某一个系统的接收频段内，则会对该系统的接收灵敏度造成一定的影响，也应按同频干扰保护比的要求进行分析。

9.1.5 阻塞干扰

阻塞干扰就是以某系统的发射机的主载波作为干扰信号，分析对另一个系统的接收机的影响，应该以接收机的抗阻塞干扰指标为依据进行分析。阻塞干扰并不是落在被干扰系统接收带宽内的，它与接收方接收机的带外抑制能力有关，涉及5G的载波发射功率、接收机滤波器特性等。但由于干扰信号功率太强，因此将接收机的低噪声放大器（Low Noise Amplifier，LNA）推向饱和区，使其不能正常工作。被干扰系统可允许的阻塞干扰功率一般要求为：阻塞干扰功率在LNA的1dB压缩点的10dB以下。

9.1.6 交叉时隙干扰

交叉时隙干扰是TDD系统特有的一种干扰。当TDD制式的NR基站配置的上下行时隙不同或者基站之间缺乏同步时，信号收发工作在同一时间同一频段，这就是交叉时隙干扰。交叉时隙干扰会导致网络性能下降，主要是因为下行传输干扰上行接收，下行传输功率远高于上行接收功率，为了保护上行链路免受下行链路干扰，其保护期被延长。

干扰原理涉及比较复杂的数学和物理知识，有兴趣的同学可以参考本书的相关电子资料。

室内分布系统的干扰原理

9.2 室内分布多系统干扰隔离分析

室内分布多系统干扰隔离分析主要采用确定性计算方法，通过数值的计算比较得出多个系统共存时所要满足的隔离度要求。

室内分布系统中存在多种干扰类型，其中杂散干扰、互调干扰和阻塞干扰这三类干扰与系统隔离度密切相关，将显著影响覆盖效果。本节将重点分析这三类干扰的隔离度特性。

就系统间干扰隔离准则而言，干扰基站发射机对受干扰基站接收机的隔离总体上取决于系统间干扰隔离准则的4个准则要求，见表9–1。

表9–1 系统间干扰隔离准则

准 则	内 容
1	从干扰发射机到受影响的接收机的杂散波功率在接收机底噪10dB以下
2	受影响的接收系统所接收到的全部干扰载波功率在1dB压缩点的10dB以下
3	由干扰载波导致受影响接收机产生的每个三阶交调在接收机底噪10dB以下
4	受影响系统接收滤波器衰减的全部干扰载波功率在接收机底噪10dB以下，防止接收机不敏感或阻塞

注：根据相关资料，准则2受控于准则4，即如果隔离满足准则4，将自动满足准则2。

9.2.1 杂散干扰分析及隔离度计算

杂散干扰就是一个系统的发射频段外的杂散发射落入另一个系统的接收频段内而可能造成的干扰。杂散干扰对系统最直接的影响就是降低了系统的接收灵敏度。具体而言，发射机输出的信号通常为大功率信号，在产生大功率信号的过程中会在发射信号的频带之外产生较高的杂散，并且这些杂散信号分布在非常宽的频率范围内。这些杂散信号如果落入某个系统接收频段内的幅度较高，使受害系统的前端滤波器无法有效滤除，那么会导致接收系统的输入信噪比降低，通信质量恶化。我们通常认为当干扰基站落入受害系统的干扰低于受害系统内部热噪声 10dB 时，干扰可忽略。

通过杂散干扰分析可以计算出将干扰对系统的影响降低到适当的程度所需要的隔离度，即不明显降低受干扰接收机的灵敏度时的干扰水平。发射机的发射功率可能导致接收机阻塞，需要考虑满足接收机阻塞指标时所必需的隔离度，而杂散辐射可能导致接收机的灵敏度下降，此时需要考虑满足杂散辐射不影响系统性能的另一个隔离度要求。这样在一组系统中就会得到多个隔离度要求的指标，在实际应用中，选择最大的一个指标作为隔离度要求的指标即可满足实际的工程需要。其简化表示为：

$$I_{requires}=\text{MAX}(I_{spurious}, I_{block}, I_{intermodulation}) \quad (9–4)$$

式中，$I_{requires}$ 为隔离度要求，单位为 dB；$I_{spurious}$ 为杂散隔离度要求，单位为 dB；I_{block} 为阻塞隔离度要求，单位为 dB；$I_{intermodulation}$ 为互调隔离度要求，单位为 dB。考虑到互调干扰信号远小于阻塞信号的影响，因此可直接把隔离度要求简化为下式：

$$I_{requires}=\text{MAX}(I_{spurious}, I_{block}) \quad (9–5)$$

其中，基于杂散的隔离度的计算公式为：

$$I_{spurious}\geqslant P_{spurious}-P_n-N_f-\text{IntMargin}-L_c \quad (9–6)$$

式中，$P_{spurious}$ 为干扰源发射的杂散信号功率，单位为 dBm；P_n 为被干扰系统接收机带内热噪声，单位为 dBm；N_f 为接收机的噪声系数，单位为 dB，基站的接收机噪声系数一般不会超过 5dB；IntMargin 为系统干扰保护，根据接收机灵敏度恶化余量确定，可取 –6、–7、–10 等值，单位为 dB；L_c 为合路器损耗，单位为 dB，当根据不同系统间的频率间隔采用相应的合路器时，其值会有所改变。

9.2.2 互调干扰分析及隔离度计算

当有两个以上不同的频率作用于一个非线性电路或器件时，由这两个频率相互调制而产生的新频率会出现，这个新频率若正好落于某一个信道而被工作于该信道的接收机接收，则构成对该接收机的干扰，成为互调干扰。

互调干扰源于射频器件的非线性特性，在室内分布合路系统中需要重点关注 POI 平台和合路器等关键节点的互调性能。其中，三阶和五阶互调产物是系统中最主要的互调干扰分量。互调干扰示例如图 9–2 所示。

三阶互调的原理：两个信号 f_1 和 f_2 在一个非线性系统中传播时，这两个信号的二次谐波（$2f_1$ 和 $2f_2$）与基波（f_1 和 f_2）相互调制，产生新的频率成分，包括 $2f_1-f_2$ 和 $2f_2-f_1$。这些新频率成分就是三阶互调的产物。

三阶互调频率公式为 $2f_1-f_2$、$2f_2-f_1$。以中国电信 CDMA 800M 频段为例，下行频段：870～880MHz，取 f_1=870MHz，f_2=880MHz，三阶互调产物 $2f_1-f_2$=860MHz（系统外），$2f_2-f_1$=890MHz（临界中国移动 GSM RX 频段 890～904MHz）；五阶互调产物 $3f_1-2f_2$=850MHz（系统外），$3f_2-2f_1$=900MHz（落入中国移动 GSM RX 频段 890～904MHz）。

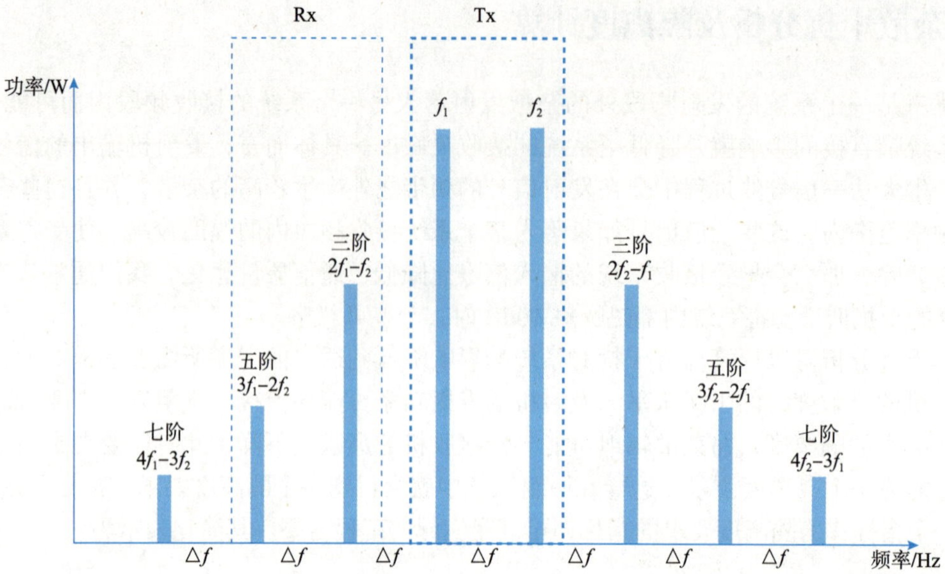

图 9–2　互调干扰示例

典型的三阶互调和五阶互调分析简表见表 9–2。

表 9–2　典型的三阶互调和五阶互调分析简表

系统	下行 Tx（MHz）	上行 Rx（MHz）	三阶互调（MHz）	五阶互调（MHz）	结论
中国广电 NR 700MHz	758～788	703～733	728～818	698～848	三阶互调信号落入自身 Rx 的 703～733MHz 频段；五阶互调信号落入自身 Rx 的 703～733MHz 频段和中国电信 CDMA 800 的 825～835MHz 频段
中国电信 CDMA 800MHz	870～880	825～835	860～890	850～900	五阶互调信号落入中国移动 GSM 900 Rx 的 890～904MHz 频段
中国移动 GSM 900MHz	935～949	890～904	916～973	897～992	五阶互调信号落入自身 Rx 的 890～904MHz 频段和中国联通 GSM 900 的 904～915MHz 频段
中国移动 GSM 1 800MHz	1 805～1 830	1 710～1 735	1 780～1 855	1 755～1 880	三阶互调信号落入中国电信 LTE 1800 的 1 765～1 785MHz 频段；五阶互调信号落入中国联通 LTE 1800 的 1 745～1 765MHz 频段和中国电信 LTE 1800 的 1 765～1 785MHz 频段

中国联通 GSM 900MHz、中国联通 GSM 1 800MHz、中国联通 LTE 1 800MHz、中国电信 LTE 1 800MHz、中国电信 NR 2 100MHz、中国联通 NR 2 100MHz、中国联通 WCDMA 2 100MHz 都不存在三阶互调信号、五阶互调信号落入其他无线制式 Rx 频段的情况，上表未列出。

头脑风暴　请通过计算分析中国移动 GSM 900MHz 三阶互调可能对其他系统产生的干扰。

对于互调干扰的分析而言，3GPP 标准中虽未给出发射机互调指标的具体数值，但是明确要求发射互调电平不得超过带外辐射或杂散辐射的要求。因此，如果杂散干扰的隔离度要求满足了，则互调干扰的隔离度要求也可同时满足，故本部分不再对互调干扰进行详细分析。电信运营商在部署实际系统时，应尽量避免一个系统的三阶互调产物落入另一个系统的共址频段。

9.2.3　阻塞干扰分析及隔离度计算

当强干扰信号与有用信号同时进入接收机时，强干扰信号会使接收机链路的非线性器件饱和，产生非线性失真，使被干扰系统无法正常解调信号，从而产生阻塞干扰。基于阻塞干扰隔离度计算的公式为：

$$I_{block}=P_{TX}-E_{block} \quad (9\text{–}7)$$

式中，I_{block} 为阻塞干扰的系统隔离度要求（dB）；P_{TX} 为最大发射功率（干扰系统）（dB）；E_{block} 为阻塞指标要求（dB）。在确定信源输出功率以及根据相关标准明确各系统间的阻塞指标要求后，即可计算得到 I_{block} 的取值。

9.2.4　干扰隔离小结

FDD 各种通信制式，如 CDMA、GSM、WCDMA、FDD LTE、FDD NR 系统之间可能产生阻塞、带外杂散、互调等干扰，通常可以用收、发分开的天馈分布系统进行有效抑制。

但是，对于 TDD 通信方式，如 TD-SCDMA、TDD LTE、TDD NR，其不能将收、发同频的射频信号分开传递，因此只能接入合路设备的下行或上行，并受到邻频的 FDD 发射信号阻塞干扰，同时 TDD 用户终端上行信号也将干扰邻频的 FDD 接收。

阻塞干扰隔离度计算示例

9.3　多系统的合路设计

为了保障室内分布多系统合路的设计质量和使用功效，通常建议遵循一定的设计准则，以保证实际系统建成后发挥良好的性能。

（1）根据电信运营商的建设需求，在充分核算多系统、多频率干扰隔离的基础上，选择合理的多系统合路方案。同时，方案要具备一定的扩展性和灵活性，对系统后期的扩容、升级和技术演进进行适当的考虑。

（2）根据不同系统的网络指标要求和不同频段的传输损耗差异，对各系统进行合理的功率匹配与覆盖均衡设计。

（3）多系统合路时，除了合理配置各系统间隔离度外，在设计系统时，可对系统进行物理上的优化设计，通过天线间空间隔离、增加滤波器等多种方法进行干扰的抑制。

（4）室内分布系统器件应满足多系统共用的频段、输入功率等要求，特别是对于靠近信源的前级器件，应根据指标要求选择不同品质的器件。另外，主干线路建议采用 POI 合路，不宜采用合路器；在室内分布系统末端进行 WLAN 热点覆盖时，可采用满足性能指标要求的合路器。

9.3.1　路由方案

运用多系统合路方式进行室内分布系统的建设时，建议采用的路由建设方式有单缆方案、SISO（Single-Input Single-Output）双缆方案以及 MIMO 双缆方案。

1. 单缆方案

单缆方案即上下行合缆，主要适用于合路的多路信源互调干扰较小或者可以规避的情形。该方案的优点是节省成本，几乎可以节省一半的天线、馈线和无源器件。其缺点是扩展性和系统性能较差，一旦引入存在互调干扰的系统，对被干扰系统的性能影响就较大，需要将 POI 和部分无源器件更换成无源互调（Passive Intermodulation，PIM）和功率容限更优的产品。单缆方案如图 9–3 所示。

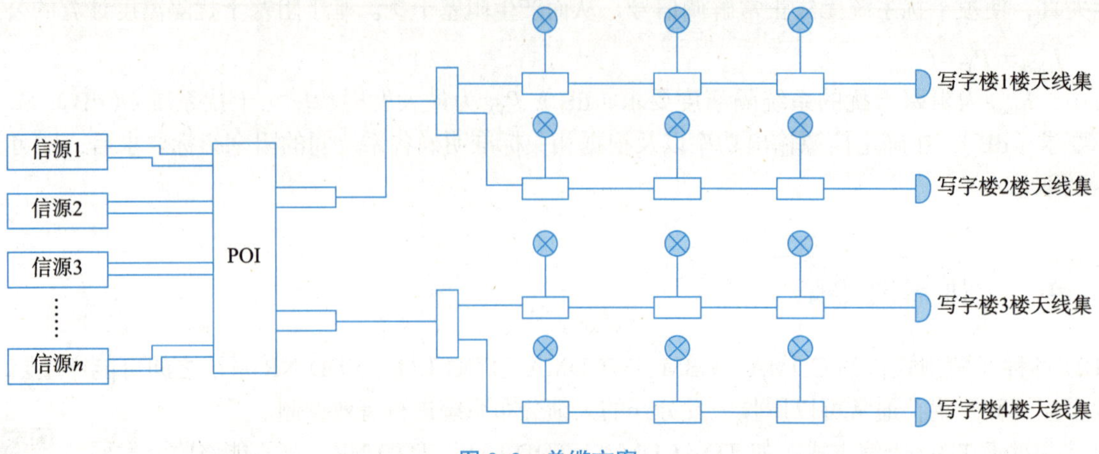

图 9–3　单缆方案

2. SISO 双缆方案

SISO 双缆方案对于只有 FDD 系统合路的场景，室内分布系统采用双路，一路专用于发射，另一路专用于接收，两路系统间可通过空间隔离，使上行链路接收到的下行发射链路产生的三阶互调产物大大减弱，大幅降低了系统的 PIM 要求。

SISO 双缆方案对于存在 TDD 系统接入的场景，需要根据具体的接入频段来分析是否存在三阶互调的影响，以确定 TDD 系统是放在接收通道还是发射通道。如果可通过选择 FDD 系统通道来规避三阶互调的影响，那么一般对系统的PIM要求不高。如果无法避免三阶互调的影响，那么对系统的PIM要求较高。SISO 双缆方案如图 9–4 所示。

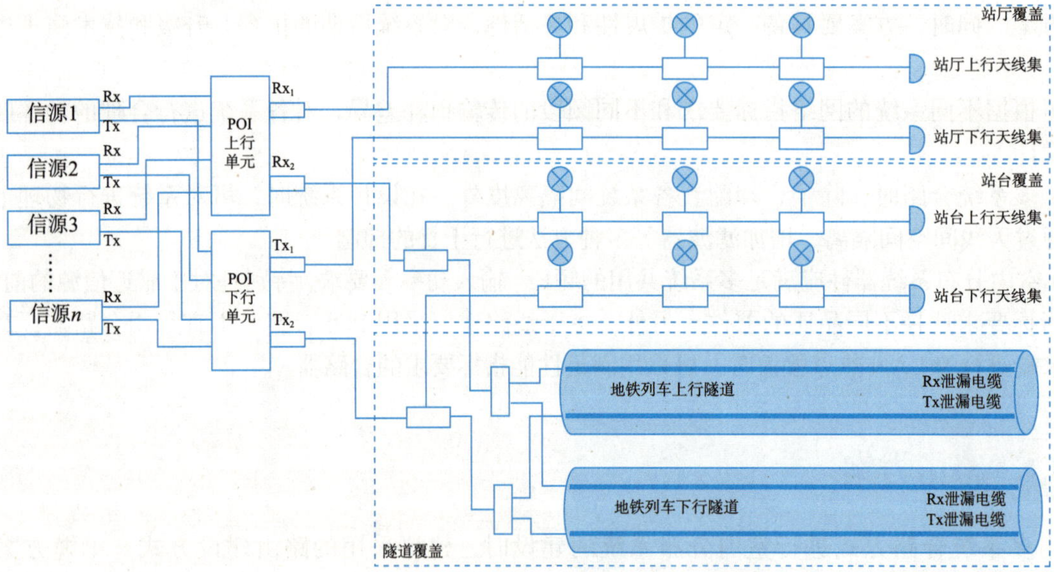

图 9–4　SISO 双缆方案

3. MIMO 双缆方案

MIMO 双缆方案对于 LTE、NR 系统，包括 TD-LTE、FDD LTE、TDD NR、FDD NR 等，可以采用 2T2R MIMO 技术；对于非 LTE、NR 的 FDD 系统，如 GSM、CDMA、WCDMA 等，则可以采用收发分离的模式。然而，一旦有 TDD 系统接入，三阶互调的影响几乎无法避免，对系统的 PIM 要求较高。MIMO 双缆方案如图 9–5 所示。

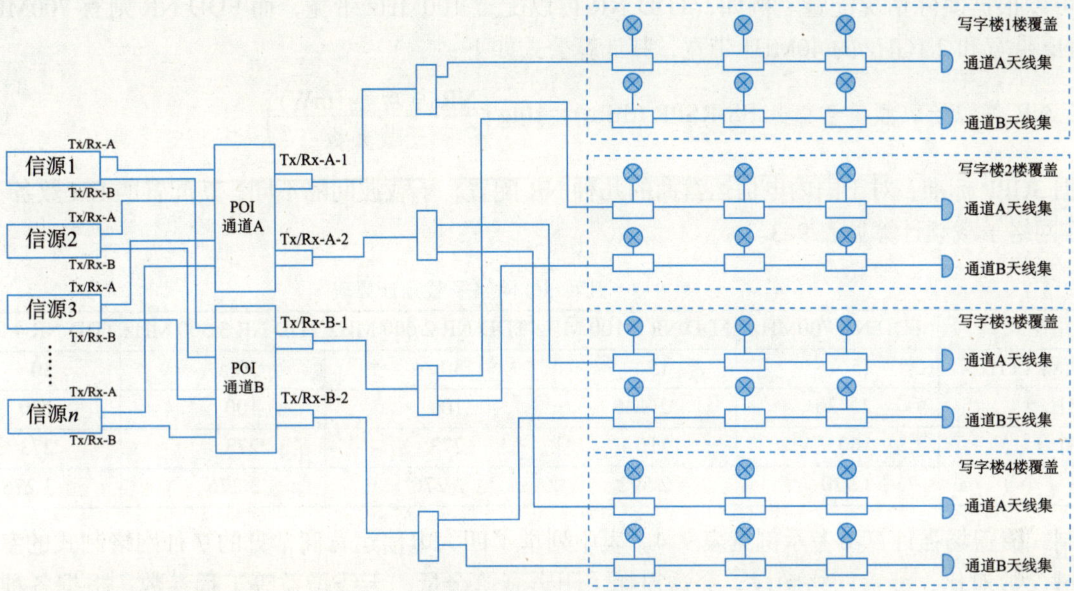

图 9–5　MIMO 双缆方案

4. 路由方案对比

单缆方案成本低，但是多系统时存在难以规避的干扰，对系统影响较大，且无法改造成双缆。在多系统接入的情况下，应选择双缆方案，利用其抗干扰能力强、系统可扩展性高，且具备提供 MIMO 2×2 的能力的优点。对于 MIMO 2×2 能力，这里特指采用两条电缆后所达到的双收双发（2T2R）功能。

9.3.2　覆盖场强

各制式通信系统频段不同，存在无线传播损耗、有线传输损耗的差异。因此，在设计天线馈入功率时，有必要充分考虑各系统为了满足最低覆盖要求而需要达到的技术指标。

覆盖场强的计算首先考虑的是信源输出功率，每种网络制式的信源输出功率和参考信号不同。其中，对于 GSM 而言，计算如式（9–8），由于没有导频功率的概念，因此天线口功率与输出总功率相同；对于 CDMA 和 WCDMA 而言，计算如式（9–9），分别取天线口功率为总功率的 20% 和 10%（式（9–9）为 WCDMA 系统的计算）。公式计算中总功率以 mW 为单位，计算时只取数值，导频功率计算结果单位为 dBm。

$$\text{CDMA 信源导频功率 (dBm)}=10\lg\left(\frac{\text{GSM 总功率 (mW)}}{\text{载扇数}}\times 10\%\right) \tag{9–8}$$

$$\text{WCDMA 信源导频功率 (dBm)}=10\lg\left(\frac{\text{WCDMA 总功率 (mW)}}{\text{载扇数}}\times 10\%\right) \tag{9–9}$$

LTE 是取每个子载波的参考功率 RSRP 进行计算的，对于共有 1 200 个子载波的单载波 20MHz 带宽配置而言，其计算公式如下：

$$\text{LTE 信源子载频参考功率 RSRP (dBm)}=10\lg\left(\frac{\text{LTE 总功率 (mW)}}{1\,200}\right) \quad (9\text{–}10)$$

NR 是取每个子载波的同步信号参考信号接收功率 SS-RSRP 进行计算的，NR 的单载波带宽配置比较灵活，可以根据实际情况配置。例如，TDD NR 可以配置 100MHz 带宽，而 FDD NR 则有 700MHz 频段的 30MHz 带宽和 2.1GHz 的 40MHz 带宽，其计算公式如下：

$$\text{NR 信源子载频参考信号 SS-RSPR (dBm)}=10\lg\left(\frac{\text{NR 总功率 (mW)}}{\text{子载频数}}\right) \quad (9\text{–}11)$$

根据 3GPP 标准，对于国内电信运营商的几种 NR 配置，子载波间隔不同，其配置的 RB 数各不相同。几种 5G 网络子载频计算见表 9–3。

表 9–3　几种 5G 网络子载频计算表

网络制式	FDD NR 700MHz	FDD NR 2 100 MHz	TDD NR 2 600 MHz	TDD NR 3 500 MHz	TDD NR 4 900 MHz
子载波间隔（kHz）	15	15	30	30	30
带宽（MHz）	2×30	2×40	100	100	100
RB 数（个）	160	216	273	273	273
子载频数（个）	1 920	2 592	3 276	3 276	3 276

多制式覆盖场强计算参考示例见表 9–4。表中列举了四大电信运营商常见的 7 种网络制式的室内分布系统关键参数对比，涵盖网络频段、穿透损耗、阴影衰落余量、天线增益等工程参数。根据各种制式的最低覆盖门限要求，结合上述计算公式可推出各系统的天线口功率，然后再参考天线口功率与天线口输出总功率的关系，即可得出满足覆盖门限要求时各种制式所需的输出总功率指标。

表 9–4　多制式覆盖场强计算参考示例

网络制式	GSM 900MHz	CDMA 800MHz	WCDMA 2 100MHz	FDD LTE 1 800MHz	FDD NR 700MHz	TDD NR 2 600MHz	TDD NR 3 500MHz
网络频段（MHz）	950	875	2 155	1 870	773	2 565	3 550
信源输出总功率（W）	5	20	20	40	80	160	160
载频数 / 子载频数	—	4	1	1 200	1 920	3 276	3 276
信源输出参考功率（dBm）	36.99	30.00	33.01	15.23	16.20	16.89	16.89
100m1/2 英寸馈线损耗（dB）	6.85	6.46	11.25	10.10	6.23	12.06	14.09
天线口输入功率（dBm）	30.14	23.54	21.76	5.13	9.97	4.83	2.80
天线增益（dBi）	2.00	2.00	3.00	3.00	2.00	3.00	3.00
覆盖距离（m）	20.00	20.00	20.00	20.00	20.00	20.00	20.00
空间损耗（dB）	58.03	57.31	65.14	63.91	56.23	66.65	69.48
需要达到最低门限要求（dBm）	−80.00	−85.00	−85.00	−105.00	−105.00	−105.00	−105.00
砖墙穿透损耗（dB）	10.26	10.21	12.23	11.77	10.07	13.32	16.75
阴影衰落余量（dB）	15.00	15.00	15.00	15.00	15.00	15.00	15.00
边缘场强（dBm）	−51.15	−56.98	−67.61	−82.55	−69.34	−87.14	−95.43
链路损耗余量（dB）	28.85	28.02	17.39	22.45	35.66	17.86	9.57

头脑风暴

请推导 TDD NR 3 500MHz 系统链路损耗余量的计算过程。

基于表 9–4 中的数据，在距离室内分布天线口 20m 处，FDD NR 700MHz 边缘场强最大，而 TDD NR 3 500MHz 的边缘场强最小，但是不能只看边缘场强的大小，需要考虑各个网络的最低门限要求。从链路损耗余量观察，FDD NR 700MHz 的覆盖能力最强，具备 35.66dB 的余量，而 TDD NR 3 500MHz 网络的损耗余量只有 9.57dB。因此，在考虑同时满足 7 种制式网络覆盖要求的情况下，如果采取共系统合路方式建设，那么覆盖受限的是 TDD NR 3500MHz 网络。

总体而言，在室内分布多系统方案设计中，需要基于各电信运营商覆盖门限要求确定受限系统，并以该受限系统为基准模型进行天线点位规划与功率配置。

9.3.3　干扰控制

室内分布多系统合路设计中，充分考虑到不同通信制式系统间或不同电信运营商之间相邻或相近的频段干扰协调，以及保障多系统合路的网络性能，在实际工程中，需要科学、合理地进行干扰控制。通常建议采用以下措施：

（1）进行空间隔离，物理空间上的隔离大小取决于各干扰需要的最大隔离度。

（2）通过配置合路器各端口的隔离度，实现系统间的隔离。

（3）合理降低干扰源的功率，使系统间减少干扰的相互影响。

（4）通过减弱杂散干扰的方式，可以考虑在发射机端增加滤波器，抑制杂散以及发射交调产物，降低干扰。

（5）对于接收机的阻塞、交调干扰，可以在被干扰系统端增加滤波器，抑制带外强信号的功率，降低干扰。

（6）对于接收的交调干扰，可以通过网络优化手段，避免三阶交调产物落入被干扰频段。

其中，保证合路器系统间隔离度以及加装隔离滤波器已成为室内分布系统多系统共存时抑制干扰的有效办法。对于当前建设的室内分布系统，系统间的干扰主要可以通过 POI 进行抑制，选取符合各系统隔离度要求、频段和插入损耗的 POI 是规避干扰的前提。

要想减少系统间干扰的相互影响，必须满足系统间最小隔离度要求。通常情况下，POI 对于系统间的隔离度指标会大于 80dB，基于前述的系统间隔离度理论计算值，大多数系统间的干扰能够得到有效的抑制。但仍存在部分系统间隔离度不够理想的问题，这时就需要采用额外的隔离，一般是新增隔离滤波器。另外，由于 POI 制作时的系统间隔离度与频率间隔有很大关系，因此如果频谱资源相对比较宽裕的话，则可以灵活配置载波以获得保护频带，从而加大 POI 系统间隔离度。

9.3.4　设备器件

综合考虑室内分布多制式系统建设的实际场景，上述描述的各种方法已经能够在很大程度上降低干扰对网络性能的影响。但是在实际工程和网络运维过程中，还需要重点关注室内分布系统中所使用的各种设备器件的指标参数、选型以及维护方法，这是因为设备器件的性能也会对多制式合路系统的运行效果产生重要影响。通常设备器件会存在指标参数不达标和故障老化的问题，具体表现在以下几个方面：

（1）合路器等设备的隔离度指标不达标，导致室内分布系统多制式合路时相互间隔离度不足，从而各系统之间干扰严重；

（2）信源设备发射机带外杂散指标不达标，导致杂散干扰信号发射功率增加，进而提升了各室内分布系统各制式对系统间隔离度及物理上空间隔离度的要求；

（3）合路器、天线、接头等无源器件互调参数达不到指标要求，或者跳线、馈线等线缆接头氧化，使得室内分布系统非线性因素增加，导致各系统间互调干扰加剧；

（4）电感、电容等小器件出故障或者损坏，如信源发射装置内的滤波器的性能降低，使得对带外杂散干扰信号的抑制能力减弱，无法有效控制室内分布各系统间的干扰。

对于上述所列的设备器件问题，我们通常建议采用以下措施来解决：

（1）施工建设准备前期，建设单位及监理单位应对工程中将要使用的设备器件进行相关的检验审核，设备器件只有检验审核通过后才能入场安装布放。对设备器件的质量要进行严格把控，例如，关注设备器件的隔离度指标、互调抑制指标、功率容限要求等，同时选用宽频段无源器件和天线，并使用合适线径的馈线以兼容各制式的通信系统，保障室内分布系统的工作性能。

（2）根据网络监控数据，定期开展必要的巡检维护以便于发现覆盖区域的网络异常，并积极进行故障排查，及时更换老旧的故障设备器件，维护和提升目标覆盖区域的网络整体性能，提高用户体验感知度。

本章小结

无线移动系统在我国已发展多年，已建室内分布系统存在着3G、4G、5G等多种无线信号网络制式，无线电频率包括800～3 700MHz。随着新技术的发展，无线网络应用环境将更加复杂，一个电信运营商拥有多制式、多段频率已成为常态，且一个覆盖区包含多系统、多网络、全频段的情况愈发普遍。为了适应网络新技术的迭代，网络的重耕也会相对比较频繁。

为了保障室内分布多系统合路的设计质量和使用功效，根据电信运营商的建设需求，在充分核算多系统、多频率干扰隔离的基础上，选择合理的多系统合路方案。同时，方案要具备一定的扩展性和灵活性，对系统后期的扩容、升级和技术演进进行适当的考虑。

多系统合路时，除了合理配置各系统间隔离度外，在设计系统时，可对系统进行物理上的优化设计，通过天线间空间隔离、增加滤波器等多种方法进行干扰的抑制。

室内分布系统器件应满足多系统共用的频段、输入功率等要求，特别是对于靠近信源的前级器件，应根据指标要求选择不同品质的器件。

课后习题

一、单选题

1. 我们通常认为干扰基站落入受害系统的干扰低于受害系统内部热噪声（　　）时，干扰可忽略。

A. 3dB　　B. 5dB　　C. 7dB　　D. 10dB

2. 交叉时隙干扰是（　　）系统特有的一种干扰。

A. FDD　　B. TDD　　C. CDMA　　D. NR

二、多选题

1. 使用多系统合路方式进行室内分布系统建设时，建议采用的路由建设方式有（　　）。

A. 单缆方案　　B. SISO 双缆方案　　C. MIMO 双缆方案　　D. SISO 四缆方案

2. 不同系统合路的室内分布系统网络中存在多种干扰，其中（　　）干扰对覆盖效果的影响较大。

A. 杂散　　B. 交调　　C. 互调　　D. 阻塞

三、填空题

1. 多干扰源形成的互调是由于被干扰系统接收机的射频器件__________，在两个以上干扰信号分量的强度比较高时，所产生的互调产物。

2. 阻塞干扰就是以某系统的发射机的__________作为干扰信号，分析对另一个系统的接收机的影响。

3. 杂散干扰就是一个系统的发射频段外的__________落入另一个系统的接收频段内而可能造成的干扰。

4. 在无线工程建设和网络运维过程中，需要重点关注室内分布系统中所使用的各种设备器件的指标参数、选型以及维护方法等，通常设备器件会存在指标参数不达标和__________的问题。

四、简答题

1. 说明中国移动通信有限公司运营的移动网络制式和无线频段。

2. 中国移动 GSM 900 系统频段下行为 935～949MHz，上行为 890～904MHz，请计算三阶互调和五阶互调信号的频率。

3. 当利用场强预测方法进行多制式系统合路的覆盖设计时，所使用的传播损耗模式为改进的 Keenan-Motley 模型，请说明该模型的计算公式。

第10章

5G 室内分布系统典型场景的实施案例

学习目标

- 掌握无源覆盖方案设计，包括天线布放、功率计算和概预算等相关操作。
- 熟悉 pRRU 分布系统方案设计，重点掌握 pRRU 安装点位选择及系统仿真数据分析。

素养目标

通过对室内分布系统工程案例的学习和练习，提升专业技能，培养爱岗敬业的态度，养成严谨的工作习惯。

从 5G 网络的试验网到 5G 网络的商用，5G 网络经过了多期工程的建设，国内几大电信运营商的 5G 网络也从“孤岛覆盖”达到了“连续覆盖”，室外得到了比较完善的覆盖，然而室内深度覆盖远远不能满足网络覆盖的要求。前几期工程中，电信运营商只是覆盖了部分点位，主要覆盖方式相对比较单一，造价控制也比较粗犷。为了验证各类室内分布系统，本章选取的案例包括一个完整的无源室内分布设计实例及一个 pRRU 分布系统（放装型）设计实例。其中，无源室内分布方式是历史，是中低流量场景建设的主力军；pRRU 建设是新技术的应用，是未来室内分布系统建设的重点。

10.1 无源室内分布设计实例

无源覆盖作为室内分布系统的主流方案，凭借低成本、易维护的优势长期占据主导地位。在 5G 时代，虽然面临高频段（＞2.5GHz）带来的馈线损耗大、MIMO 实现难等技术挑战，但由于其建设成本优势和可利用现有室内分布系统的特点，无源覆盖方案依然是 5G 中低流量场景的首选覆盖方案。本方案为某住宅小区 5G 覆盖的实例。

10.1.1　方案概况

本方案为浙江某小区的无线信号覆盖工程。本小区为某高层小区，共 10 栋楼，其中 3 号楼是两层商铺商业项目，另外 9 栋高楼中，1、2、4、5、6 号楼为 17 层高楼，每栋楼均有 2 部电梯，7、8、9 号楼为 26 层高楼，7、9 号楼各有 2 部电梯，8 号楼有 4 部电梯。小区建有一层的地下车库。

本小区总建筑面积为 100 000m^2，地上面积为 75 000m^2，其中住宅面积为 68 000m^2，商业建筑面积为 6 000m^2，配套公建建筑面积为 1 500m^2，地下建筑面积为 24 000m^2。总户数为 570 户，后期预计入住人数约 1 800 人、地下车库车位约 700 个。小区建筑平面图如图 10–1 所示。

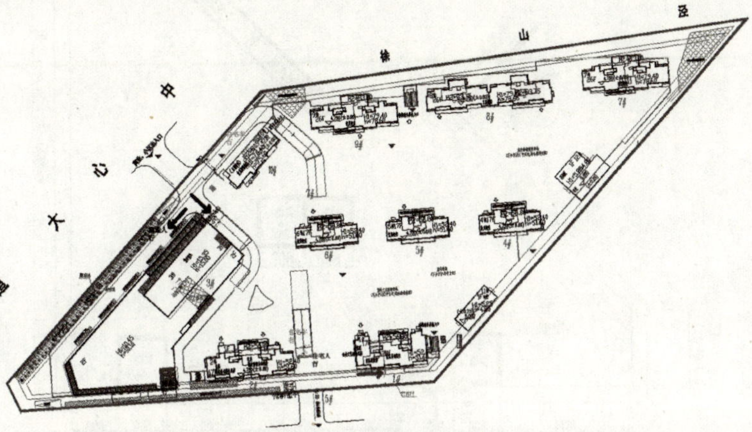

图 10–1　小区建筑平面图

无线信号测试情况：通过前期勘察和无线信号测试，本小区离电信运营商的室外覆盖基站较远，由于小区高层建筑为剪力墙结构，无线信号很难渗透建筑物，因此住宅平层接收到室外宏站的无线信号较差，低于电信运营商的覆盖要求，地下室和电梯基本无信号。

无线信号覆盖方案：基于本小区的无线信号覆盖情况，本方案需要新建室内分布系统完成对电梯和地下室等无信号区域的覆盖，住宅平层的无线信号覆盖需要加强。由于各通信运营商都有覆盖需求，因此本方案需要承担中国移动、中国电信和中国联通的无线网络覆盖。室内分布系统覆盖场所包括本小区住宅电梯、地下车库、商业建筑等，总覆盖面积约 100 000m^2。

小区住宅无线信号覆盖采用楼顶射灯天线覆盖，采用射灯无线信号覆盖除了部分楼层和住宅内部分区域覆盖效果不理想，大部分区域信号覆盖强度能满足各电信运营商的无线信号覆盖指标要求，成本较低，是目前住宅覆盖的主流方式。

室内分布系统建设思路：由于中国电信和中国联通共建的室内分布系统的射频信号与中国移动的射频信号存在互扰风险，因此它们无法共用一套室内分布系统。本方案中中国移动单独建设室内分布系统，中国电信和中国联通共同建设室内分布系统，简称联电系统。由于高层住宅用户数据容量不大，因此不需要采用 pRRU 分布系统。中国移动采用 RRU 接无源室内分布系统覆盖，而联电系统为了节约成本，大量使用光纤直放站覆盖。根据天线的特性和覆盖能力，电梯采用定向板状天线覆盖，每三层使用一副定向板状天线，商业建筑内部采用全向天线覆盖，地下车库也采用定向板状天线覆盖。小区住宅无线信号覆盖按前面所述，采用楼顶射灯天线覆盖。

室内覆盖机房条件：本小区物业提供了通信机房，本机房为新建机房，位置在 7 号楼地下一层，层高 3m，机房面积约 30m^2，具备较完善的机房建设条件。每栋楼地下室（用 B1F 表示）都有弱电井，其他弱电系统在弱电井内占用的场地较少，基本不影响无线室内分布系统的建设，具备在弱电井内安装光缆终端盒、RRU、直放站、电源及接地系统的空间和安装条件。

10.1.2 机房概述

通信机房平面设备布置图如图 10–2 所示，主要包括设备号 1 号的壁挂式开关电源、设备号 4 号的 4 组梯次电池的蓄电池组、设备号 5 号的交流配电箱及设备号 12 号的基站用综合柜，另外包括上方的光配线机柜，由于该部分为传输部分，不包括在本设计中，故未给出编号。电表、手提灭火器等设备并未在图中标示。

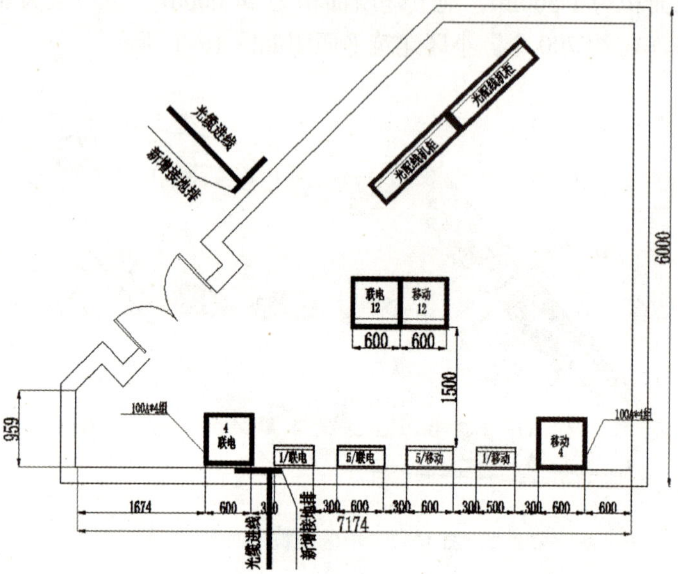

图 10–2 通信机房平面设备布置图

表 10–1 为机房设备安装表。该设备表是目前室内分布系统工程常用的设备，其中序号 1、4、5、12 等设备已经体现在图 10–2 中。

表 10–1 机房设备安装表

序号	设备名称	规格型号	外形尺寸（mm）	单位	移动	联电	合计	安装方式
1	壁挂式开关电源	–48V/150A	600*600*800	架	1	1	2	壁挂安装离地 1.4m
2	整流模块	–48V/50A		个				
3	一体化电源柜	–48V/200A		架				落地式
4	蓄电池组	100Ah/–48V	600*600*1 650	组	4	4	8	梯次电池
5	交流配电箱	380V/100A	600*250*800	个	1	1	2	壁挂安装离地 1.4m
6	空调	2P		台				壁挂式距地 2.4m
7	基站监控			套				挂墙安装
8	室内接地排	14 孔	200*10*100	个		1	1	
9	室外接地排	20 孔	300*10*100	个				
10	传输柜		600*600*1 500	架				落地式
11	一体化电池柜			架				落地式
12	基站用综合柜		600*600*2 000	架	1	1	2	
13	直流远供升压设备		600*600*1 500	台	2	2	4	设备柜内安装
14	室外设备柜		750*750*1 725	架				落地式
15	电表箱			台				室内壁挂
16	直流配电箱	1 路分 10 路 63A		台				室外壁挂
17	手提灭火器			套	1	1	2	

图 10–3 为机房走线架平面图，走线架宽 600mm，高 2 400mm。通常情况下走线架宽度为 400mm，本方案由于包括两个系统，走线较多，因此采用 600mm 规格。根据无线建设规范，设备之间线缆需要通过走线架布放，线缆包括直流和接地线缆、交流线缆和通信线缆。根据机房建设要求，交流线缆和通信线缆不允许走同一桥架，直流和接地线缆及通信线缆需要布放在走线架两侧。

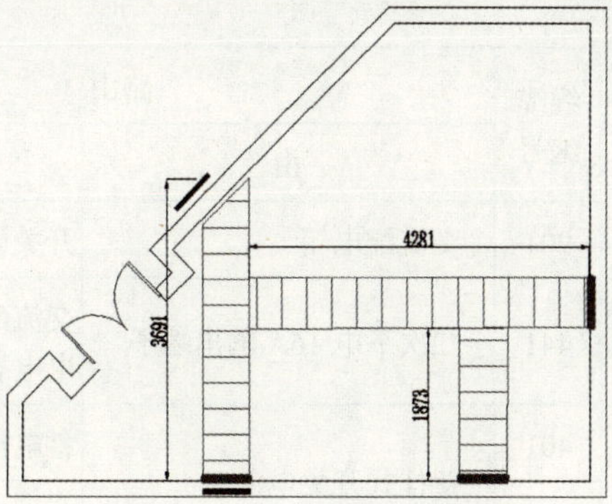

图 10–3　机房走线架平面图

机房走线架安装说明及材料表如图 10–4 所示，它包括两部分：走线架安装说明和走线材料统计。走线材料根据方案统计即可。接地汇流条通常为长条形纯铜件，为防止锈蚀，外涂锡或锌。接地汇流条在走线架设计中并非必需，中国移动的机房设计中使用接地汇流条比例很高，各设备接地线先连接接地汇流条，接地汇流条再和室内接地排相连。中国电信和中国联通使用接地汇流条的比例不高，它们常直接用接地线连接设备和接地排。由于是共建系统，因此本方案也采用了接地汇流条方案。

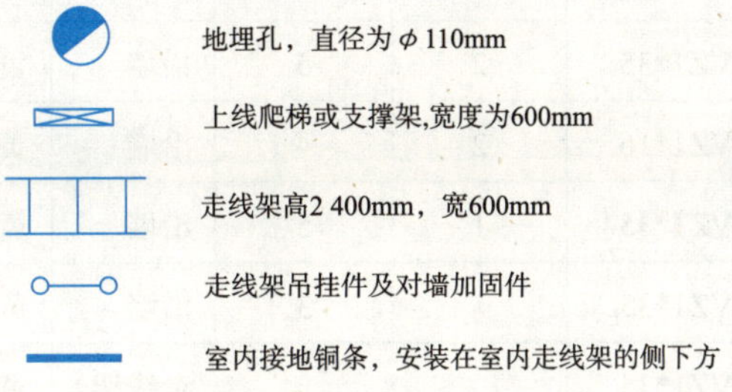

材料表

序号	名称及规格	单位	数量
1	600mm宽水平走线架	米	10
2	600mm宽垂直走线架	米	4.8
3	水平走线架垂直连接件	套	0
4	走线架垂直支撑	套	4
5	走线架终端与对墙加固件	套	3
6	接地汇流条	米	

图 10–4　机房走线架安装说明及材料表

基站线缆连接图如图 10–5 所示，本图主要是直流线缆间的连线。目前电源线缆规格包括 1.5、2.5、4、6、10、16、25、35、50、70、95、120、150 等（横截面积单位为 mm^2），101、002 等为线缆编号，具体各编号的说明见表 10–2。

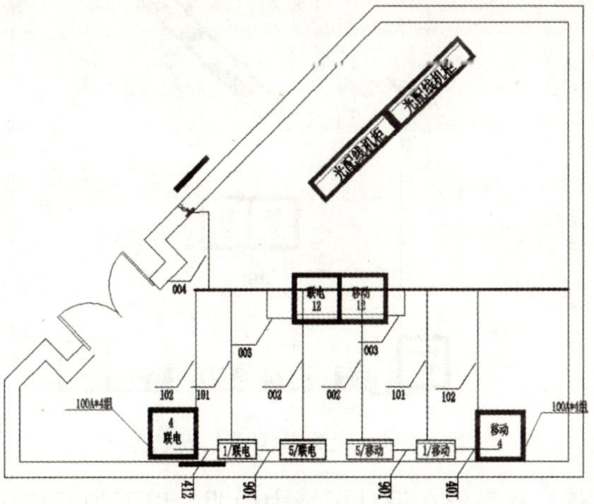

图 10–5　基站线缆连接图

表 10–2　线缆安装明细表

线缆编号	路由		导线规格（mm^2）	敷设条数	每条长度（m）	敷设方式	颜色
	由	到					
901	交流配电箱	开关电源	RVVZ3*10	2	2	沿墙	黑色
441	二次下电 16A 输出端子	交流配电箱内直流供电电表	RVVZ2*1	2	2	走线架	黑色
401	壁挂式开关电源	蓄电池（移动）	RVVZ1*50	2	4	走线架	红蓝各半
402		综合柜（移动）	RVVZ1*16			沿墙	红蓝各半
411	壁挂式开关电源	综合柜（联电）	RVVZ1*16			沿墙	红蓝各半
412		蓄电池（移动）	RVVZ1*50	2	4	走线架	红蓝各半
001	室内接地排	室内接地引出端子	RVVZ1*35	1	3	沿墙	黄绿色
002		交流配电箱内接地分排	RVVZ1*35	2	4	沿墙	黄绿色
003		综合柜外壳	RVVZ1*16	2	1	沿墙	黄绿色
007	室外接地引出端子	室外接地排	RVVZ1*95	1	3	沿墙	黄绿色
101	室内接地排	开关电源外壳	RVVZ1*35	2	5	沿墙	黄绿色
102		电池架外壳	RVVZ1*16	2	4	沿墙	黄绿色
004	室内接地排	接地汇流条	RVVZ1*35	1	5	沿墙	黄绿色
005		开关电源“+”	RVVZ1*35	1	3	沿墙	黄绿色
006		走线架	RVVZ1*35			走线架	黄绿色

机房监控设备安装图如图 10–6 所示，机房监控主要是动力和环境监控，需要对动力和环境（烟感、地水等）设置监控设备，并上传到监控系统。

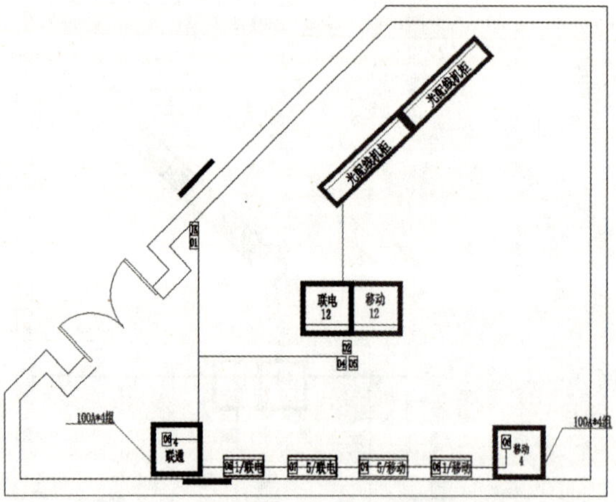

图 10–6　机房监控设备安装图

监控设备安装需要一定规范，并需要在设计图纸中说明。以下为监控设备安装规范示例。

（1）监控终端宜安装在距地面 1.5～1.8m 的墙面上（一般选择靠近走线架和门的位置），监控终端通信模块的 GPRS 和 GNSS 线缆可通过现有孔洞如空调孔等穿到室外。

（2）温湿度传感器应固定在靠近主设备和电源设备背后的墙面上，并尽量靠近热源，距地面高度 1.6～1.8m。

（3）水浸传感器必须安装在窗台下的地面、空调出水管下或空调室内机柜内地面，以及易受到水浸危险的其他地方，选择在地势较低处安装。

（4）烟雾传感器应安装在机房吊顶或天花板上，尽量靠近被监测的电源和主设备，但严禁安装在机架或设备正上方。

（5）采用走线架走线或明线沿墙布放时必须套 PVC 管或线槽，并固定牢靠。

（6）图中相关主设备、电源设备等位置仅供参考，具体以机房内实际位置为准。

（7）具体施工要经现场技术人员核准。

本机房安装的监控设备见表 10–3。

表 10–3　机房监控设备列表

符号	监控内容	备注	符号	监控内容	备注
JK	监控终端		01	门磁传感器	
02	水浸传感器		03	空调传感器	
04	温湿度传感器		05	烟雾传感器	
06	直流取样点	分别从开关电源和蓄电池上取样	07	交流取样点	若使用油机切换箱，则交流取样点应在油机市电处取
08	红外摄像头	需要正对机房			

本方案的电源输入及转换输送图如图 10–7 所示。图上方为电表至升压设备的连接图，下方为直流电源的输送图。室内分配的电力供给是室内分布系统建设的难点，如果每栋楼弱电井都提供交流电作为电源，那么需要和物业沟通电力接入，不但可能存在沟通困难，而且电力引入后还需要考虑附近住户窃电、后续维护人员和附近住户的人身安全等问题。本方案采用远程直流供电，该方案的优势是可以减少与物业及住户可能存在的纠纷，劣势是需要额外增加升降压设备，且直流电力远程输送存在电力损耗问题。本方案需要先和物业沟通交流市电的接入方案，由于室内分布系统总功率较大，因此需要接入三相交流电，在开关电源完成交直流转换后，进行直流电升压，升压输送线路的电能消耗减少，同时能保证各远程设备的输入电压大于 48V。

本方案电源设计说明如下：

（1）本期工程中国移动室内分布系统需要新增壁挂式开关电源 1 台，容量 150A，配置模块 50A × 3，电源线 930m。

（2）本期工程中国移动室内分布系统需要新增 BBU 1 台、RRU 10 台、传输设备 1 台，新增设备最高总功耗约 8 800W，平常功耗 3 520W，负载电流约 74A。

（3）按照室内分布信源设备 3～4h 的供电能力、传输设备 24h 供电能力计算，蓄电池需求为 74A × 3h/0.8/0.9≈308Ah。本次机房新增电池组 100Ah × 4＝400Ah，满足需求。

（4）模块配置：新增负载电流 74A＋电池充电电流 400Ah × 0.1＝114A，开关电源需要 3 块模块配置满足需求。

（5）机房总功耗＝通信设备＋电池浮充＋交流负载＝114 × 54/0.9＋300W＋1 000W＝8 140W。本次基站外市电引入建议不小于 10kW。

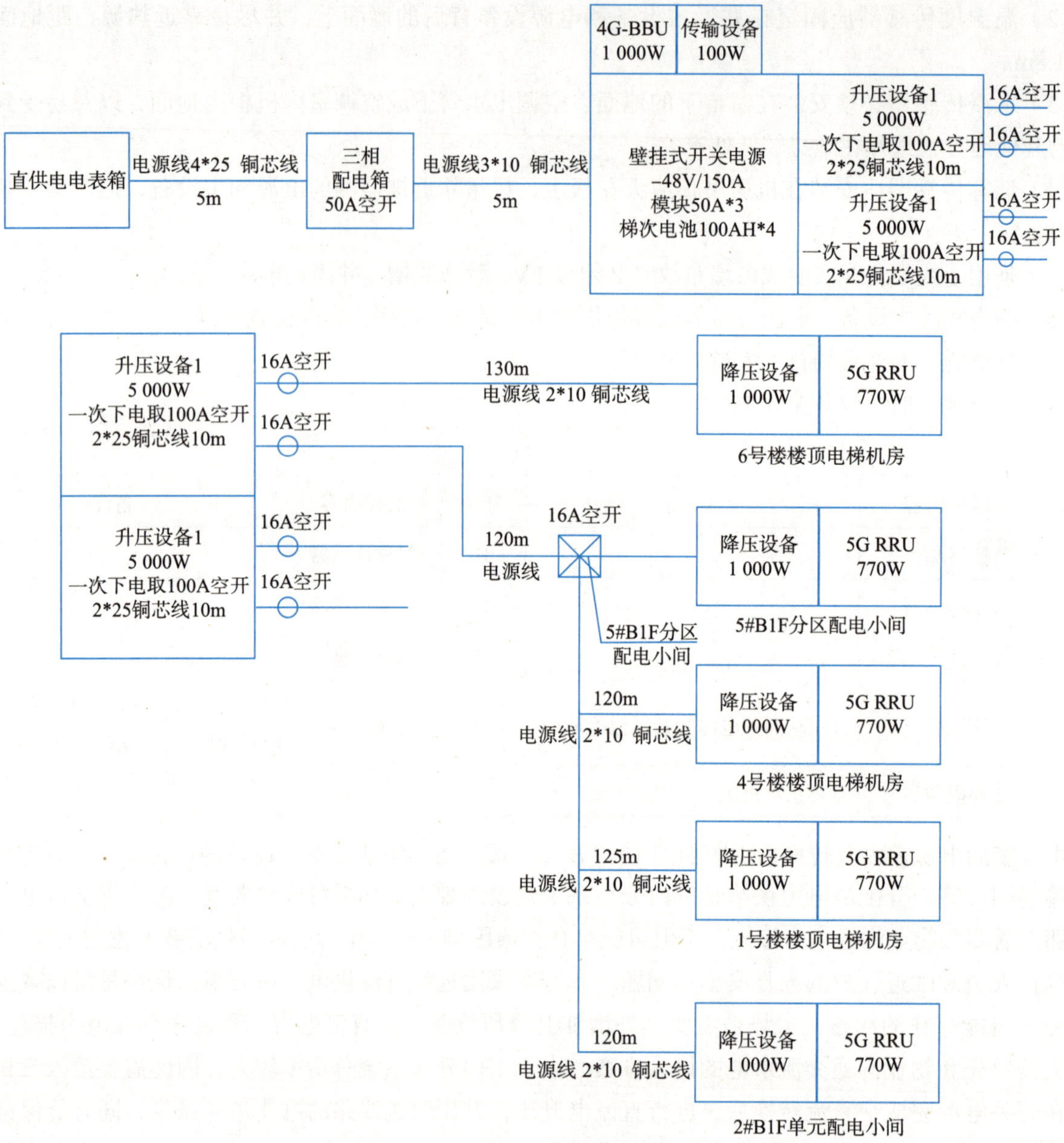

图 10–7 电源输入及转换输送图

本设计方案中室内分布各大楼的接入点在各楼的弱电井里，设备安装在弱电井墙面上，安装位置如图 10–8 所示。

弱电井一般用于通信线缆布设，所供电源电压要求低于 48V。所走的线缆主要有网络线、电话线、光纤、监控线，射频电缆等，一般弱电井走的均为信号线。

弱电线路在弱电井里敷设既可以保护弱电线路，减少人为破坏，又可方便专业施工人员定时检查维护，而且线路从弱电井里走，不会影响大楼的整体形象，比较美观。目前，新建大楼都提供强电井道和弱电井道。

设计弱电井的设备布放，需要预先勘察，观察空间大小，根据空间和安装设备的尺寸，预估安装设备的位置。注意：由于弱电井可能存在其他系统的设备和线路，因此设计时要尽可能避免与之产生交集。

勘察时尽可能与业主详细沟通，了解该大楼的接地系统，以及其他系统的线路走向，询问未来该弱电井可能需要安装的系统。

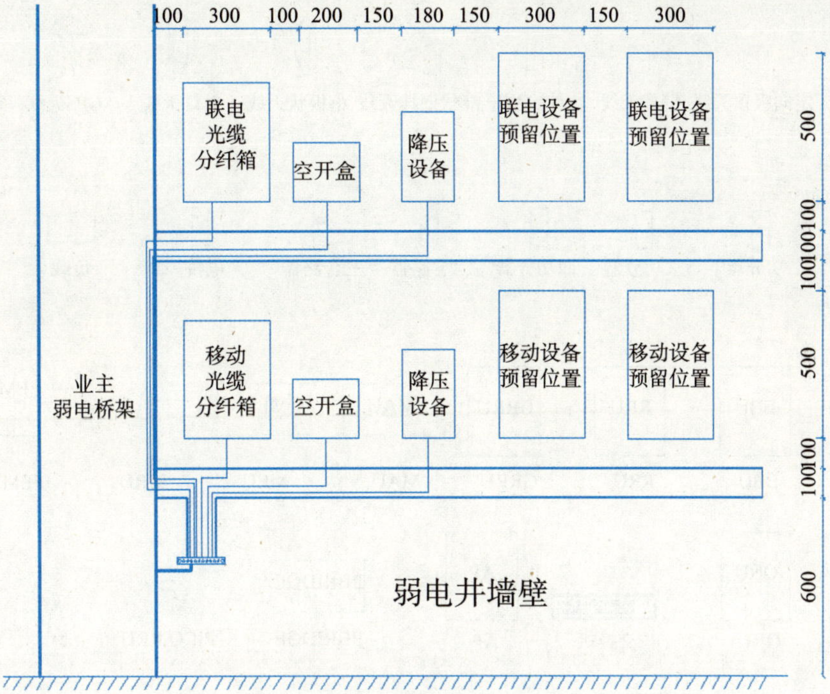

图 10–8　弱电井设备安装图

弱电井安装时要注意文明施工，尽量不破坏墙面。

各安装设备的尺寸见表 10–4。安装的设备包括光缆分纤箱，从光缆分纤箱中引出光纤连接到无线设备，本方案中中国移动安装的是 RRU，联电安装的是光纤直放站远端。各设备还需要连接直流电源线和接地线，按建设要求，线缆需要安装在 PVC 槽中。

表 10–4　弱电井设备列表

序号	设备名称	型号规格	外形尺寸（mm）	单位	数量	备注
1	移动 RRU 远端		300*200*500	台		预留位置
2	移动设备		300*200*500	台	2	预留位置
3	联电设备		300*200*500	台	2	预留位置
4	联电直放站远端		300*100*500	台		预留位置
5	降压设备		180*180*300	台	2	
6	移动光缆分纤箱		350*120*400	个	1	
7	线槽长度	10cm 线槽		米	4	
8	联电光缆分纤箱		350*120*400	个	1	
9	室内接地排	8mm 螺孔 12 个 /10mm 螺孔 2 个	300*40*4	个	1	

10.1.3　无线系统设计

图 10–9 是室内分布系统常见器件的模板，不同省市和不同设计单位的器件模板有所区别。本模板第一排为常见的天线，第二排为常见的功率分配器件和合路器，第三排和第四排为无线信源，第五排为常用馈线。

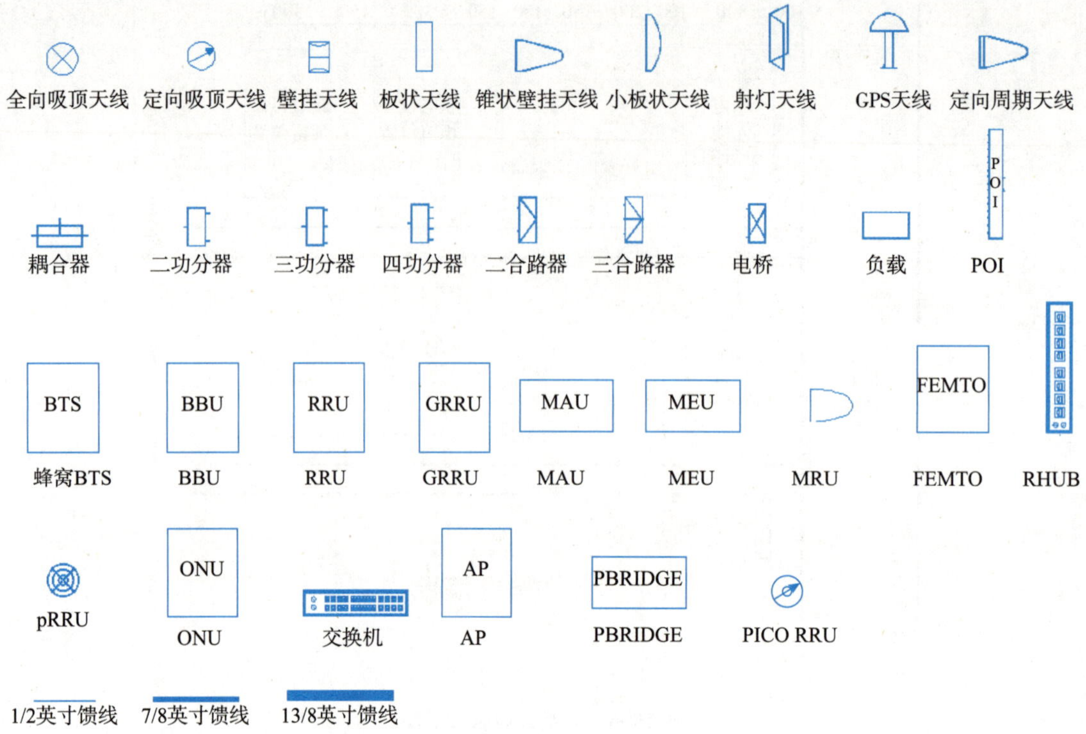

图 10–9　室内分布系统器件模板

图 10–10 的左图是本方案的电梯覆盖。常见的电梯覆盖采用的是定向板状天线和对数天线。由于电梯对无线链路传播的损耗很大，电梯轿厢通常会额外造成 20～35dB 的穿透损耗，因此按照设计要求，一般要求定向天线的发射功率比平层的全向天线高 3dB 左右。本方案采用的是每三层楼安装一副定向天线，经过大量的无线覆盖工程实践，这种方案被证实是电梯较好的天线覆盖方案。本图中天线用 ANT 表示，功分器用 P 表示，耦合器用 T 表示，每个器件需要标明序号和楼层，如 ANT6-DT1#2 表示 2 号楼内 1 号电梯的第 6 副天线（电梯序号无统一标准，本例也可以表示成 ANT6-2#DT1 等）。为了节省建设成本，有些方案采用每四层楼安装一副定向天线或者每四层或五层楼安装一副周期天线。这些方案的覆盖效果略差，大量测试表明电梯经过部分楼层时的信号比三层一天线的方案小 5～10dB。还有一些方案为了更大幅度地降低成本，使用“电梯宝”等无线直放站，“电梯宝”方案不需要安装电梯室内分布系统，但当电梯升到较高的楼层时，无线直放站的近端和远端的距离变大，无线链路损耗变大，电梯内的无线信号明显变差。

电梯覆盖由于是隐蔽工程，因此检查困难。少数施工队伍为了减少成本，存在偷工减料现象，例如用 1/2 英寸馈线代替 7/8 英寸馈线，或者将两路可能干扰的信号用器件合路成单路，或者最末端天线不布线而直接从功分器端口外接天线上打覆盖（例如在 13F 处 PS1-DT1#2 用 JJ 头直连天线 ANT6-DT1#2，该天线被安装在 13F 对应的电梯井道处，可节约 12m 馈线）等。电梯布线需要监理人员对施工过程加强监督，验收时建设单位也需要具备对电梯覆盖工程进行有效检查的手段。

在设计电梯覆盖时的一个难点是高楼层的覆盖，按设计要求，各天线的发射功率差异不能超过 3dB。如果楼层过高，天线数量众多，那么分配无线射频能量时采用功分器和耦合器，由于耦合器只能选择 5dB、6dB、7dB、10dB、15dB、20dB 等有限规格，因此通常的设计方案是从电梯信源接入点使用耦合器分路，至末端时使用功分器分路，单电缆方案时很难选择合适的耦合器配平天线发射功率。根据设计经验和功率计算，当天线数量超过 8 副时，如果需要让各天线的功率差异不超过 3dB，那么需要修正方案，如图 10–10 的右图就是某高层方案（非本设计方案图纸），共 10 个天线，这个方案将上、下两个天线组成一组，用功分器进行分配。该方案只需要 4 个耦合器，通过调整耦合器类型，可以实现各天线的功率差异不超过 3dB，但代价是比单电缆方案多出 36m 馈线。还有一种方案是先布放 7/8 英寸馈线到楼层中央，然后用二功分器分向上和向下两个方向去覆盖。

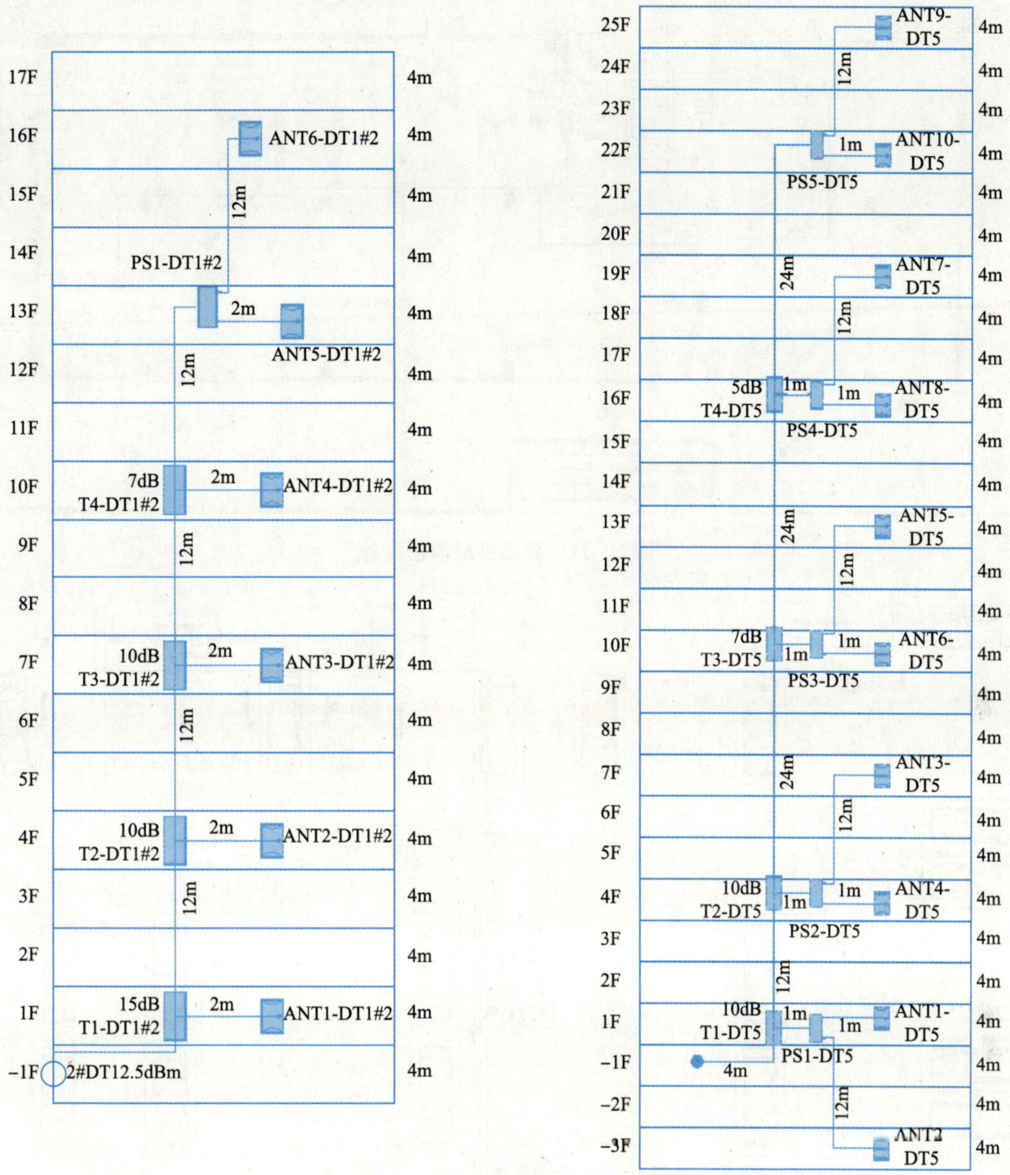

图 10–10　电梯覆盖方案

图 10–11 是商场平层覆盖设计。平层覆盖天线通常采用全向天线，天线的覆盖半径约为 10m，同一水平线上的天线距离为 13～15m。信号从弱电井开始，用 1/2 英寸馈线做传输介质，如果主干馈线超过 15m 可以考虑用 7/8 英寸馈线来减少损耗。因为是低楼层，需要避免外泄信号太强对室外无线覆盖造成干扰，所以天线布放位置离窗不要太近，必要时考虑用方向性强的定向天线。

地下车库定向天线覆盖示例如图 10–12 所示。本图为本方案地下停车场的覆盖图，由于图幅所限（通常施工图纸采用 A3 图幅），因此只截取了部分内容，并对部分需要展示的部分进行了放大。本方案采用定向板状天线，定向板状天线方向性强，覆盖范围广，图中同排的两个天线是有方向的，箭头所指方向就是天线覆盖的主方向。还有些方案将这两个天线背靠背安装。地下停车场通常具备弱电槽，馈线走线尽量利用弱电槽。如果馈线部分裸露在外，那么该部分需要穿管保护，图中下方为穿管保护部分，并要统计穿管长度，计入概预算中。

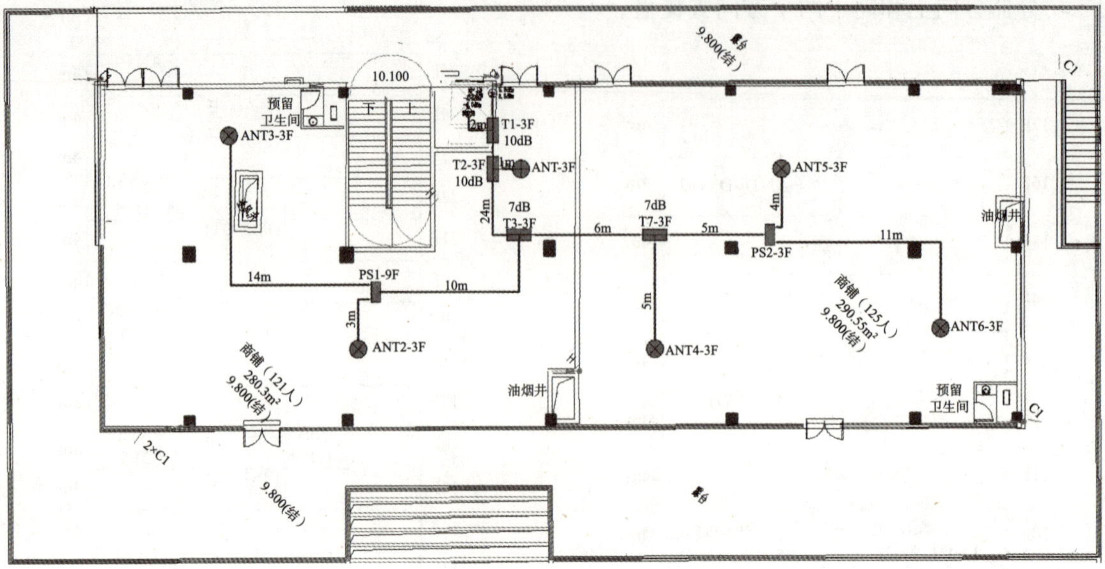

图 10–11　商场平层覆盖设计

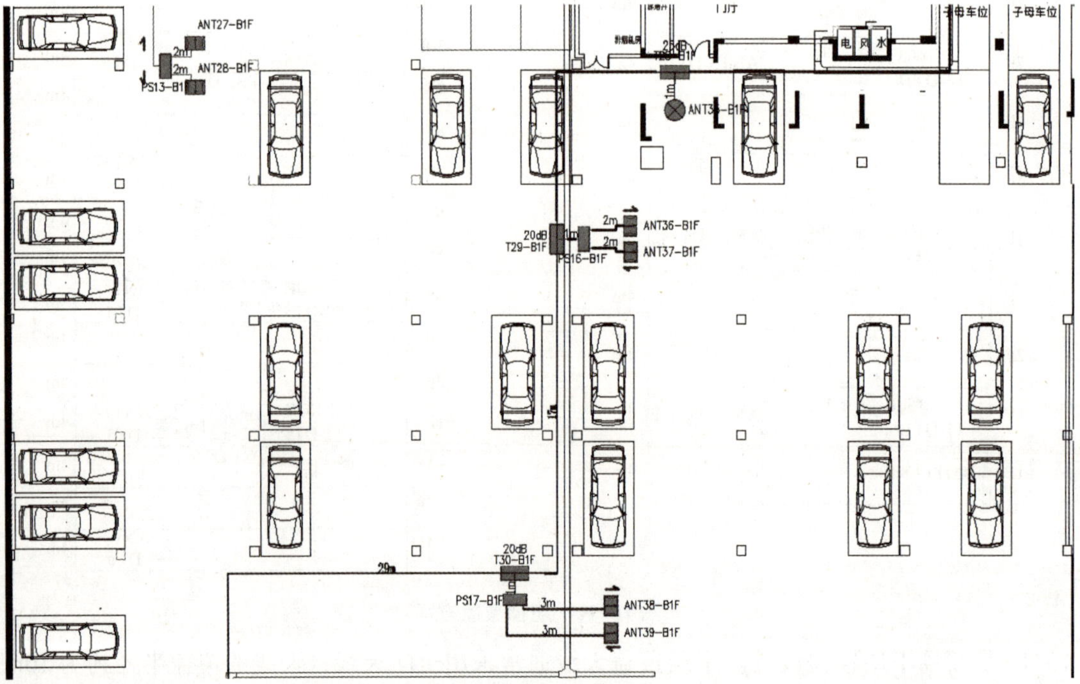

图 10–12　地下车库定向天线覆盖示例图

地下停车场覆盖也有采用全向天线方案的，方案的相邻天线间距较远，通常为 15～20m。该方案成本高于定向天线方案。地下车库全向天线覆盖示例图如图 10–13 所示。

由于天线距离较远，为减少馈线传输损耗，主干线采用 7/8 英寸馈线。右侧出入坡道需要用定向天线覆盖，确保车辆从一层驶入地下停车场时无线信号平滑切换。

楼顶射灯天线覆盖示例图如图 10–14 所示。本方案通过安装楼顶射灯天线实现对住宅楼的覆盖。如图所示，在 1 号楼楼顶安装 3 个射灯天线，分别覆盖 4 号、5 号、6 号楼，天线挂高 57m，正对目标楼栋。因为覆盖距离为 45～60m，所以需要设置较大下倾角，本方案的下倾角设置为 20° 。每个天线需要标注下倾角、挂高和方位角。

射灯天线的机械下倾角的计算较为复杂，通常采用下倾角≈arctan（水平距离 / 挂高）＋天线垂直波束宽度 /2。由于覆盖对象是住宅楼，因此挂高是指天线与目标楼栋被覆盖楼层中间高度的差值。4 号、5 号、6 号楼楼高约为 50m，射灯天线垂直波束宽度约为 12°，按计算公式，下倾角≈ $\arctan\frac{25}{57}+\frac{12^\circ}{2}\approx 23.7^\circ+6^\circ=29.7^\circ$，过大的下倾角可能导致信号过度聚焦在低层，引起高层覆盖不足和地面反射干扰，通过路测发现 20° 能平衡覆盖深度和信号质量。如果覆盖更高楼层，如 25 层以上，通常需要两副射灯天线：一副天线的下倾角设置成 15°，覆盖范围为 15 层以上楼层；另一副天线的下倾角设置成 45°，覆盖范围为 1～14 层楼层。

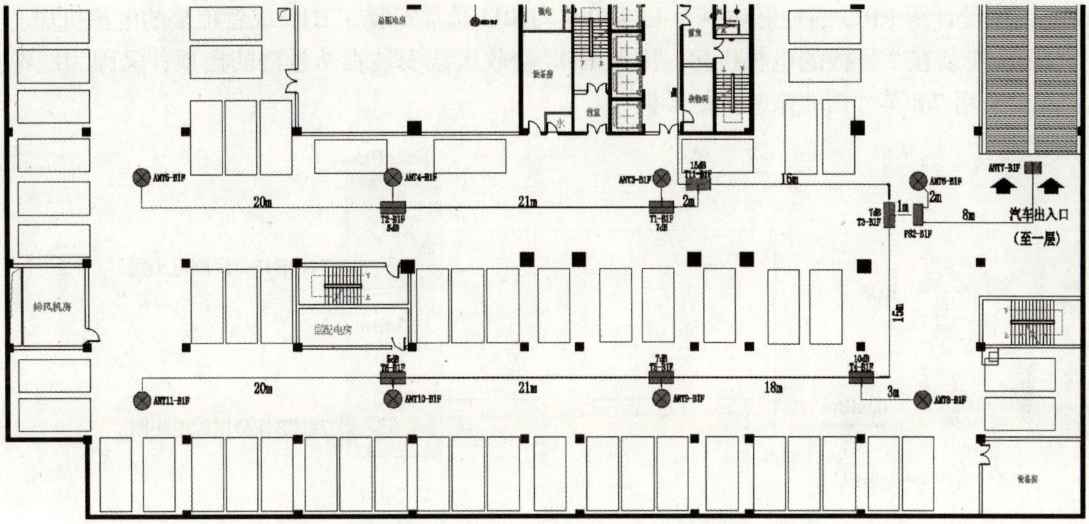

图 10–13　地下车库全向天线覆盖示例图

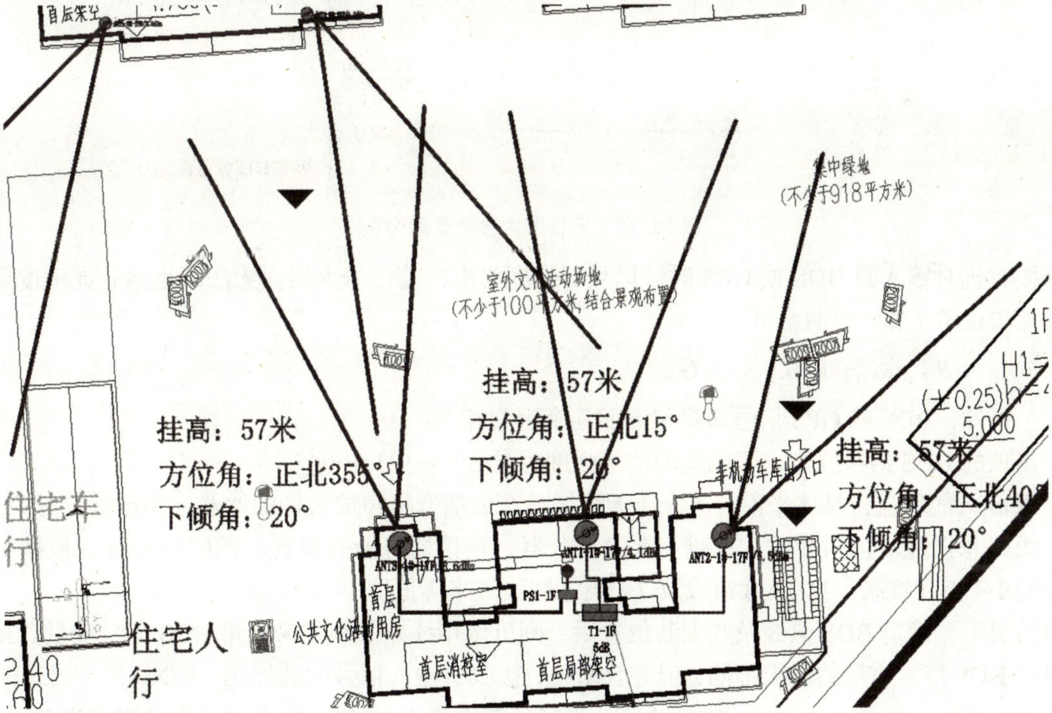

图 10–14　楼顶射灯天线覆盖示例图

由于现在住宅区域室外无线覆盖的站址获取困难，小区住宅内的无线信号较差，因此通常采用室内外协同覆盖方案。室内分布系统通过无源器件分配信源功率，优先选用射灯、美化天线等隐蔽型安装方案。射灯天线需要较高的发射功率，单个 RRU 通常仅支持连接 3～4 根天线。射灯天线需要在楼顶隐蔽安装，施工环境复杂，在强风条件下存在脱落风险，可能引发安全隐患，因此必须确保采取可靠的固定措施。

10.1.4　无线系统能量分配

无线室内分布信源分配如图 10–15 所示。本图为本方案中中国移动的室内分布输入信号源的一部分，安装在通信机房的 BBU 引出光缆连接到 4 个 5G RRU 设备上。RRU 的发射功率可以调整，通常为 10～16dBm，本设计图 RRU 的发射功率为 12.2dBm。RRU 通常安装在 B1F 或者顶楼的电梯机房。本方案中，由于 BBU 安装在 7 号楼的电梯机房，因此 BDS 接收天线安装在 7 号楼的楼顶；又因为线缆长度长达 80m，所以采用 7/8 英寸馈线来减少信号损耗。

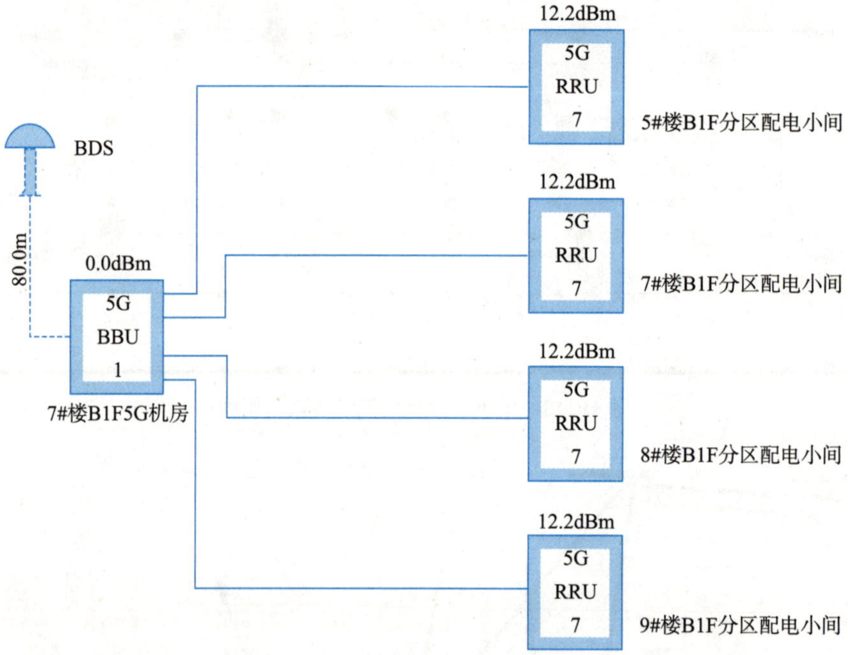

图 10–15　无线室内分布信源分配

基站接收机对输入的 BDS 或 GPS 时钟信号有强度要求，若信号太弱而无法满足接收灵敏度要求，则会造成其无法正常工作。计算公式为：

$$R_{接收}=R_{天线接收信号}+G_{天线增益}-G_{链路总衰减}$$

由以上得知，BDS 或 GPS 信号质量与下面几个因素相关：

（1）楼顶的 BDS 信号强度：开阔地的信号强度为 –130～–123dBm。

（2）BDS 天线增益：具体来说，与介质天线增益、前端低噪声放大器的增益、噪声指数有关。

（3）线路总损耗：包括馈线、跳线、无源功分器、连接器等所有损耗。馈线损耗可以根据工程场景选择对应的 1/4 英寸馈线、1/2 英寸馈线及 7/8 英寸馈线等来降低。

一般情况下，确定 BDS 天线及其安装位置后，则可以用线路总损耗来衡量 BDS 信号质量。虽然不同的接收机对 BDS 信号质量的需求不同，但综合来说，接收机输入信号的载噪比（C/N）大于 35dB·Hz 时，接收机能稳定授时，折算到对 BDS 信号链路总损耗的要求为小 25dB，即全链路衰减需要满足小于 25dB

的要求。用公式表示为：

$$G_{\text{链路总衰减}}=G_{\text{馈线}}+G_{\text{功分器}}+G_{\text{连接器}}+G_{\text{跳线}}+G_{\text{其他}}<25\text{dB}$$

RRU 能量分配示意图如图 10–16 所示，信号从 RRU 输出，通过 1/2 英寸馈线或 7/8 英寸馈线传输，用功分器和耦合器进行功率分配。根据中国移动的相关规范，平层天线发射功率在 –12dBm 左右，定向板状天线发射功率在 –9dBm 左右，要求同类型的天线发射功率变动范围在 3dB 以内。

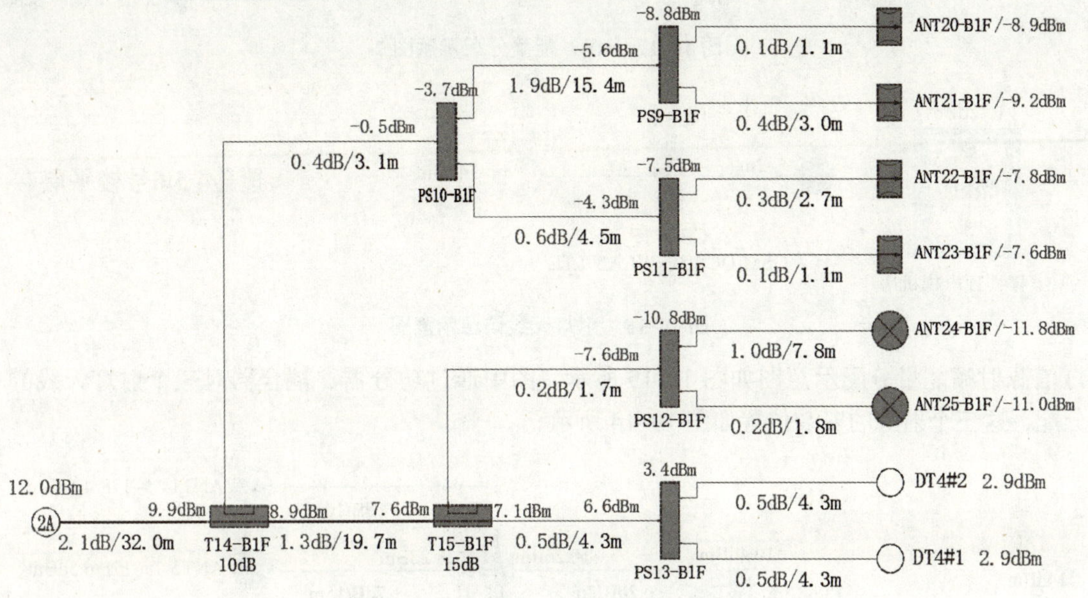

图 10–16　RRU 能量分配示意图 1

头脑风暴

请推导图 10 – 16 中 ANT22-B1F 的发射功率的计算过程。

根据经验，如果采用 2.5GHz 频段，一个 5G RRU 支持约 30 个全向天线的信号覆盖，或者支持 15～20 个定向板状天线的信号覆盖，如果采用 3.3～3.4GHz 频段，则能支持的天线数量更少。对比 2G、4G，一个 2G RRU 可以支持 120 个左右全向天线的信号覆盖，或者 80 个左右的定向板状天线的信号覆盖；一个 4G RRU 可以支持 60～80 个全向天线的信号覆盖，或者 40 个左右的定向板状天线的信号覆盖。

如图 10–16 所示，天线的功率计算过程如下：10dB 耦合端的插入损耗为 10dB，直通端的插入损耗为 1dB，功分器的插入损耗为 3.2dB，ANT20-B1F 的功率为 12–2.1–10–0.4–3.2–1.9–3.2–0.1=–8.9（dBm），ANT24-B1F 的功率为 12–2.1–1–1.3–15–0.2–3.2–1=–11.8（dBm）。

RRU 后续能量分配示意图如图 10-17 所示，它为上图的后续能量分配，DT4#1 节点信号能量通过馈线、耦合器和功分器送到 5 个电梯天线。经方案分析，本远端射频单元（RRU）为 14 个定向板状天线及 2 个全向天线提供射频能量。

射灯天线信源示意图如图 10–18 所示。因为天线发射功率较大，所以将 5G RRU 的发射功率调整到 15.2dBm，该信号与 2G、3G、4G 信号合路，合路器的损耗为 1dB。如图 10–18 所示，RRU 输出的 5G 信号与 2G、3G、4G 信号合路，5G 输出信号为 14dBm，信号通过功分器和耦合器送到三个射灯天线。

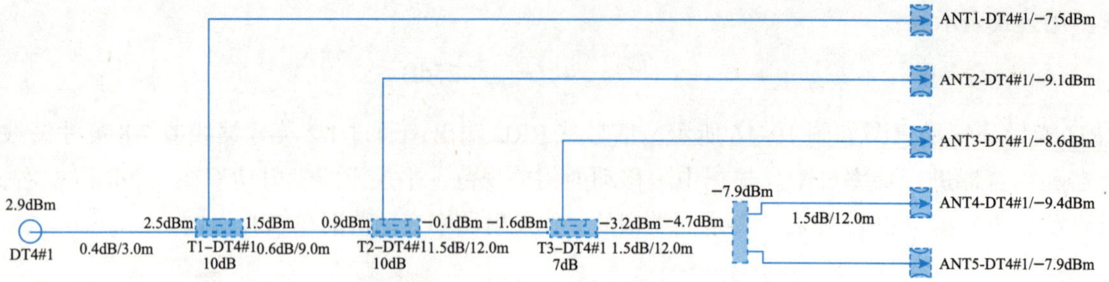

图 10–17　RRU 能量分配示意图 2

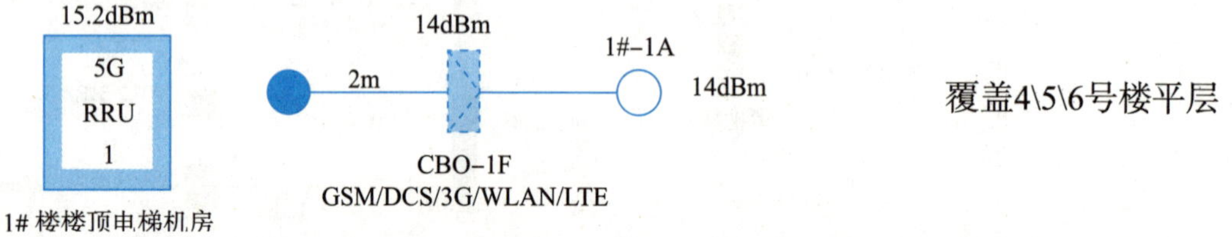

图 10–18　射灯天线信源示意图

射灯信源射频能量分配示意图如图 10–19 所示，图中通过功分器、耦合器对三个射灯天线的功率进行计算分配，这三个射灯的安装位置如图 10–14 所示。

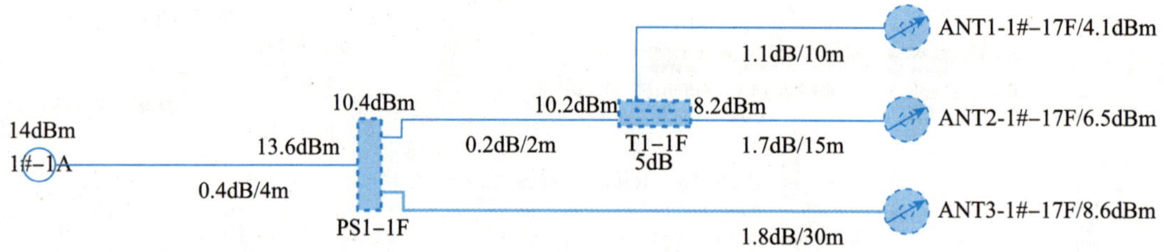

图 10–19　射灯信源射频能量分配示意图

10.1.5　通信工程概预算

在设计图纸完成后，需要根据设计图纸进行概预算。目前概预算的主要依据为《工业和信息化部关于印发信息通信建设工程预算定额、工程费用定额及工程概预算编制规程的通知》(工信部通信 [2016]451 号)，简称“451 定额”。后续有一些补充，但实际框架仍以 2016 版定额为准。

因为目前无线室内分布系统建设投资方多样化，有电信运营商单独建设的，有中国铁塔股份有限公司建设的，还有电信运营商提供信源、房地产或业主提供室内分布工程建设费用的，所以概预算依据也不一样。中国电信和中国移动进行室内分布工程概预算的依据基本按 451 定额进行，但两个电信运营商的计算方式有所差异，甚至同一电信运营商的不同地市分公司对工程费用的计算都有差别。中国联通最近几年有部分区域已经放弃了 451 定额，而是先与集成商谈好单天线费用，再按天线数量进行费用计算。

基于无线室内分布概预算计算方式的多样化，不同电信运营商、不同建设单位甚至同一电信运营商的同一省份的不同地市都有差异，无法做到概预算的内容和格式统一化，本教材只对概预算的基本计算规则进行举例，实际工程中会有些差异。

通信工程概预算表格通常由五个部分构成。室内分布工程概预算通常需要完成表三甲的工程量统计表、表三乙 / 丙的机械和仪表工程量表、表四的材料表和设备表、表二的建安费统计、表五的其他费统计及表一的总费用统计。

本教材的概预算表来源于实际项目的概预算，但由于通信概预算表的各表的子项众多，因此本教材的概预算表只列举了大部分重要内容，对一些表格项目略有删减，如材料表只列举了部分典型材料的统计。

概预算统计流程，首先是工程工作量统计。表三甲工程量统计示例见表 10–5。本表只统计了室内分布部分的工程量，未统计信源部分的工程量。

表 10–5　表三甲工程量统计示例

序号	定额编号	项目名称	单位	数量	单位定额（工日）
Ⅰ	Ⅱ	Ⅲ	Ⅳ	Ⅴ	Ⅵ
1	TSW1-030	安装室内接地排	个	11	0.69
2	TSW1-036	敷设硬质 PVC 管 / 槽	十米	21	0.17
3	TSW1-037	敷设钢管	十米	50	0.22
4	TSW1-038	安装波纹软管	十米	13	0.12
5	TSW1-039	安装电表箱	个	1	0.63
6	TSW1-058	布放射频拉远单元（RRU）用光缆	米条	2 200	0.04
7	TSW1-059	制作光缆成端接头	芯	476	0.15
8	TSW1-060	布放电力电缆（单芯电力相线截面积为 $16mm^2$ 以下）	十米条	12	0.15
9	TSW1-060	室内布放电力电缆（2 芯相线截面积为 $16mm^2$ 以下）	十米条	220	0.17
10	TSW2-021	安装小型化定向天线（抱杆上）	副	30	1.88
11	TSW2-024	安装室内天线（高度为 6m 以下）	副	152	0.83
12	TSW2-026	安装室内天线（电梯井）	副	218	2.13
13	TSW2-027	布放射频同轴电缆 1/2 英寸以下（4m 以下）	条	725	0.20
14	TSW2-028	布放射频同轴电缆 1/2 英寸以下（每增加 1m）	米条	3 752	0.03
15	TSW2-029	布放射频同轴电缆 7/8 英寸以下（10m 以下）	条	118	0.98
16	TSW2-030	布放射频同轴电缆 7/8 英寸以下（每增加 1m）	米条	486	0.06
17	TSW2-039	安装调测室内天、馈线附属设备（功分器等）	个	140	0.34
18	TSW2-039	安装调测室内天、馈线附属设备（电梯井）	个	208	0.68
19	TSW2-046	室内分布式天、馈线系统调测	条	843	0.56
20	TXL7-025	安装光缆终端盒	个	11	0.30
21	估列 3	报装费（220V）	元 / 站	1	14.91

表 10–5 与实际工程概预算表格相比，略有删减。表中未列工日合计值，它的计算方法为：单项工日合计值＝单位定额（工日）× 数量。最终 21 项求和得到工程量为 1 950.44 工日。

室内天线安装数量统计要注意区分安装场景。平层天线安装按照定额 TSW2-024 计算，全向天线和定向天线都按此定额计算。电梯天线安装按照定额 TSW2-026 计算，因为电梯天线的安装难度较大，所以电梯天线安装定额是平层天线安装定额的 2.5 倍左右。

布放馈线工作量计算相对特殊，它把馈线工作量统计分成两部分：4m 以下和 4m 以上。布放射频同轴电缆 1/2 英寸的工作量统计包括材料搬运、接头制作、线缆布放和整理等。当馈线长度为 1m、2m、3m 时，实际工作量差距很小；当长度较大，如馈线长度为 8m、10m 时，工作量又有差异。所以把定额分为两部分：当馈线长度为 4m 以下时，不区分长度，均按 0.3 技工工日计算；当馈线长度超过 4m 时，先计取 4m 馈线的工作量为 0.3 技工工日，剩余部分按 TSW2-028，每米定额为 0.03 技工工日计算。根据上述规则，安装一条 10m 长的 1/2 英寸馈线，总工日为 0.3＋（10–4）× 0.03=0.48。

头脑风暴　安装一条 20m 长的 7/8 英寸馈线的技工工日是多少?

表三甲中的数量统计一般不靠人工统计，而是依靠移动通信室内分布系统辅助设计仿真软件。

表三乙机械使用费计算示例见表 10–6。无线室内分布系统工程很少使用机械，光缆熔接所用的熔接机是该费用的主要使用项目。

表 10–6　表三乙机械使用费计算示例

序号	定额编号	项目名称	单位	数量	机械名称	单位定额值		合计值	
						消耗量（台班）	单价（元）	消耗量（台班）	合价（元）
Ⅰ	Ⅱ	Ⅲ	Ⅳ	Ⅴ	Ⅵ	Ⅶ	Ⅷ	Ⅸ	Ⅹ
1	TSW1-059	制作光缆成端接头	芯	476	光纤熔接机	0.03	144	14.28	2 056.32
		合计							2 056.32

表三丙仪表使用费计算示例见表 10–7，根据 451 定额，一段馈线的安装需要先按表三甲的 TSW2-027 和 TSW2-028 来统计技工工日，同时按表三丙中 TSW2-046 定额进行仪表使用费的计算，测试仪表包括天馈线测试仪、操作测试终端（电脑）等。

由于无线工程量巨大，施工队伍对工程质量的把控相当成熟，而天馈线测试仪、互调测试仪价格昂贵，且这些仪器的使用操作复杂，因此实际工程中施工队伍很少进行馈线和天线的测试，主要是在工程初验阶段对无线信号进行测试来确认工程质量。由于这部分费用占施工费用比重较大，因此目前各电信运营商对施工费用通常会在施工合同里说明打折比例，甚至有些合同里施工费用打折比例很大，存在按一、二折计算的情况。

表 10–7　表三丙仪表使用费计算示例

序号	定额编号	项目名称	单位	数量	机械名称	单位定额值		合计值	
						消耗量（台班）	单价（元）	消耗量（台班）	合价（元）
Ⅰ	Ⅱ	Ⅲ	Ⅳ	Ⅴ	Ⅵ	Ⅶ	Ⅷ	Ⅸ	Ⅹ
1	TSW1-059	制作光缆成端接头	芯	476	光时域反射器	0.05	153	23.8	3 641.4
2	TSW2-046	室内分布式天、馈线系统调测	条	843	天馈线测试仪	0.07	140	59.01	8 261.4
3	TSW2-046	室内分布式天、馈线系统调测	条	843	操作测试终端	0.07	125	59.01	7 376.25
4	TSW2-046	室内分布式天、馈线系统调测	条	843	互调测试仪	0.07	310	59.01	18 293.1
		合计							37 572.15

表四甲对需要安装的设备的费用进行计算，本项目需要安装设备的预算见表 10–8。材料和设备通常会有厂家和价格信息，由于产品来源和报价属于商业机密，因此表格中删除了部分产品厂家和品牌信息。

表 10–8 中的设备均来源于设计方案，设备包括功分器、耦合器、光缆终端盒、信源设备等。该表涉及的子项众多，部分子项未列入，合计值包含了这些子项。

表 10–8　表四甲需要安装设备预算表计算示例

序号	名称	规格程式	单位	数量	单价（元）（含税价）	合计（元）（含税价）
Ⅰ	Ⅱ	Ⅲ	Ⅳ	Ⅴ	Ⅵ	Ⅶ
1	无源器件	腔体功分器 – 普通型 – 二功分	个	120	14.71	1 765.51
2	无源器件	腔体耦合器 – 普通型 –5dB	个	20	19.64	392.79
3	无源器件	腔体耦合器 – 普通型 –7dB	个	75	19.64	1 472.96
4	壁挂天线	室内定向单极化壁挂天线	面	218	27.65	6 027.94
…	…	…	…	…	…	…
10	吸顶天线	普通室内全向单极化吸顶天线	面	152	11.11	1 688.40
11	射灯天线	室外分布天线射灯天线大张角	面	30	372.00	11 159.88
12	小计 1（甲供设备）	0	0	0	0	25 417.12
13	甲供设备物流费	0	0	0	0	554.67
14	合计 1（甲供设备）	0	0	0	0	25 971.79
15	光纤终端盒	24 芯	个	11	67.80	745.80
16	合计 2	0	0	0	0	745.80
17	总计	0	0	0	0	26 717.59

根据室内分布系统工程建设惯例，主要材料并不是全部由建设单位提供的，施工单位也会提供一部分工程材料。

表四甲的甲供主要材料预算计算见表 10–9。所谓甲供就是甲方供应，甲方通常指项目的建设方、项目的投资方。

表四甲的乙供主要材料预算计算见表 10–10。它是乙供的材料费，乙供就是施工方提供。工程施工中需要很多辅料，这些辅料价值低、使用量统计难，通常由乙方提供。

不同的项目、不同的建设单位在材料的提供方式和费用计算方面各不相同，并非完全和本项目材料费的计算相同。

由于馈线接口需要现场制作，因此存在失败重做的可能，馈线布放也需要考虑现场实际走线和设计的差异，馈线数量和馈线接头数量一般是设计图统计量的 102% 或 105%。

统计甲供、乙供材料总值，可得本工程材料总费用为 126 373.77 元。

表 10–9　表四甲主要材料预算表（甲供）计算示例

序号	名称	规格程式	单位	数量	单价（元）（除税价）	合计（元）（除税价）	备注
Ⅰ	Ⅱ	Ⅲ	Ⅳ	Ⅴ	Ⅵ	Ⅶ	Ⅷ
1	馈线	馈线 1/2 英寸 – 阻燃射频同轴电缆	米	6 723	5.93	39 867.39	甲供
2	馈线	馈线 7/8 英寸 – 阻燃射频同轴电缆	米	1 918	13.94	26 736.92	甲供
3	馈线配件	馈线连接器 –1/2 英寸 N 公头	个	2 117	2.58	5 461.86	甲供
4	馈线配件	馈线连接器 –7/8 英寸 N 公头	个	217	5.77	1 252.09	甲供
	…	…	…	…	…	…	…
9	电力电缆	ZA–RVV（规格型号：2*10)（黑）	米	2 200	9.53	20 966.00	甲供
11	室内分布标签	移动室内分布标签（未分列）	套	1	1 223.29	1 223.29	甲供
12	光缆	G.652D 型光纤，GYTA53-24 芯	米	2 200	2.75	6 041.64	甲供
13	小计 1	0	0	0	0.00	104 894.00	0
14	物流费	0	0	0	0.00	3 480.37	物流
15	合计 1	0	0	0	0.00	108 374.37	0

表 10-10　表四甲主要材料预算表（乙供）计算示例

序号	名　称	规格程式	单　位	数　量	单价（元）（除税价）	合计（元）（除税价）	备注
Ⅰ	Ⅱ	Ⅲ	Ⅳ	Ⅴ	Ⅵ	Ⅶ	Ⅷ
1	室内天线支架	L 型支架	个	370	15	5 550	乙供
2	室外抱杆	室外天线支架	个	30	100	3 000	乙供
3	PVC 线槽	99mm*60mm 线槽	米	80	13.5	1 080	乙供
…	…	…	…	…	…	…	…
17	ϕ25 PVC 管	ϕ25	米	100	2.4	240	乙供
18	接地排	200mm*40mm*4mm	块	26	50	1 300	乙供
19	铜鼻子	ϕ16	个	260	1.08	280.8	乙供
20	总计	0	0	0	0	17 999.4	0

表二建设安装工程费用预算计算较为复杂，本表计算的是建安工程费（含税价）。建安工程费相关费用主要根据表三甲的人工工日、表四甲的主材表费用、表三乙的机械使用费及表三丙的仪表使用费。首先根据表三甲的人工工日和技工单价计算出人工费，人工费是建设安装工程费计算的主要依据。目前很多室内分布系统工程中建设单位和施工单位签订合同时人工费会有较大折扣，本表中人工费计算就按 28% 计算，措施项目费也根据打折后的人工费进行计算。机械和仪表使用费也通常会有折扣，本方案也按 28% 计算，如表中统计的表三乙机械使用费为 2 056.32 元，该费用在本表计算时为 2 056.32 × 0.28=575.769 6（元）。

建设安装工程费计算包括四个部分，表 10-11 为直接费计算，表 10-12 为间接费计算，表 10-13 为建设安装费计算。建安费 = 直接费 + 间接费 + 利润 + 销项税额。

表 10-11　表二建设安装工程费用直接费计算示例

序号	费用名称	依据和计算方法	合计（元）
Ⅰ	Ⅱ	Ⅲ	Ⅳ
一	直接费	（一）+（二）	213 124.6
（一）	直接工程费	1+2+3+4	203 519.11
1	人工费	（1）+（2）	62 258.12
（1）	技工费	技工总工日 ×114×0.28	62 258.12
（2）	普工费	普工总工日 ×61×0.28	0
2	材料费	（1）+（2）	130 165.02
（1）	主要材料费	由表四甲主材表	126 373.8
（2）	辅助材料费	主要材料费 ×3%	3 791.22
3	机械使用费	表三乙机械使用费 ×0.28	575.77
4	仪表使用费	表三丙仪表使用费 ×0.28	10 520.2
（二）	措施项目费	1～15 项之和	9 605.537
1	文明施工费	人工费 ×1.1%	2 445.855
2	工地器材搬运费	人工费 ×1.1%	684.839 3
4	工程点交、场地清理费	人工费 ×2.5%	1 556.453
6	工程车辆使用费	人工费 ×5.0%	3 112.91
7	夜间施工增加费	人工费 ×2.1%	1 307.42
9	生产工具用具使用费	人工费 ×0.8%	498.06

表 10–12　表二建设安装工程间接费计算示例

序号	费用名称	依据和计算方法	合计（元）
二	间接费	（一）～（二）之和	91 968.58
（一）	规费	1～4 之和	74 909.86
1	工程排污费	不计取	0
2	社会保障费	人工费 ×28.5%	63 369.87
3	住房公积金	人工费 ×4.19%	9 316.483
4	危险作业意外伤害保险费	人工费 ×1.0%	2 223.504
（二）	企业管理费	人工费 ×27.4%	17 058.72

表 10–13　表二建设安装费计算示例

序号	费用名称	依据和计算方法	合计（元）
	建安工程费（含税价）	一＋二＋三＋四	351 039.6
	建安工程费（除税价）	一＋二＋三	317 544.8
一	直接费	直接工程费＋措施项目费	213 124.6
二	间接费	规费＋企业管理费	91 968.58
三	利润	人工费 ×20%	12 451.62
四	销项税额	见后续说明	33 494.77

注：销项税额＝（人工费＋辅材费＋机械使用费＋仪器仪表使用费＋措施项目费＋规费＋企业管理费＋利润）× 适用税率＋甲供主材费 × 适用税率＋乙供主材费 × 适用税率。

按国家规定，施工涉及的规费不允许打折。表 10–12 规费中的社会保障费、住房公积金、危险作业意外伤害保险费、企业管理费均按人工费原价计算，保障了施工人员的权益，体现了党和国家对施工企业员工的关心、关爱，有利于创建和谐社会。

表五工程建设其他费计算见表 10–14。工程建设其他费预算表涉及的费用较多，由于室内分布系统工程相对简单，因此其他费主要包括设计费、建设工程监理费和安全生产费，其他费用项目通常不考虑。

勘察费和设计费目前大多基于电信运营商和设计单位或集成单位的设计框架协议的勘察费计算方法计取，建设工程监理费也类似。安全生产费要重点关注，该费用不允许打折，且根据建设安装工程费（定额除税价）进行计算，也就是涉及安全施工的安全生产费不允许打折。安全生产是企业施工的重中之重，必须高度重视。

表 10–14　表五工程建设其他费计算示例

序号	费用名称	计算依据及方法	金额（元）		
			除税价	增值税	含税价
Ⅰ	Ⅱ	Ⅲ	Ⅳ	Ⅴ	Ⅵ
5	勘察设计费		12 477.05	748.62	13 225.67
（1）	勘察费	根据设计框架协议的勘察费计算方法计取	0	0	0
（2）	设计费	根据设计框架协议的勘察费计算方法计取	12 477.05	748.62	13 225.67
6	环境影响评价费				
7	建设工程监理费	根据监理框架合同的监理费计算方法计取	7 418.784	445.13	7 863.914
8	安全生产费	建设安装工程费（定额除税价）×2%	9 006.96	810.63	9 817.59
	总计		28 902.79	2 004.38	30 907.17
14	生产准备及开办费（运营费）				

建设其他费项目众多，由于一些费用在室内分布系统工程中不记取，因此本表未列入。因为概预算

中该表费用格式固定，所以表 10–14 中的子项目编号与标准格式的子项目编号相同。

表一工程预算总费用计算见表 10–15，总费用计算的依据包括表二建设安装工程费、表四的需要安装设备费，表五的其他费用以及工程计取的预备费和利息。

室内分布系统工程建设时间短（通常为 3～6 个月），单项目投资费用不大，一般不计取预备费和利息。

工程费的增值税包括表 10–13 中的销项税额和表 10–8 设备费的增值税之和。表 10–13 中的销项税额为 33 494.77 元，表 10–8 安装设备的总价为 26 717.59 元，按国家相关规定，设备的增值税税率为 13%，该部分除税价为 23 661.96 元，增值税为 3 055.63 元，两项相加得到工程增值税为 33 494.77 元＋3 055.63 元＝36 550.4 元。表 10–14 中其他费的增值税为 2 004.38 元。本项目总的增值税为 38 554.78 元。

本项目工程费和其他费的除税价总计为 370 109.5 元，增值税为 38 554.78 元。计算所得的含税价 408 664.3 元为本工程预算总投资。

表 10–15　表一工程预算总费用计算示例

序号	表格编号	费用名称	需要安装的设备费	建筑安装工程费	其他费用	总价（元）		
						除税价	增值税	含税价
Ⅰ	Ⅱ	Ⅲ	Ⅳ	Ⅴ	Ⅵ	Ⅶ	Ⅷ	Ⅸ
1	TSW-2、4 甲 B	工程费	23 661.96	317 544.8		341 206.76	36 550.4	377 757.16
2	TSW-5 甲	工程建设其他费用			28 902.79	28 902.79	2 004.38	30 907.17
		合计	23 661.96	317 544.8	28 902.79	370 109.55	38 554.78	408 664.33
		总计	23 661.96	317 544.8	28 902.79	370 109.55	38 554.78	408 664.33

室内分布系统工程概预算涉及的标准较多，计算也有一定的难度。为了降低工程概预算难度，提升工程设计速度，确保概预算的正确性，通常情况下室内分布系统工程概预算会由各电信运营商省公司设计计算模板，设计人员只需要在软件中提供一些工程量的基本数据，模板会协助计算，提供标准格式的输出，而不需要自己逐表填写计算。

10.2 pRRU 分布系统（放装型）设计实例

pRRU 分布系统是有源分布系统的一种，自 4G 网络建设后期出现，到 5G 网络阶段成为除传统无源分布系统以外的最主流的分布系统。根据远端的类型，pRRU 分布系统可以分为放装型和室分型两种，本节介绍的是 pRRU 分布系统（放装型）设计实例。

10.2.1 点位说明

点位一场景照片如图 10–20 所示。点位一是一座大型购物商场，分为 A 区、B 区、C 区、D 区、E 区共 5 个区域。其中，A 区、B 区、C 区用地面积约为 20 900m^2，总建筑面积为 98 000m^2，通过地下室及空中连廊形成一个整体商业休闲中心，业态定位为引领时尚潮流的购物中心，以国际二线品牌、快时尚、潮牌等为主，打造青年文化集散地。本点位作为半空旷型场景，可以验证 pRRU 分布系统（放装型）有源室内分布在半空旷型场景的覆盖能力及效果。

点位一入口处

内部照片一

内部照片二

内部照片三

图 10-20　点位一场景照片示例

10.2.2　工程前期

工程前期工作主要包括覆盖工程分析、物业协调和建筑物图纸获取、工程勘察。

1. 覆盖工程分析

该工程位于省城的中心地段，属于 5G 覆盖新建工程，总覆盖目标面积大约为 113 100m^2。由于该购物中心人流众多、高端用户比例较高，因此建设室内分布系统覆盖工程势在必行。中国铁塔股份有限公司作为本项目的建设单位，将提供中国移动、中国电信和中国联通的信号覆盖。

2. 物业协调和建筑物图纸获取

本商场物业具有建设无线室内分布系统覆盖工程的较强意愿，建设单位和物业的沟通较为顺畅。商场为新建建筑，具备完整的工程图纸，包括建筑工程、安防工程、水电工程等电子版图纸。在与物业沟通后，物业提供了较详尽的图纸。

3. 工程勘察

在与物业约定勘察时间后，按建设单位的要求，勘察人员携带相关测试工具，进行无线信号测试。勘察人员在物业人员的协助下，进行施工条件和施工环境勘察，填写相关的勘察表格。在前期勘察完成后，由设计人员核对相关资料，按建设单位设计要求，进行本项目的无线室内分布系统工程设计。本项目属于高流量、中高端客户聚焦场所，结合业主需求及建设单位意见，采用 pRRU 作为信源。

头脑风暴

你认为哪些场景需要 pRRU 作为信源？

10.2.3 设计方案说明

点位一采用 TDD NR 3.5GHz 的 5G 网络进行覆盖，目标区域的 A 区、B 区、C 区、D 区、E 区共 5 个区域采用 pRRU 分布系统（放装型）进行 5G 覆盖，采用 4T4R MIMO 技术，总覆盖目标面积大约为 113 100m^2，共需要 31 台 RHUB、199 台 pRRU。本部分以 A 区为例，A 区共 4 层，B1～3F 楼层均为商业层，采用 1 台 BBU、4 台 RHUB、22 台 pRRU，覆盖目标的面积为 28 600m^2。

点位一 A 区设计方案系统图如图 10–21 所示。

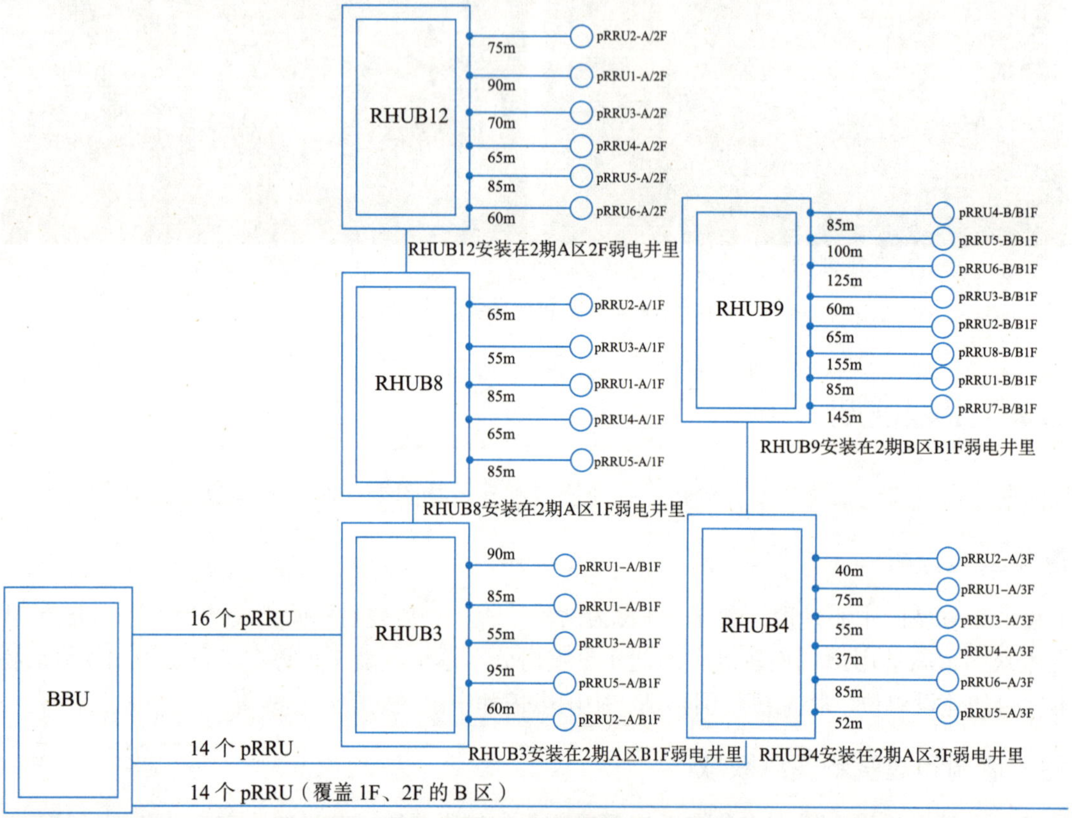

图 10–21　点位一 A 区设计方案系统图

A 区共有 4 层，包括 B1-A 区、1F-A 区、2F-A 区、3F-A 区，这四个区域在本建筑物里属于上下层关系，该四层的弱电间在本建筑物里上下贯通。该区域的覆盖信号从机房的 BBU 基带板的一个光口引出，连接到 B1-A 区的弱电间放置的 RHUB3，RHUB3 通过光电混合缆连接到 5 个 pRRU，5 条光电混合缆的长度分别为 90m、85m、55m、95m、60m。每个 pRRU 之间的距离为 20m 左右，覆盖约 93m*30m 的区域，总面积约为 2 800m^2。点位一 A 区 B1F 天馈线平面布置图如图 10–22 所示。

RHUB3 通过级联端口连接到 1F-A 区弱电间的 RHUB8，RHUB8 通过光电混合缆连接到 5 个 pRRU，5 条光电混合缆的长度分别为 65m、55m、85m、65m、85m。这 5 个 pRRU 覆盖 1F 的 A 区域，点位一 A 区 1F 天馈线平面布置图如图 10–23 所示。

RHUB8 通过级联端口连接到 2F-A 区弱电间的 RHUB12，RHUB12 通过光电混合缆连接到 6 个 pRRU，6 条光电混合缆的长度分别为 75m、90m、70m、65m、85m、60m。这 6 个 pRRU 覆盖 2F 的 A 区域。点位一 A 区 2F 天馈线平面布置图如图 10–24 所示。

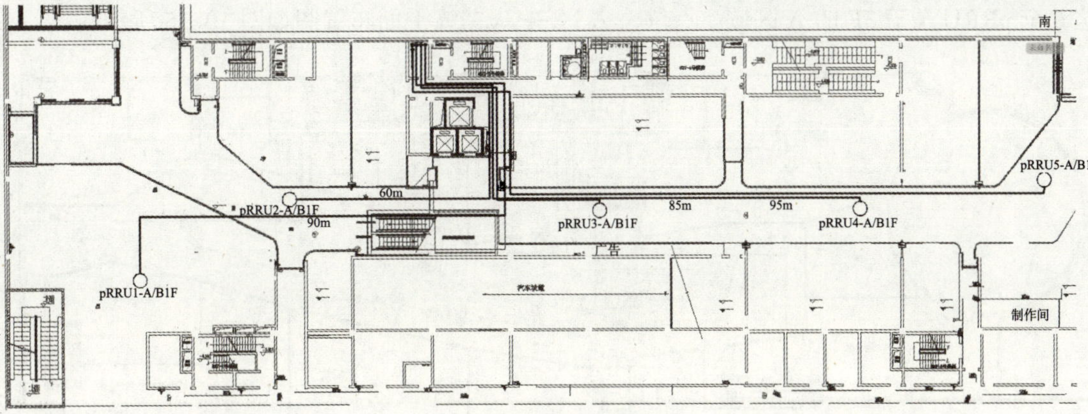

B1F-A区平面图

图 10-22　点位一 A 区 B1F 天馈线平面布置图

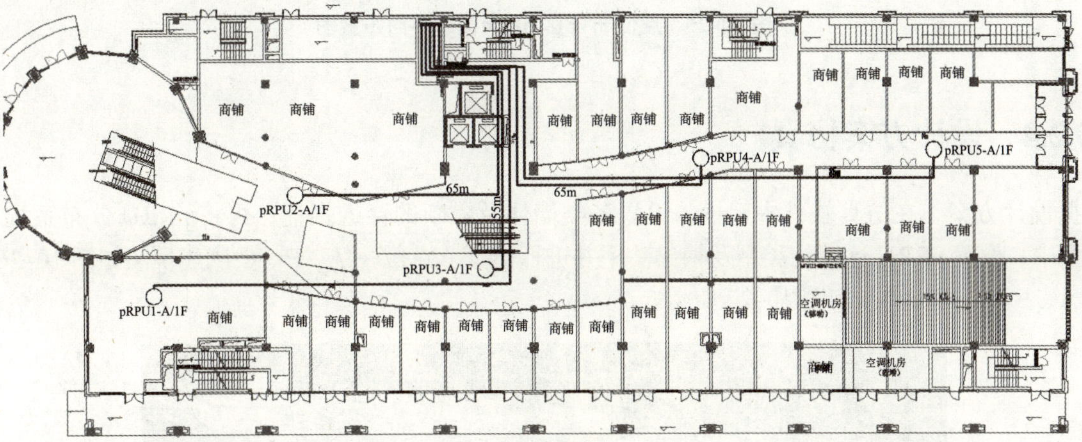

1F-A区平面图

图 10-23　点位一 A 区 1F 天馈线平面布置图

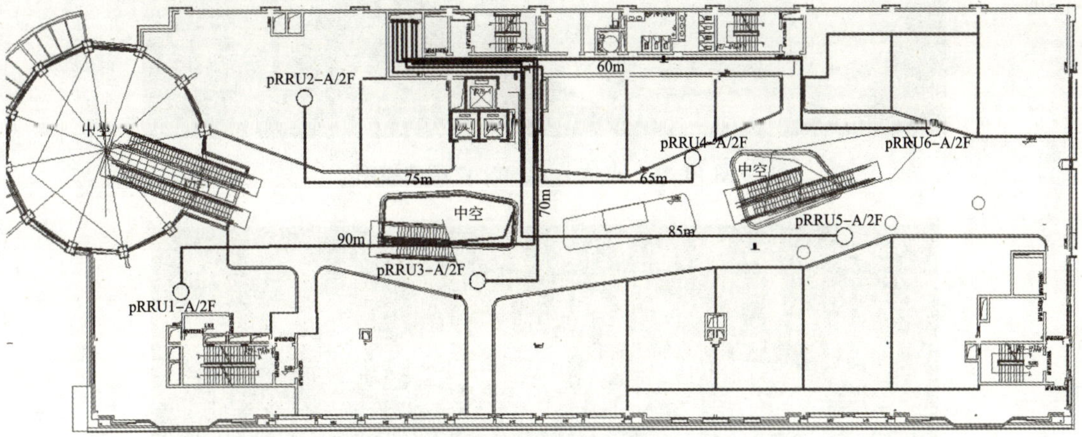

2F-A区平面图

图 10-24　点位一 A 区 2F 天馈线平面布置图

3F-A 区的信号来源为机房的 BBU 基带板的另一个光口，它连接到 3F-A 区弱电间放置的 RHUB4，RHUB4 通过光电混合缆连接到 6 个 pRRU，6 条光电混合缆的长度分别为 40m、75m、55m、37 m、85m、

52m。这 6 个 pRRU 覆盖 3F 的 A 区域。点位一 A 区 3F 天馈线平面布置图如图 10–25 所示。

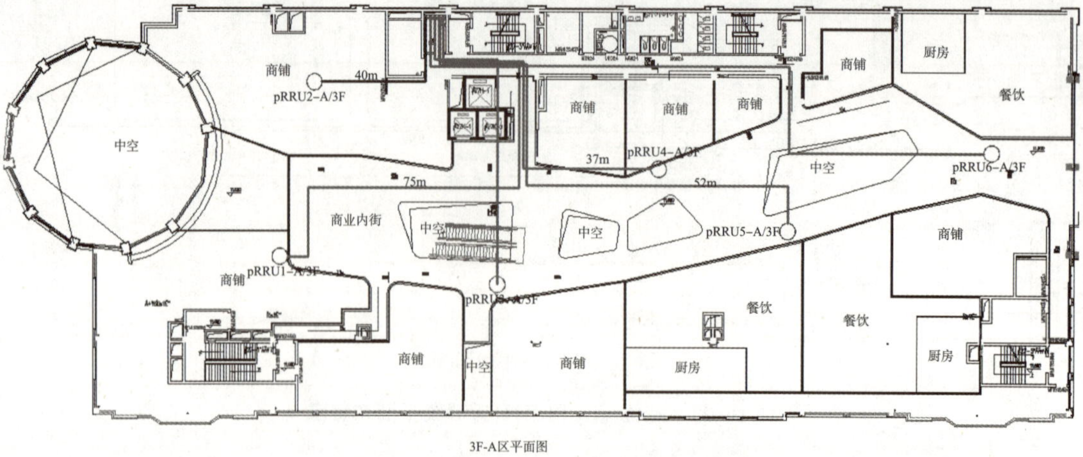

图 10–25　点位一 A 区 3F 天馈线平面布置图

10.2.4　设计方案仿真

根据设计方案，在仿真软件中建模，设置各类墙体及隔断的穿透损耗，再将 pRRU 分布系统导入建筑物模型中，设置 pRRU 远端的类型及输出功率并进行仿真。点位一 A、B、C 区建模图如图 10–26 所示，点位一 A、B、C 区仿真图如图 10–27 所示。

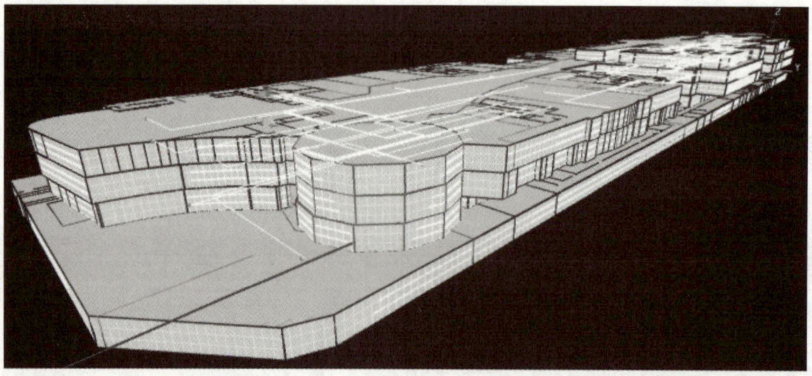

图 10–26　点位一 A、B、C 区建模图

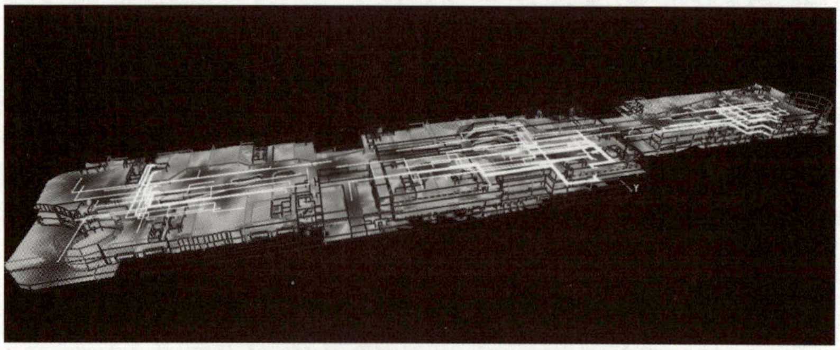

图 10–27　点位一 A、B、C 区仿真图

通过仿真，软件能够输出每个楼层的结果和相关覆盖的统计表格。本节以 A、B、C 区 2F 为例进行说明，具体如下。

（1）A、B、C 区 2F SS-RSRP 仿真图如图 10–28 所示，点位一 A、B、C 区 2F SS-RSRP 仿真统计图如图 10–29 所示。

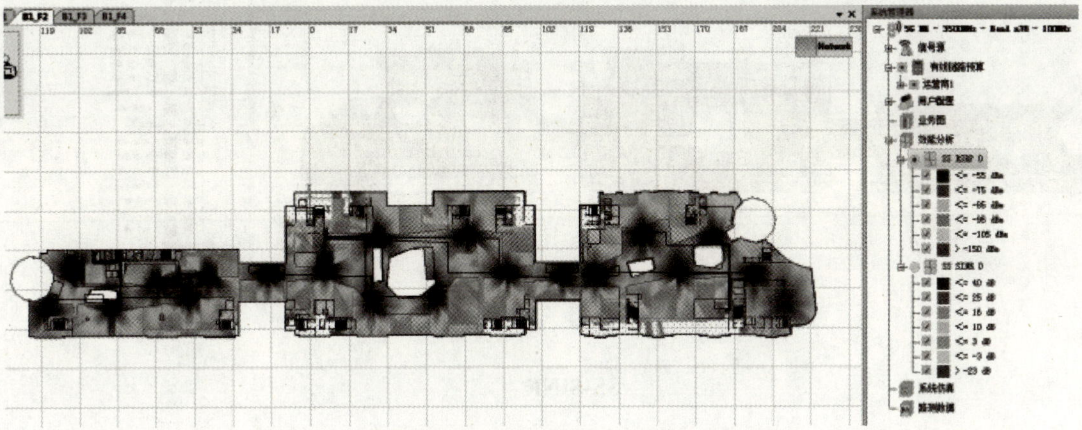

图 10–28　点位一 A、B、C 区 2F SS-RSRP 仿真图

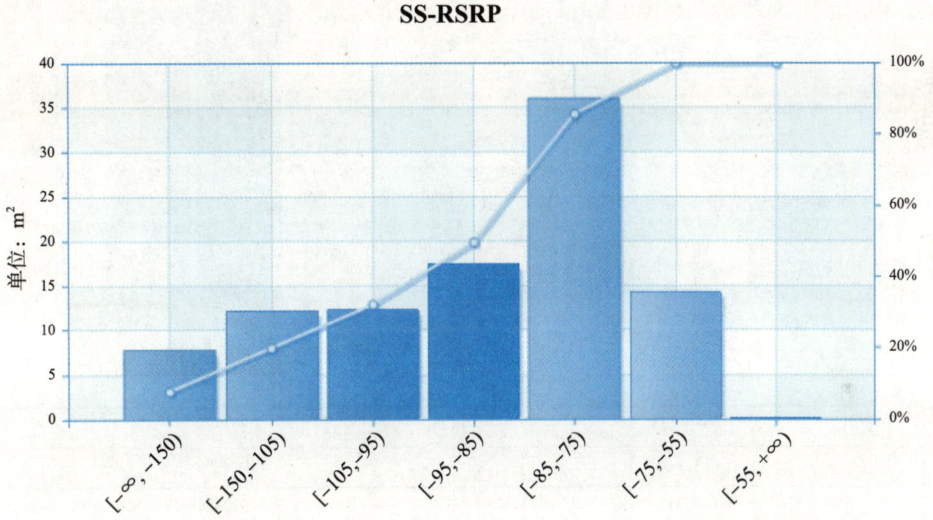

[−∞,−150)	7.77%
[−150,−105)	12.19%
[−105,−95)	12.25%
[−95,−85)	17.38%
[−85,−75)	36.09%
[−75,−55)	14.24%
[−55, +∞)	0.07%

图 10–29　点位一 A、B、C 区 2F SS-RSRP 仿真统计图

从仿真结果分析可知，点位一 A、B、C 区 2F 的 SS-RSRP 大于 −105dBm 的占比只达到 80.04%，有 19.96% 区域的覆盖水平 SS-RSRP 不能满足要求，弱覆盖区域主要位于电梯及楼梯间区域。

（2）点位一 A、B、C 区 2F SS-SINR 仿真图如图 10–30 所示，点位一 A、B、C 区 2F SS-SINR 仿真

统计图如图 10–31 所示。

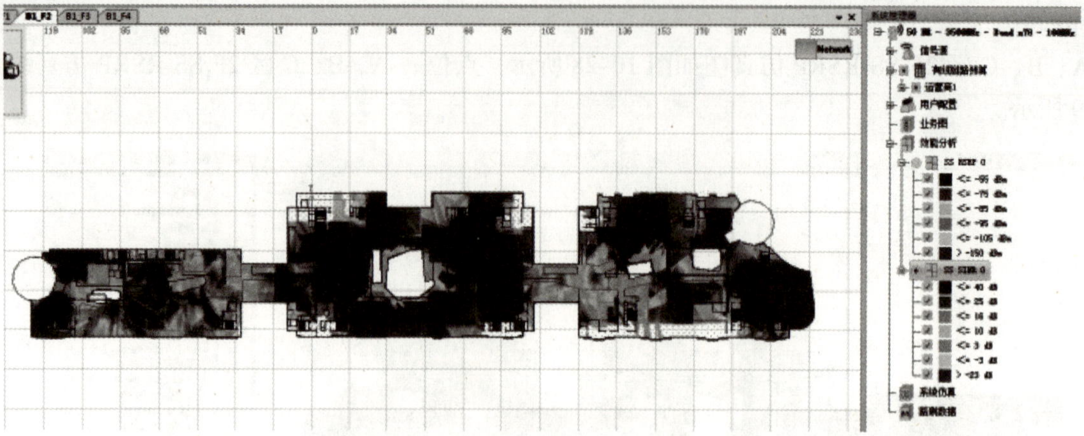

图 10–30　点位一 A、B、C 区 2F SS-SINR 仿真图

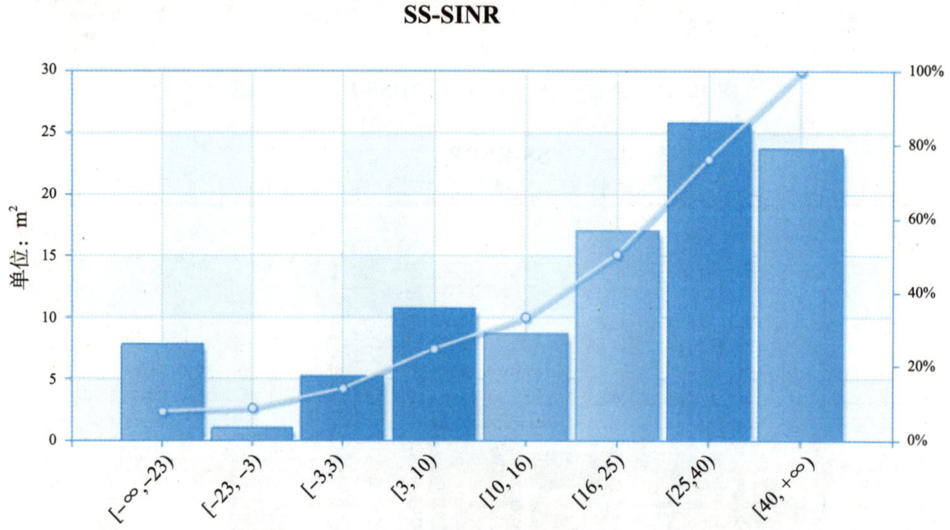

[−∞,−23)	7.77%
[−23, −3)	0.98%
[−3,3)	5.25%
[3, 10)	10.73%
[10, 16)	8.65%
[16, 25)	17.07%
[25,40)	25.79%
[40, +∞)	23.76%

图 10–31　点位一 A、B、C 区 2F SS-SINR 仿真统计图

从仿真结果分析可知，点位一 A、B、C 区 2F 的 SS-SINR 值大于或等于 3dB 的占比只达到 86%，有 14% 的区域的 SS-SINR 值不能满足要求，不能达到 95% 的区域 SS-SINR 值大于或等于 3dB 的覆盖指标。

10.2.5　站点测试及分析

本次测试软件为鼎利专用路测软件，测试终端为华为 P40，用户标志模块（Subscriber Identify Module，SIM）为专用测试卡。测试人员对点位一 C 区共 4 层楼进行了测量。以 C 区 2F 为例阐述具体测试情况，其余测试楼层数据以表格形式罗列。

（1）点位一 C 区 2F SS-RSRP 测试图如图 10–32 所示，点位一 C 区 2F SS-RSRP 测试统计图如图 10–33 所示。

由图 10–32 和图 10–33 可知，点位一 C 区 2F 的边缘覆盖率为 –106.06dBm（95% 概率），图 10–32 中东南角商铺内部的测试数据拉低了整体覆盖效果。结合现场实际情况可知，由于商铺对内部格局进行了二次装修，内部隔断较多，与初期站址建设预想不一致，因此覆盖效果欠佳，而该层其余覆盖效果均表现良好。

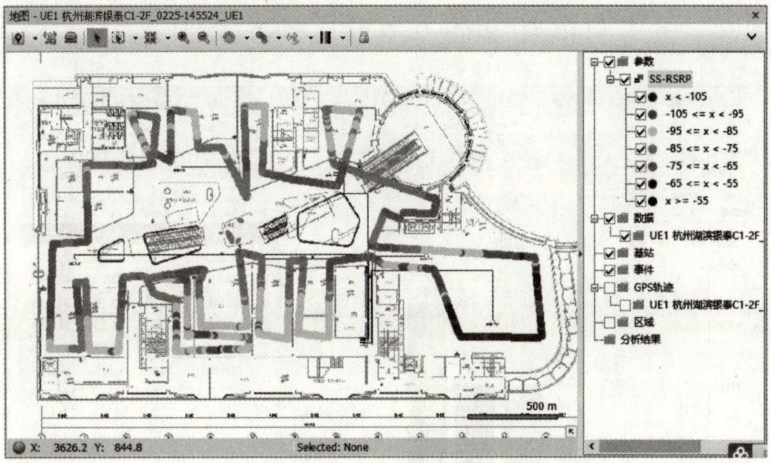

图 10–32　点位一 C 区 2F SS-RSRP 测试图

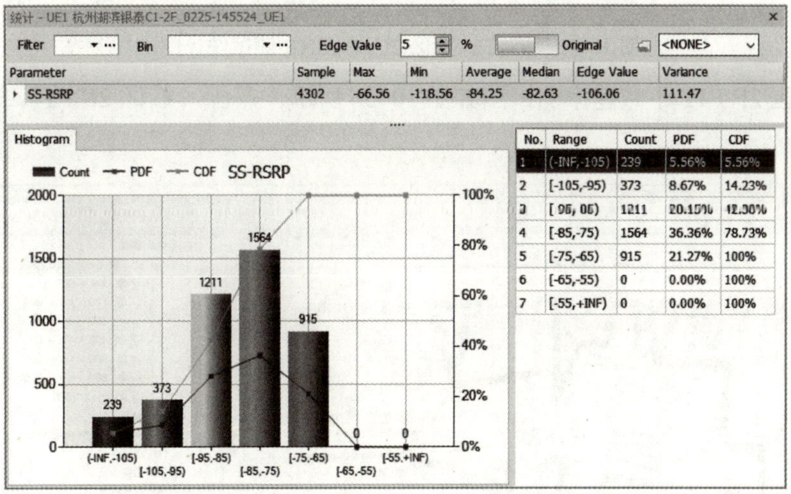

图 10–33　点位一 C 区 2F SS-RSRP 测试统计图

（2）点位一 C 区 2F SS-SINR 测试图如图 10–34 所示，点位一 C 区 2F SS-SINR 测试统计图如图 10–35 所示。

由图 10–34 和图 10–35 可知，根据点位一 C 区 2F 的 SS-SINR 测试结果，SS-SINR 的最小值为 –4.56dB，最大值为 29.94dB，均值为 13.96dB，87.26% 的点位 SS-SINR 值处于 3dB 与 25dB 之间。

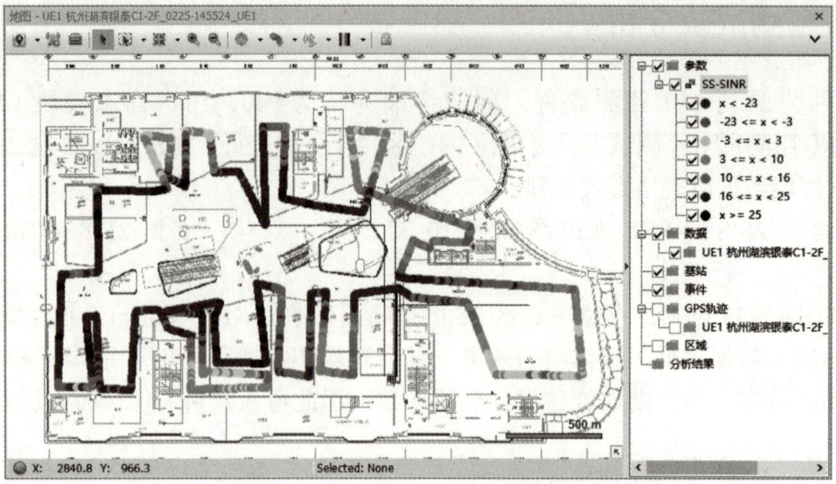

图 10–34　点位一 C 区 2F SS-SINR 测试图

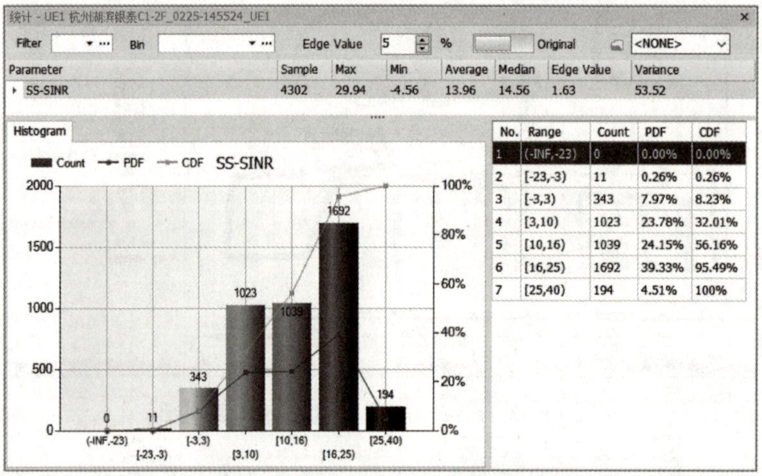

图 10–35　点位一 C 区 2F SS-SINR 测试统计图

（3）点位一 C 区 2F FTP 下载速率测试图如图 10–36 所示，点位一 C 区 2F FTP 下载速率测试统计图如图 10–37 所示。

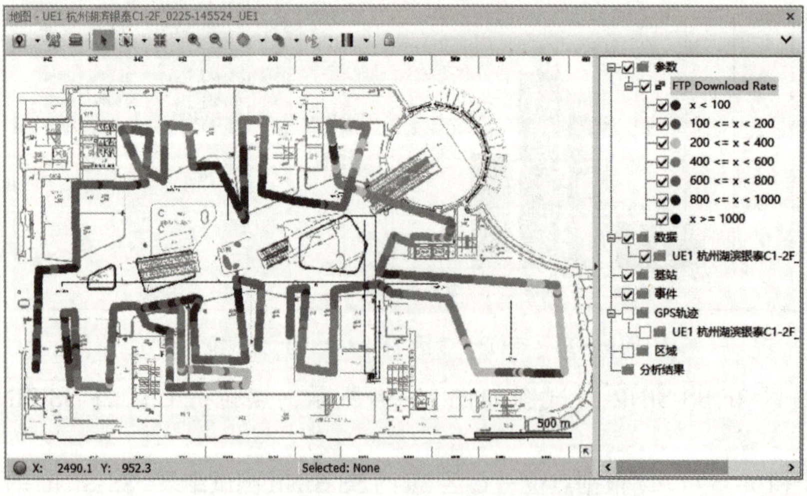

图 10–36　点位一 C 区 2F FTP 下载速率测试图

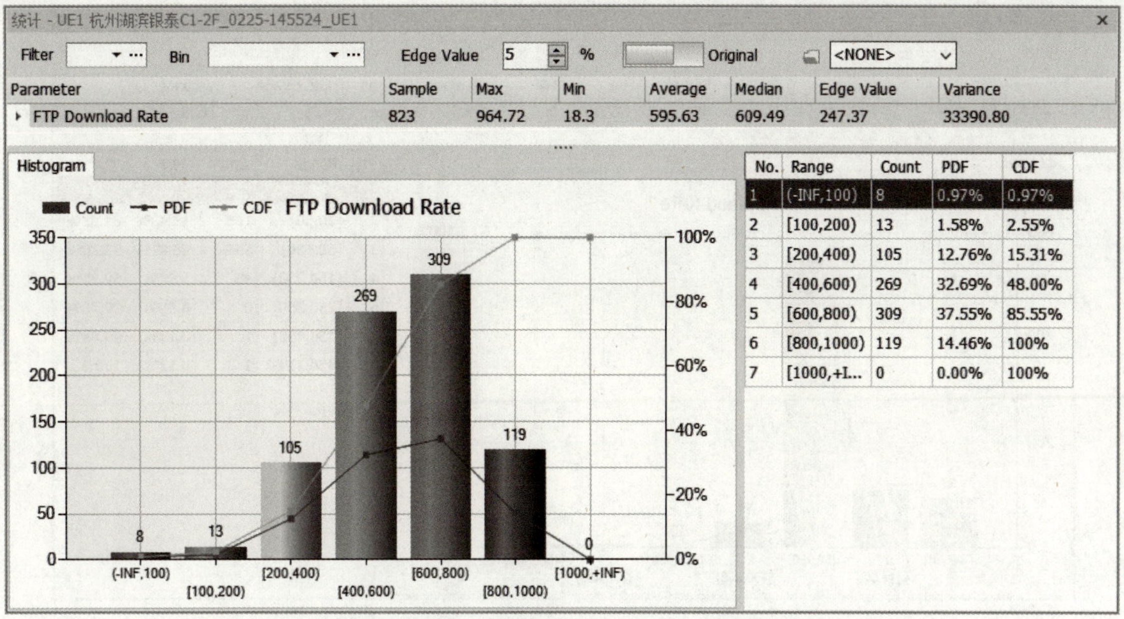

图 10–37　点位一 C 区 2F FTP 下载速率测试统计图

由图 10–36 和图 10–37 可知，点位一 C 区 2F 中存在 0.97% 测试点的下行速率低于 100Mbit/s，1.58% 测试点的下行速率为 100～200Mbit/s，12.76% 测试点的下行速率为 200～400Mbit/s，32.69% 测试点的下行速率为 400～600Mbit/s，37.55% 测试点的下行速率为 600～800Mbit/s，14.46% 测试点的下行速率为 800～1 000Mbit/s。边缘下行速率为 247.37Mbit/s，最高下行速率可达 964.72Mbit/s。

（4）点位一 C 区 2F FTP 上传速率测试图如图 10–38 所示，点位一 C 区 2F FTP 上传速率测试统计图如图 10–39 所示。

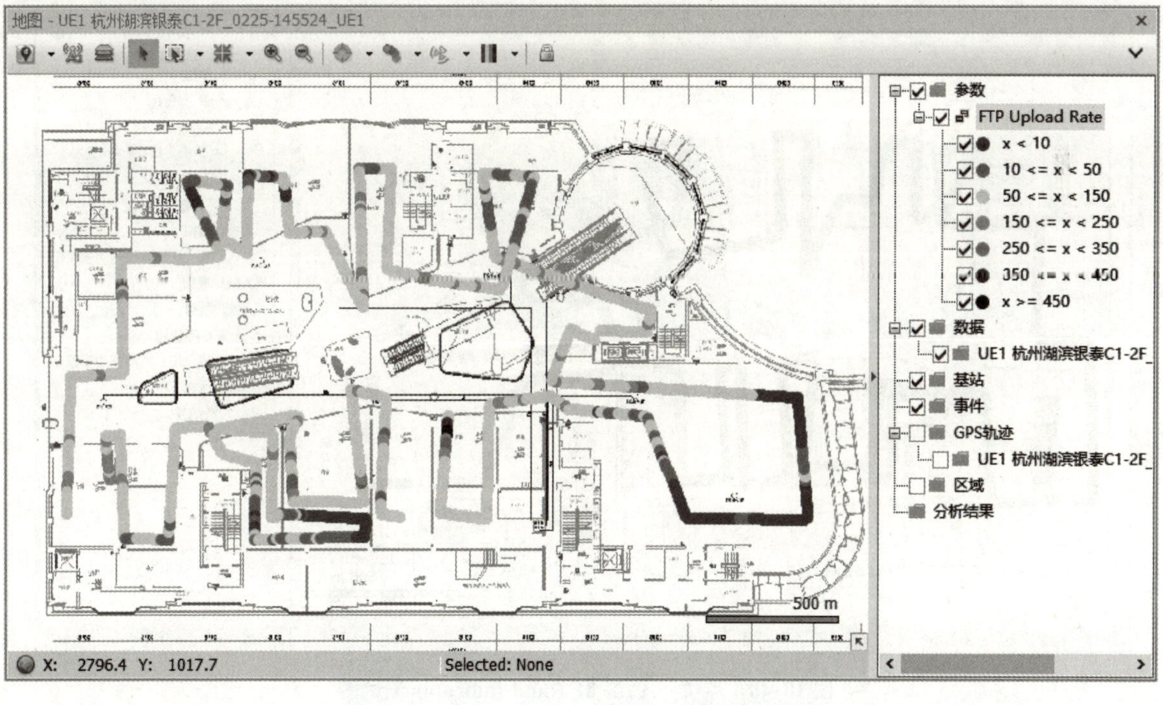

图 10–38　点位一 C 区 2F FTP 上传速率测试图

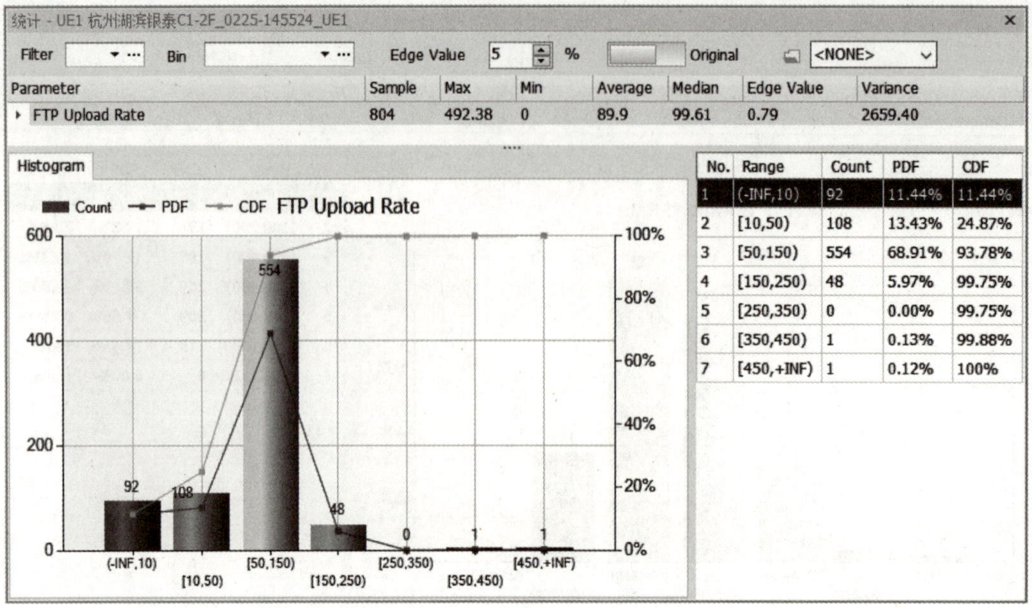

图 10–39　点位一 C 区 2F FTP 上传速率测试统计图

由图 10–38 和图 10–39 可知，点位一 C 区 2F 中 11.44% 测试点的上行速率低于 10Mbit/s，这些测试点多位于南北商铺的内部。此外，13.43% 测试点的上行速率为 10～50Mbit/s，68.91% 测试点的上行速率为 50～150Mbit/s，5.97% 测试点的上行速率为 150～250Mbit/s，0.13% 测试点的上行速率为 350～450Mbit/s，0.12% 测试点的上行速率大于 450Mbit/s。

（5）Rand Indicator（通道数指标）测试结果：点位一 C 区 2F Rand Indicator 测试图如图 10–40 所示，点位一 C 区 2F Rand Indicator 测试统计图如图 10–41 所示。

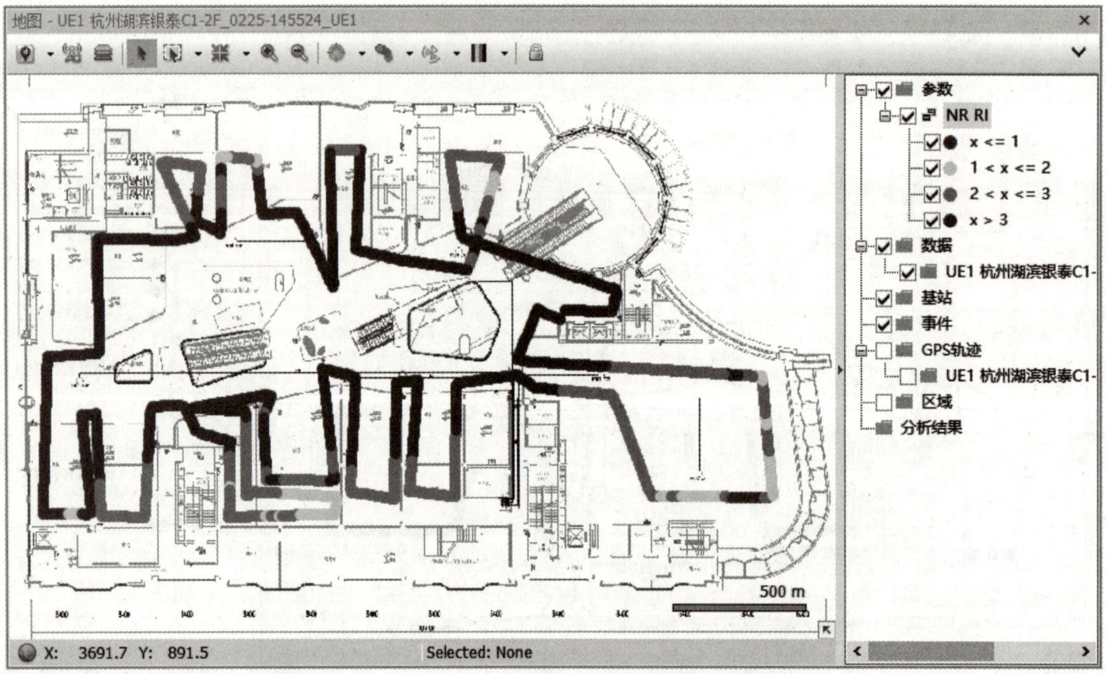

图 10–40　点位一 C 区 2F Rand Indicator 测试图

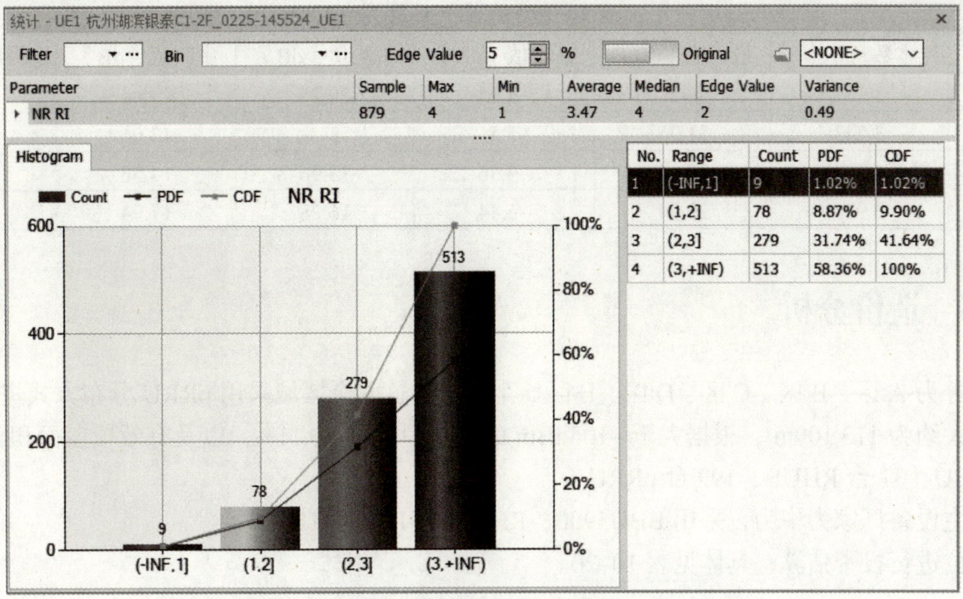

图 10–41　点位一 C 区 2F Rand Indicator 测试统计图

由图 10–40 和图 10–41 可知，点位一 C 区 2F 的测试点中有 90% 的点位处于四通道及伪四通道的状态。

测试楼层数据汇总：点位一 C 区下行速率见表 10–16，点位一 C 区上行速率见表 10–17，点位一 C 区 SS-RSRP 见表 10–18，点位一 C 区 SS-SINR 见表 10–19。

表 10–16　点位一 C 区下行速率

楼层	样本数量（个）	最大值（Mbit/s）	最小值（Mbit/s）	平均值（Mbit/s）	中间值（Mbit/s）	边缘值（95%）（Mbit/s）
B1F	599	981.4	161.35	680.37	817.28	304.97
1F	711	1 025.05	155.62	597.05	583.91	363.9
2F	823	964.72	18.3	595.63	509.04	247.37
3F	599	921.25	0	558.32	613.96	8.05

表 10–17　点位一 C 区上行速率

楼层	样本数量（个）	最大值（Mbit/s）	最小值（Mbit/s）	平均值（Mbit/s）	中间值（Mbit/s）	边缘值（95%）（Mbit/s）
B1F	599	494.94	0	108.9	124.77	10.99
1F	693	358.43	11.78	119.38	124.13	53.56
2F	804	492.38	0	89.9	99.61	0.79
3F	600	547.22	0	93.24	118.56	0.13

表 10–18　点位一 C 区 SS-RSRP

楼层	样本数量（个）	最大值（dBm）	最小值（dBm）	平均值（dBm）	中间值（dBm）	边缘值（95%）（dBm）
B1F	3 181	-60.38	-107.44	-80.77	-79.56	-99.13
1F	3 743	-62.13	-107.88	-76.09	-75.63	-86.19
2F	4 302	-66.56	-118.56	-84.25	-82.63	-106.06
3F	2 923	-67.13	-118.88	-81.9	-78.19	-99.13

表 10-19　点位一 C 区 SS-SINR

楼层	样本数量（个）	最大值（dB）	最小值（dB）	平均值（dB）	中间值（dB）	边缘值(95%)(dB)
B1F	3 181	34.5	-4.25	20.25	27.44	2.88
1F	3 743	31.75	-5.5	13	13.06	2.69
2F	4 302	29.94	-4.56	13.96	14.56	1.63
3F	2 923	29.94	-6.44	16.28	17.94	2.44

10.2.6　造价分析

点位一分为 A 区、B 区、C 区、D 区、E 区 5 个区域，这 5 个区域采用 pRRU 分布方式进行 5G 覆盖，总覆盖面积大约为 113 100m^2，根据大于 -105dBm 的占比只达到 80.11%，以及有效覆盖面积为 90 604m^2，共有 5 台 BBU、31 台 RHUB、199 台 pRRU。

本点位主设备厂家为华为，采用 BBU5900、RHUB5961、pRRU5935。

对本点位进行投资估算，具体见表 10-20。

表 10-20　点位一投资估算表

序号	原始信息	分摊比例	设备费用（元）	建安费（元）	其他费（元）	预备费（元）	合计（元）
1	BBU 造价	100%	92 141.7	2 996.6	17 286.55	1 124.25	113 549.1
2	pRRU 造价	100%	1 565 121.82	200 827.67	84 668.85	18 506.18	1 869 124.52
	合计（元）		1 657 263.52	203 824.27	101 955.4	19 630.43	1 982 673.62

本点位投资总额为 1 982 673.62 元，覆盖面积为 90 604m^2，每平方米造价约为 21.88 元。

10.2.7　能效分析

本点位的主设备厂家为华为，采用 BBU5900、RHUB5961、pRRU5935。

BBU 配置“1 块主控板 +1 块基带板”，其功耗为 145～160W，本点位按 160W 估算功耗；RHUB 功耗为 90W，pRRU 功耗为 45W。本点位使用 5 台 BBU、31 台 RHUB、199 台 pRRU，据此进行信源功耗估算，总功率为 12 545W，年能耗约为 109 894kWh。每平方米功耗为 0.11W/ 小时，每平方米年功耗为 0.97kWh/ 年。

10.2.8　结论

通过遍历测试对比仿真结果，从覆盖的整体情况分析，本点位仿真结果比测试结果差，主要原因是仿真结果对整个建筑平面的所有区域进行统计，无论对公共区域还是对商家内部区域都进行统计。测试只能对部分区域进行测试，商家内部区域一般情况下难以入内测试，而这些区域往往是信号较差的区域。

分析测试区域的测试结果和仿真结果，测试结果比仿真结果差，主要原因是测试区域存在二次装修的情况。这些情况导致穿透损耗增加，影响网络的覆盖效果。

测试结果显示，测试区域的覆盖指标 SS-RSRP≥-105dBm 达到 94.44%，边缘覆盖场强为 -106.06dBm（95% 概率），SS-SINR≥3dB 的区域达到 91.51%。从设计目标分析，本点位未达到设计要求。其主要原因是网络建设前期对重要区域进行覆盖，而对一些边缘区域，如上下楼梯区域，则适当地降低覆盖要求。测试结果表明，重要区域的覆盖效果也未达到设计要求，其主要原因有两个方面：一是商铺对内部格局进行了二次装修，内部隔断较多，与初期勘察设计时的内部结构不一致，导致信号覆盖变差；二是一些开阔商铺内无法安装 pRRU 分布系统，导致商铺内信号覆盖较差。

下行速率低于 400Mbit/s 的区域达到 18.83%，大于 600Mbit/s 的区域达到 52.01%，测试过程中本层没有大于 1 000Mbit/s 的区域；上行速率低于 10Mbit/s 的区域达到 11.11%，只有 75.12% 的区域达到了 50Mbit/s 以上。

本点位投资总额为 1 982 673.62 元，覆盖面积为 90 604m^2，每平方米造价约为 21.88 元（4 通道），属于半空旷型场景，投资成本较低。

本点位总功率为 12 545W，年能耗约为 109 894kWh。每平方米功耗为 0.11W/ 小时，每平方米年功耗为 0.97kWh/ 年，功耗较低。

本章小结

本章主要是无线室内分布系统方案案例分析，选取的案例包括完整的无源室内分布设计案例及 pRRU 分布系统（放装型）设计案例。

小区覆盖方案设计首先开展无线信号测试，通过分析测试结果发现需要完成电梯和地下室等盲区的覆盖，同时住宅平层的无线信号覆盖也需要优化。

小区住宅无线覆盖采用楼顶射灯天线覆盖，该方案除了部分楼层和住宅内部分区域覆盖效果不理想外，大部分区域的信号覆盖强度能够满足各电信运营商的无线覆盖指标，成本较低，是目前住宅覆盖的主流方式。

本方案中，中国移动单独建设室内分布系统，中国电信和中国联通共同建设室内分布系统，简称联电系统。中国移动采用 RRU 接无源室内分布系统覆盖，而联电系统为了节约成本，大量使用光纤直放站覆盖。根据天线的特性和覆盖能力，电梯采用定向板状天线覆盖，每三层使用一副定向板状天线，商业建筑内部采用全向天线覆盖，地下车库也采用定向板状天线覆盖。

通信机房平面设备主要包括开关电源、蓄电池组、交流配电箱及基站用综合柜，另外包括光配线机柜。目前远端设备供电方式多样，本方案采用直流远供升压方案。

设计方案包括电梯覆盖设计、商场平层覆盖设计、地下停车场覆盖设计及小区射灯覆盖设计。根据现场情况合理选择天线布放方式，结合业主需求优化走线路由。

后续进行功率分配计算，无源天馈系统需要结合软件进行射频功率分配，并根据功率计算选择合理的信源点位，必要时调整馈线类型。

室内分布工程概预算涉及的标准较多，计算也有一定的难度。为了降低工程概预算难度，通常情况下，室内分布工程概预算会由各电信运营商省级公司设计计算模板，以降低设计人员概预算难度。

pRRU 分布系统作为有源分布系统的典型代表，自 4G 网络建设后期开始应用，并在 5G 时代发展成为仅次于传统无源分布系统的主流室内覆盖解决方案。根据远端设备类型，pRRU 分布系统可分为放装型和室分型两种，本方案采用放装型部署模式。

和无源室内分布系统一样，pRRU 分布系统设计需要进行无线信号测试，然后设计合理的方案。pRRU 分布系统点位选择比较重要，通常要进行模拟测试和仿真。

设计方案也和无源室内分布系统设计一样，明确覆盖范围，选择好点位，根据需要设计覆盖区的系统图，合理选择走线路由。

设计方案完成后进行投资估算和能效分析，pRRU 分布系统成本较高，目前在推广中遇到了一些困难，后续将通过技术提升和设计方案优化逐步占据市场。

课后习题

一、单选题

1. BDS 在无线室内分布工程中的主要作用是（　　）。

A. 定位　　B. 授时　　C. 导航　　D. 提供射频信号

2. 目前我国使用的通信定额是 2016 年发布、2017 年开始使用的，简称（　　）定额。

A. 016　　B. 017　　C. 2017　　D.451

3. 按概预算相关要求，以下选项中，（　　）计算时不允许打折。

A. 人工费　　B. 机械使用费　　C. 仪表使用费　　D. 安全生产费

二、多选题

1. 按通信工程建设要求，跨设备间线缆需要经走线架布放，线缆包括（　　）。

A. 直流和接地线缆　　B. 交流线缆　　C. 馈线线缆　　D. 通信线缆

2. 建安工程费（除税价）是（　　）费用之和。

A. 直接工程费　　B. 措施项目费　　C. 间接费　　D. 利润

3. 直接工程费是（　　）等费用之和。

A. 人工费　　B. 材料费　　C. 机械使用费　　D. 仪表使用费

三、填空题

1. 设计图纸中代号 ANT6-DT1#2 表示＿＿＿＿＿＿＿＿＿＿。

2. 目前常用的 RRU 发射功率通常在＿＿＿＿＿＿＿＿＿＿之间。

四、简答题

1. 请说明基站机房监控设备安装需要遵循的规范。

2. 请说明概预算销项税额的相关计算公式。

3. 某无源室内分布工程中使用 1 条 3m 馈线、1 条 10m 馈线，规格均为 1/2 英寸，根据 451 定额，求这两条馈线安装的技工总工日，以及两条馈线涉及的表三仪表使用费。

第11章

5G 室内分布系统验收

学习目标

- 掌握室内分布工程施工工艺规范，能按标准进行工程验收。
- 掌握无线网性能验收要求，能按要求完成性能验收。
- 了解验收流程，熟悉室内分布工程初验和终验的流程和要求。

素养目标

通过对 5G 室内分布系统的验收标准的学习，培养认真细致的工作态度。

评估 5G 室内分布系统是否达到建设目标要求，应对其进行验收检验。5G 室内分布系统的验收环节是建设项目的重要环节，分为工程施工工艺检查和无线网性能验收两个部分。

工程验收应在完成全部设计工作量、设备安装、调测测试、竣工文件并提交完工报告后进行。

无线通信室内覆盖系统工程验收一般分为三个阶段：单站验收（工艺验收及网络初测）、网络试运行和终验。

11.1 工程施工工艺检查

工程施工工艺检查主要包括：机房、站点环境检查，设备、天馈系统的安装检查，线缆布放、电缆走道（或槽道）安装工艺验收这三部分。具体检查验收项目根据规范、工艺要求进行判断，验收结果为合格或不合格。

11.1.1 机房、站点环境检查

作为室内分布系统信号源的基站设备（包括基带单元 BBU），对工作环境及设备安装机房环境有一定的要求。

机房环境检查验收项目见表 11–1（主要为用于 BBU 安装的机房），验收结果为合格或不合格。

表 11–1　机房环境检查验收项目表

序号	检查项目	规范标准	测试工具及方法
1	工作温度和湿度	（1）温度不超过 28℃，机房配有温度计和温度告警设备。 （2）湿度在 15%～80% 范围内，必要时应配有湿度计和湿度调节设备	现场检查
2	机房建筑	机房所有的门、窗和馈线进出口能防止雨水渗入，机房的墙壁、天花板和地板不能有渗水、浸水的现象，机房内不能有水管穿越，不能用洒水式消防器材	现场检查
3	安防消防	机房门窗闭锁应安全可靠，机房内各种监控系统、照明系统、空调系统应能正常使用，机房内必须配备有效的灭火消防器材	现场检查
4	其他	机房整洁干净，没有灰尘及杂物	现场检查

对于室内分布站点的环境同样需要进行检查。室内分布站点的环境检查验收项目见表 11–2，验收结果为合格或不合格。

表 11–2　室内分布站点的环境检查验收项目表

序号	测试项目	规范标准	测试工具及方法
1	信号源环境	基站设备或直放站设备工作环境及设备安装机房环境符合设计要求	审图、现场检查
2	器件及材料工作环境	严禁工作在高温、易燃、易爆、易受电磁干扰（大型雷达站、发射电台、变电站）的环境	现场检查
3	器件及材料安装环境	安装环境应保持干燥、少尘、通风，严禁出现渗水、滴漏、结露现象	现场检查
4	建筑物楼内电源系统和防雷接地	符合工程设计要求	现场检查
5	室内分布系统工程防火要求	符合防火规范要求	现场检查

11.1.2　设备、天馈系统的安装检查

1. 设备安装检查

在室内分布系统建设开始前，需要对进场的设备及器材进行检查，检查其质量、规格是否和设计文件的要求一致。设备及器材开工前检查见表 11–3，验收结果为合格或不合格。

表 11–3　设备及器材开工前检查表

测试项目	规范标准	测试工具及方法
设备及器材开工前检查	设备的规格型号应符合工程设计要求，无受潮、破损和变形现象	现场检查
	材料的规格型号应符合工程设计要求，其数量应能满足连续施工的需要	现场检查
	所有器件必须具有批次检测合格报告，工程建设中不得使用不合格的设备和器材。当器材型号不符合工程设计要求而需要做较大改变时，必须提前征得设计单位和建设单位的同意并办理设计变更手续	现场检查

室内分布系统信源安装完成后，需要对安装的情况进行检查，检查其是否满足设计文件的要求。信号源与设备安装检查见表 11–4，验收结果为合格或不合格。

表 11–4　信号源与设备安装检查表

测试项目	规范标准	测试工具及方法
信号源与设备安装	符合基站设计要求	审图、现场检查
	壁挂式设备的安装必须垂直、牢固，不允许悬空放置	现场检查
	安装自立式设备，机架应垂直，允许垂直偏差小于或等于 1.0‰	现场检查
	同一列机架的设备面板应呈一条直线，相邻机架的缝隙应小于或等于 3mm	现场检查
	设备机架的防震加固必须符合规范和工程设计要求	现场检查
	设备上的各种零件、部件及有关标志应正确、清晰、齐全	现场检查
	当有两个以上主机设备需要安装时，设备的间距应大于 0.5m，并整齐安装在同一条水平线（或垂直线）上	现场检查
	主机采用壁挂式安装时，主机底部距地面 1.5m	现场检查

室内分布系统安装完成后，需要对室内分布系统的各类器件安装的情况进行检查，检查其是否满足设计文件的要求。无源设备安装检查见表 11–5，验收结果为合格或不合格。

表 11–5　无源设备安装检查表

测试项目	规范标准	测试工具及方法
合路器、功分器、耦合器等无源设备安装	安装位置、设备型号必须符合工程设计要求	审图、现场检查
	安装时应用相应的安装件进行固定，并且垂直、牢固，不允许悬空放置，不应放置在室外（若需要室外放置，则应做好防水、防雷处理）	现场检查
	接头牢固可靠，电气性能良好，两端应固定	现场检查
	设备严禁接触液体，并防止端口进入灰尘	现场检查
	设备空置端口必须连接匹配负载	现场检查
	在多网合路点上做好合路端口的预留开口，并用转接头接好	现场检查

有源室内分布系统需要对室内分布系统的各个网元进行供电，其检查的要求和无源分布系统不一样，在有源室内分布系统安装完成后，需要对有源室内分布系统安装的情况进行检查，检查其是否满足设计文件的要求。有源设备安装检查见表 11–6，验收结果为合格或不合格。

表 11–6　有源设备安装检查表

序号	测试项目	规范标准	测试工具及方法
1	有源室内分布系统的各级有源设备安装位置	安装位置符合设计要求	审图、现场检查
		安装位置确保无强电、强磁和强腐蚀性设备的干扰	现场检查
		有源设备不允许空载加电	现场检查
		信号分布系统有源设备应当具备简单网管功能	现场检查
2	有源器件安装方式	安装牢固平整，有源器件上应有清晰、明确的标识。安装时应使用相应的安装件进行固定，要求主机内所有的设备单元安装正确、牢固，无损伤、掉漆的现象	
		施工完成后，所有的设备和器件要做好清洁工作，保持干净	现场检查
3	有源器件的电源	电源插板至少有两芯及三芯插座各一个，在工作状态时放置于不易触摸到的安全位置	现场检查
4	有源器件良好接地	应有良好接地，并应用 $16mm^2$ 的接地线与建筑物的主地线连接	现场检查

2. 天线和馈线安装检查

无论是有源室内分布系统还是无源室内分布系统，都会涉及室内分布系统天线和馈线安装，部分 BBU 下沉到站点的室内分布系统和皮基站分布系统需要安装北斗或 GNSS 天线，对天线和馈线的安装需要进行检查验收。对于室内分布系统的各种天线和馈线，包括北斗或 GNSS 天线和馈线的安装，都要符合验收要求。天线和馈线安装检查见表 11–7，验收结果为合格或不合格。

表 11–7　天线和馈线安装检查表

测试项目	规范标准	测试工具及方法
天线和馈线安装	安装位置、型号必须符合工程设计要求	审图、现场检查
	室内天线和馈线安装时应保证天线和馈线的清洁干净，在安装天线和馈线的过程中不能弄脏天花板或其他设施，保持天花板原有的洁净度	现场检查
	挂墙式天线和馈线安装必须牢固、可靠，并保证天线和馈线垂直美观，不破坏室内原有布局	现场检查
	吸顶式天线和馈线安装必须牢固、可靠，并保证天线和馈线水平。天线和馈线安装在天花板下时，应不破坏室内整体环境；天线和馈线安装在天花板吊顶内时，应预留维护口；室外附挂于墙体类伪装天线和馈线则应使用膨胀螺丝固定于混凝土类墙体上，非圆形天线和馈线应保持垂直或水平放置	现场检查
	如果装修吊顶为石膏板或者活动吊顶，则可依照设计要求将天线和馈线安装于吊顶与天花板之间，但必须将天线和馈线做固定，不能任意摆放	现场检查
	吸顶式天线和馈线不允许与金属天花板吊顶直接接触，在与金属天花板吊顶接触安装时，接触面间必须加绝缘垫片	现场检查
	电梯内的天线和馈线固定，必须用膨胀螺栓固定于电梯井壁	现场检查
	采用 MIMO 双路无源分布系统方案时，两个单极化天线尽量采用 1.6m 以上间距，如果实际安装空间受限，则双天线间距不应低于 0.7m	现场检查
	北斗或 GNSS 天线和馈线安装	审图、现场检查

11.1.3　线缆布放、电缆走道（或槽道）安装工艺验收

1. 线缆布放工艺验收

室内分布系统的线缆主要有射频同轴电缆、泄漏电缆、电源线、接地线、光纤、网线等。各类线缆布放验收有具体的要求。线缆布放工艺验收见表 11–8，验收结果为合格或不合格。由于该部分内容较多，本教材仅列举最常用的射频电缆的验收要求。

表 11–8　线缆布放工艺验收表

序号	测试项目	规范标准	测试工具及方法
1	一般要求	线缆的规格型号应符合工程设计要求	审图、现场检查
		所放线缆应顺直、整齐，线缆拐弯应均匀、圆滑，按顺序排列	现场检查
		线缆两端应有明确的标识	现场检查

续表

序号	测试项目	规范标准	测试工具及方法
2	射频同轴电缆的布放和电缆头的安装要求	射频同轴电缆在天花板吊顶或井道里通过时，如果已经做接头，则需要将接头封好，以免有污物进入接头	现场检查
		射频同轴电缆绑扎固定的间隔符合设计要求	审图、现场检查
		电缆头的规格型号必须与射频同轴电缆相吻合	现场检查
		电缆冗余长度应适度，各层的开剥尺寸应与电缆头相适合	现场检查
		电缆头的组装必须保证电缆头口面平整，无损伤、变形，各配件完整无损。电缆头与电缆的组合良好，内导体的焊接或插接应牢固、可靠，电气性能良好	现场检查
		芯线为焊接式的电缆头，焊接质量应牢固端正，焊点光滑，无虚焊、无气泡，不损伤电缆绝缘层。焊剂宜用松香乙醇溶液，严禁使用焊油	现场检查
		芯线为插接式的电缆头，组装前应将电缆芯线（或铜管）和电缆头芯子的接触面清洁干净，并涂防氧化剂后再进行组装	现场检查
		电缆施工时应注意端头的保护，不能进水、受潮；暴露在室外的端头必须用防水胶带进行防水处理；已受潮、进水的端头应锯掉	现场检查
		连接头在使用之前，严禁拆封；安装后必须做好绝缘防水密封	现场检查
		现场制作电缆接头或其他与电缆相接的器件时，应有完工后的驻波比测试记录，组装好电缆接头的电缆反射衰减（在工作频段内）应满足设备和工程设计要求	现场检查、审查记录
		所有 7/8 英寸、5/4 英寸的射频同轴电缆要用粗扎带捆扎，没有用 PVC 管的地方要用黑色扎带，有白色 PVC 管的地方用白色扎带；两条以上的射频同轴电缆要平行放置，每条线缆单独捆扎	现场检查
		射频同轴电缆接头与主机 / 分机、天线、耦合器和功分器连接时，距离射频同轴电缆接头必须保持 50mm 长的射频同轴电缆为直出，方可转弯	现场检查
		杜绝因连线太长而盘踞在器件周围，必须做到在确定好射频同轴电缆长度后再锯掉，做到一次成功，较短的连线要在测量好后再做，不要因为不易连接而打急弯	现场检查

头脑风暴

测试系统驻波比需要使用什么仪器？如果测试出系统驻波比为 1.7，请问该系统是否符合建设要求？

2. 电缆走道（或槽道）安装工艺验收

室内分布系统电缆走道（或槽道）安装工艺有具体的要求。室内分布系统电缆走道（或槽道）安装工艺验收见表 11–9，验收结果为合格或不合格。

表 11–9　室内分布系统电缆走道（或槽道）安装工艺验收表

测试项目	规范标准	测试工具及方法
电缆走道（或槽道）安装	电缆走道（或槽道）的位置、高度应符合工程设计要求	审图、现场检查
	电缆走道的组装应平直，无明显扭曲和歪斜，横铁安装位置应满足电缆下线和弯曲要求，横铁排列均匀	现场检查
	电缆走道应平直，无明显起伏和歪斜现象	现场检查
	电缆走道与墙壁或机列应保持平行	现场检查
	安装电缆走道的吊挂或立柱应符合工程设计要求，安装应垂直、整齐、牢固	现场检查
	电缆走道的侧旁支撑、终端加固角钢的安装应牢固、端正、平直	现场检查
	沿墙水平电缆走道应与地面平行，沿墙垂直电缆走道应与地面垂直	现场检查
	所有支撑加固用的膨胀螺栓余留长度应一致（螺帽紧固后宜余留 5mm 左右）	现场检查
	所有油漆铁件的漆色应一致，刷漆均匀，不留痕，不起泡	现场检查

11.2 无线网性能验收

无线网性能验收主要针对无线网主设备的各种性能进行测试，并结合室内分布系统对无线网覆盖与性能指标进行测试。

无线网设备性能测试合格，调测完毕入网后，进行 DT/CQT 以获取无线网性能指标，确认是否满足室内分布系统的技术指标要求。

11.2.1 验收前性能测试

室内分布系统验收前应进行设备及分布系统的性能测试，确认设备安装合格，室内分布系统施工符合设计要求。测试环境、测试工具及测试方法应按照相关规范或规定执行。测试过程应由建设单位委托的监理单位、施工单位、供货单位的相关技术人员共同参与。测试完毕后应提交设备性能、系统性能自检测试报告。

室内分布系统检查测试的具体要求如下：

（1）无源天线和馈线系统驻波比应小于 1.5。

（2）天线口输出功率应符合工程设计要求。

（3）室内分布系统多通道间的链路参数应满足工程设计要求。

（4）覆盖性能测试应包括信号覆盖电平、噪声电平、信号信噪比、天线发射功率、信号泄漏等，测试的各项指标应符合工程设计的指标要求。

11.2.2 5G 室内分布系统的性能指标

5G 室内分布系统的性能指标，具体参考室内分布系统设计总体原则中的相关性能指标要求。电信运营商如果选择特殊的覆盖要求，则根据其特殊的性能指标要求进行建设。

11.2.3 性能验收

无线网性能验收要求被测设备安装完毕，硬件、软件全部正常工作，数据正确配置并正常运行。对于室内分布系统，由于其特殊性，只做一个阶段的系统验收，不区分单站验收和工程验收阶段。

无线网覆盖与性能指标包括但不限于以下内容：

（1）网络覆盖指标，包括覆盖区域内测试终端接收电平、信号质量统计；

（2）网络质量指标，包括连接建立成功率与连接建立时延、呼叫成功率、掉线率、切换成功率、切换时延、用户平均吞吐量、用户峰值速率、小区平均吞吐量等。

根据 5G 网络的实际应用，5G 室内分布系统验收指标一般包括以下内容：

（1）覆盖类指标，包括无线覆盖率、单用户下行速率达标率、单用户上行速率达标率、单用户下行平均速率、单用户上行平均速率、单用户下行峰值速率、单用户上行峰值速率、多载波的单用户上下行峰值速率等。

（2）接入类指标，包括 NR 接入成功率、NR 接入时延、新空口承载语音（Voice over New Radio，VoNR）呼叫成功率、VoNR 呼叫建立时延等。

（3）保持类指标，包括 NR 数据业务掉线率。

（4）移动性指标，包括室外切换成功率、室内切换成功率、5G 切换时延等。

（5）干扰泄漏指标，包括室外泄漏、上行通道底噪等。

以上指标为 5G 室内分布系统的典型测试指标，具体因电信运营商的 5G 频段、频宽、特殊要求而有所差异。测试方法主要有 DT 和 CQT 两种。

11.3 室内分布系统工程验收工作流程

无线通信室内分布系统工程验收工作流程如图 11–1 所示。

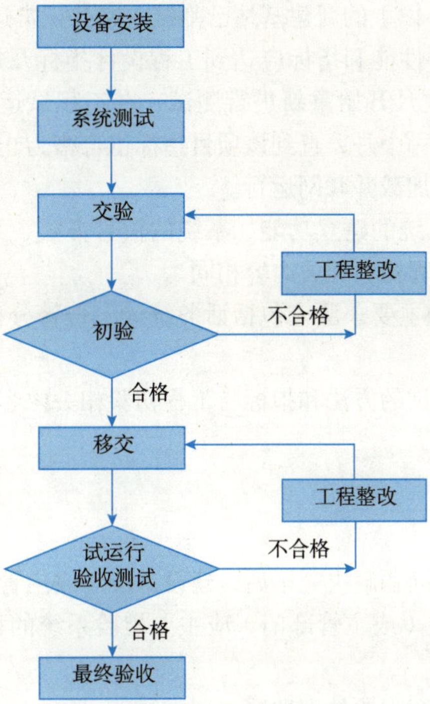

图 11–1　无线通信室内分布系统工程验收工作流程图

11.4 工程初验、试运行和终验

11.4.1　工程初验

设备割接入网后，经过联网测试和工程网优，检查测试全部合格，具备工程初验条件，方可提出工程初验申请。

建设单位根据有关文件要求组织验收小组进行初步验收。施工单位、设计单位、监理单位、设备供应商及代理商应给予积极配合。

室内分布系统初验测试内容应包括：通话质量、数据业务速率、误码 / 误块 / 误帧率、切换测试等。

初验测试可依照设备供应商的技术文件使用相关专用仪表来进行。

在初验测试时，若发现主要指标和性能达不到要求，则应由责任方负责及时处理，确认问题解决后，再重新测试。

验收小组应对施工质量做出评价并给出结论，衡量施工质量标准的等级包括优良和合格。

优良：主要工程项目全部达到施工质量标准，其余项目较施工质量标准稍有偏差，但不影响设备的使用和寿命。

合格：主要工程项目基本达到施工质量标准，不影响设备的使用和寿命。

11.4.2 工程试运行

工程试运行应从初验测试通过后开始，工程试运行时间原则上为 6 个月，不应少于 3 个月。

工程试运行期间，应保证 90% 以上的新建基站已割接入网并正常运行。

工程试运行期间，测试的主要性能和指标应达到工程设计指标及规范要求，方可进行工程终验。如果主要指标不符合要求，则应从次月开始重新进行测试。在工程试运行期间，如果故障率总指标合格，但某月的指标不合格，那么应追加一个月，直到该项目指标也合格为止。

工程试运行期间，所有设备应加载并联网运行。

工程试运行观察项目应包括系统的建立功能、系统的信号方式、系统的各种主要网络管理功能及设备性能的稳定性，其指标要求与工程初验相关内容相同。

工程试运行观察项目及指标的主要来源应包括话务统计、告警分析、路测分析结果及用户投诉分析情况。

工程试运行相关测试项目、测试的方法和指标与工程初验相关内容相同。

11.4.3 工程终验

在工程试运行结束且相关遗留问题解决完毕后，建设单位（或主管部门）应组织工程终验。

在工程终验过程中，建设单位（或主管部门）应主要检验系统的稳定性、可靠性和安全性，并应对下列项目进行检查：

（1）工程初步验收时提出的遗留问题处理情况；

（2）工程试运行情况报告；

（3）验收小组确定的系统指标抽测项目；

（4）工程技术档案的整理情况。

工程终验应对工程质量和工程技术档案进行评价，形成终验报告。

对通过竣工验收的工程，验收小组应对工程质量给予评定，并向参与工程建设的各方颁发验收证书。工程质量评定标准应符合下列规定：

（1）系统全部满足设计指标要求，试运行稳定可靠，主要安装工程项目全部达到施工质量标准的，应为优良。

（2）系统基本满足设计指标要求，试运行稳定可靠，主要安装工程项目基本达到施工质量标准；其他项目较施工质量标准稍有偏差，但不会影响设备的使用寿命的，应为合格。

本章小结

5G 室内分布系统的验收环节是建设项目的重要环节，分为工程施工工艺检查和无线网性能验收两个部分。工程施工工艺检查主要包括机房、站点环境检查，设备、天馈系统的安装检查，线缆布放、电缆走道（或槽道）安装工艺验收。

无线网性能验收主要针对无线网主设备的各种性能进行测试，并结合室内分布系统对无线网覆盖与性能指标进行测试。

无线网设备性能测试合格，调测完毕入网后，进行 DT/CQT 以获取无线网性能指标，确认是否满足室内分布系统的技术指标要求。

课后习题

一、单选题

1. 机房环境检查验收项目中，环境温度要求不超过（　　）。

A. 20℃　　B. 25℃　　C. 28℃　　D. 30℃

2. 当有两个以上主机设备需要安装时，设备的间距应大于（　　），并整齐安装在同一水平线（或垂直线）上。

A. 0.3m　　B. 0.5m　　C. 0.6m　　D. 1m

3. 试运行应从初验测试通过后开始，试运行时间原则上为 6 个月，不得少于（　　）个月。

A. 2　　B. 3　　C. 4　　D. 5

二、多选题

1. 5G 网络工程验收标准流程分为（　　）阶段。

A. 单站验收　　B. 网络测试　　C. 网络试运行　　D. 终验

2. 5G 室内分布系统验收测试方法主要包括（　　）。

A. 路测　　B. 拨打测试　　C. 验证测试　　D. 实验测试

三、填空题

1. 5G 室内分布系统的验收环节是建设项目的重要环节，分为__________和__________两个部分。

2. 无线网设备性能测试合格，调测完毕入网后，进行__________以获取无线网性能指标。

3. 室内分布系统需要检查验收的线缆主要有__________、__________、泄漏电缆、接地线、光纤、网线等。

四、简答题

1. 根据 5G 建设要求，5G 室内分布系统验收包括哪些内容？

2. 根据 5G 网络的实际应用，说明 5G 室内分布系统验收指标。

3. 根据通信工程施工要求，电源线的敷设需要满足哪些检查项目？

第12章

5G 室内分布系统施工规范

学习目标

- 熟悉 5G 室内分布系统施工规范和施工要求。
- 掌握室内分布系统设备及器件安装要求，以及天馈线的安装标准和规范。
- 熟悉线缆布放要求和规范。

素养目标

通过对 5G 室内分布系统施工规范的学习，提升工程施工专业技能，培养爱岗敬业的态度，树立服务人民、奉献社会的人生观。

良好的室内分布系统工程不但需要优秀的设计，还需要高质量的施工才能实现。在大量的无线室内分布系统工程建设过程中，中国电信行业形成了较为完善的施工标准。施工单位应该严格按照施工要求，按标准施工。

12.1 设备及器件安装要求

12.1.1 设备机架安装要求

（1）应依据室内机房平面布置图核对机柜机架安装位置、安装方向。

（2）设备机架应垂直安装并确保水平稳固，垂直度偏差应不大于机架高度的 1‰。

（3）机架上的各种零件不得脱落或损坏，漆面如有脱落应予补漆，所有紧固件应紧密固定。

（4）同一列机架设备正面的面板应呈一条直线，机架门应开关自如，相邻机架间缝隙上下均匀，不应大于 3mm。

（5）设备机架的防震加固应符合《通信设备安装工程抗震设计标准》（GB/T 51369—2019）和工程设计要求。

（6）对于地下室或有防静电地板的机房，机柜不允许直接安装于地板上，需要安装抗震底座，底座要求做防锈处理。

（7）设备机架或壁挂机箱应采用截面积不小于 16mm² 的多股铜线连接到接地汇集线上。

设备机架安装示意图如图 12–1 所示。

图 12–1　设备机架安装示意图

12.1.2　机架内设备安装要求

机架内设备一般有 BBU、直流配电单元（Direct Current Distribution Unit，DCDU）等。

（1）设备安装时采用机架两侧安装托板的方式对设备进行支撑，机架两侧与机架立柱通过螺栓拧紧固定，定位卡与机架卡槽啮合。

（2）各种螺栓需要拧紧，同类螺栓露出的螺帽长度要保持一致。

（3）机架内的线缆应沿着机架两侧线槽进行布放并绑扎结实，线缆避免交叉；电源线和信号线应分别从机架两侧分开布放，避免相互干扰。

BBU 综合机柜内设备布置示意图如图 12–2 所示。

BBU、DCDU 安装在 19 英寸标准机架内，采用机架两侧安装托板的方式对 BBU、DCDU 进行支撑，机架两侧与机架立柱通过 M6 螺栓进行固定。BBU、DCDU 设备应通过截面积不小于 2.5mm² 的多股铜线接到机架或壁挂机箱内的接地排上。

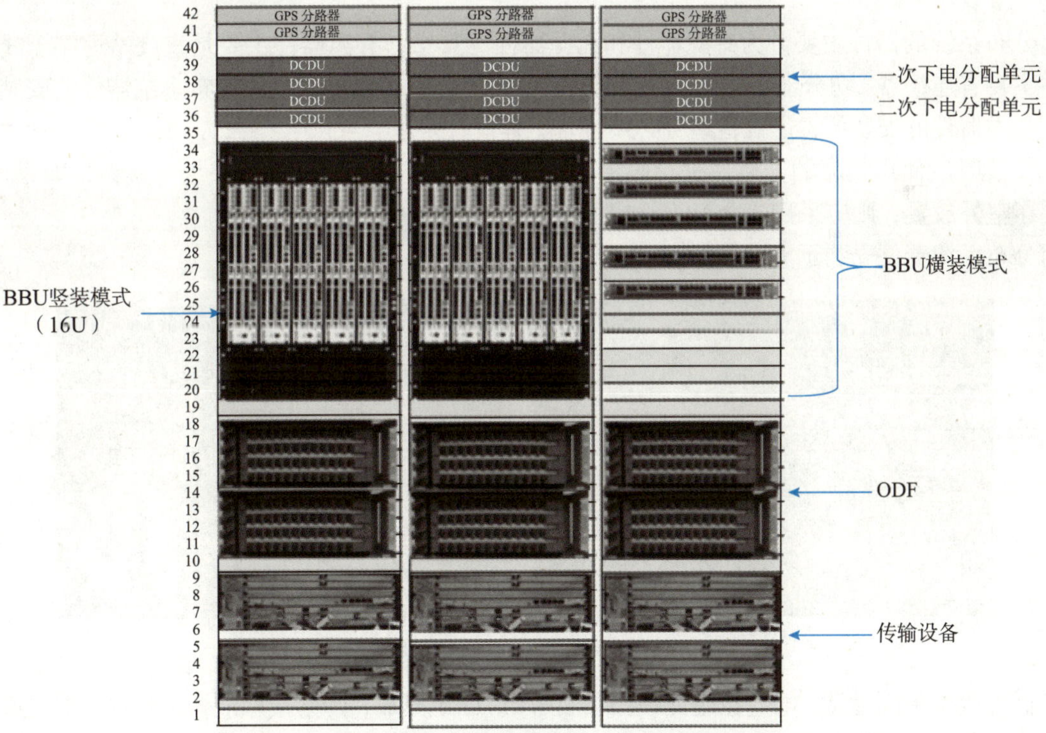

图 12–2　BBU 综合机柜内设备布置示意图

注：图中，ODF（Optical Distribution Frame）为光纤配线架。

12.1.3　壁挂设备安装要求

5G 室内分布系统的壁挂设备主要包括 RRU、直放站、有源室内分布设备、配电箱、光纤分配箱等。壁挂设备安装要求有：

（1）壁挂设备应安装在满足承重要求的墙体上，安装应牢固稳定；安装墙体应为混凝土墙或砖（非空心砖）墙等。

（2）设备挂墙安装应保证水平、竖直方向偏差均小于 ±1°，设备正面面板的朝向应便于工作人员接线及维护。

（3）设备安装件的安装应符合相关设备供应商的安装及固定技术要求，所有配件应拧紧固定。

（4）利用机架上的接地螺栓对通信设备外壳接地时，应使用花刺垫片，花刺垫片应位于设备外壳与接地端子之间。

（5）壁挂设备采用 2 个或 4 个锚栓安装在满足抗震要求的墙体上时，锚栓应采用后扩底锚栓或定型化学锚栓，具体应根据设计要求进行安装。

（6）如果壁挂设备（含机框）的重量大于 10kg 且设备中心与墙体的距离大于 150mm，则在设备底部增加三角支架进行支撑。

有源室内分布设备的中继单元支持挂墙或机柜内安装，室内安装的有源中继单元一般安装于楼宇内的弱电竖井内，接地线就近连接到弱电竖井接地扁铁上，接地线应使用截面积不小于 16mm² 的多股铜线。有源室内分布的 pRRU 单元一般安装于吊顶位置，其安装方式应符合相关厂家对施工安装的要求。

12.1.4　室内分布系统器件安装要求

室内分布系统的器件主要分为有源器件和无源器件。其中，有源器件主要是直放站远端干线放大器，无源器件主要有连接器、功分器、合路器、耦合器、多系统合路平台等。室内分布系统器件的安装要求有：

（1）各类器件的安装位置、设备型号必须符合工程设计要求。

（2）安装时应使用相应的安装件进行固定，并且使其垂直、牢固，不允许悬空放置，如果遇到特殊情况需要在室外放置，则应采用符合 IP65 防护等级规格的器件并做好防水处理。

室内分布系统器件安装示意图如图 12–3 所示。

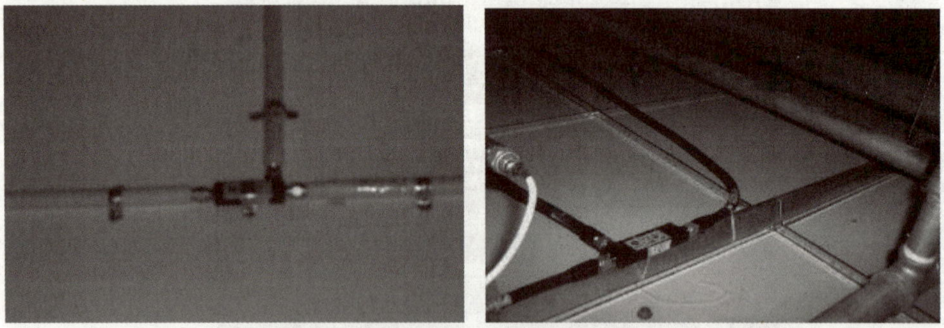

图 12–3　室内分布系统器件安装示意图

（3）器件接头牢固可靠，电气性能良好；器件两端应固定牢靠，严禁接触液体，并防止端口进入灰尘；器件应安装在易维护位置；每个无源器件应有清晰、明确的标识，空置端口必须连接匹配的负载。

头脑风暴　观察所处建筑物内外露的室分器件，分析它们的安装是否规范。

（4）POI 设备或多网合路器安装设备位置、设备型号必须符合工程设计要求；安装时应使用相应的安装件进行固定，并且使其垂直、牢固。如果这些设备属于多家电信运营商，则应将各电信运营商的输入端分开标识清楚。POI 安装示意图如图 12–4 所示。

图 12–4　POI 安装示意图

有源器件需要进行接地处理，无源器件一般情况下不需要接地。如果 POI 系统自带监控（有源），则 POI 设备必须接地，接地线汇接到主地排上。

12.2　走线架安装要求

线缆走道的安装应符合以下要求：

（1）整条线缆走道应平直，无明显起伏或歪斜现象。

（2）线缆走道与墙壁或机架列应保持平行，水平偏差不应大于 2.0‰。

（3）线缆走道吊挂应符合工程设计要求，吊挂安装应垂直、整齐、牢固。

（4）线缆走道的地面支柱安装应垂直、稳固，垂直偏差不应大于 1.5‰。同一方向的立柱应在同一条直线上，当立柱妨碍设备安装时，可适当移动立柱位置。

（5）线缆走道的侧旁支撑和终端加固角钢的安装应牢固、端正、平直。

（6）沿墙水平线缆走道应与地面平行，沿墙垂直线缆走道应与地面垂直。

（7）线缆走道穿过楼板孔洞或墙洞处应加装保护框，电缆放绑完毕应有非燃烧材料盖板或防火泥封住洞口，保护框和盖板均应刷漆，其颜色应与地板或墙壁一致。

（8）所有支撑加固用的锚栓余留长度应一致（螺帽紧固后余留 5mm 左右）。

（9）机房内所有油漆铁件的漆色应一致，刷漆（或补漆）均匀，不留痕，不起泡。

（10）室内的走线架及各类金属构件必须接地，各段走线架之间必须采用电气连接。

走线架安装示意图如图 12–5 所示。

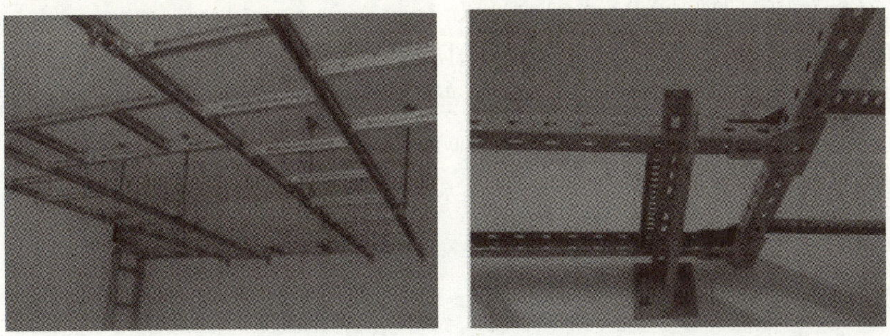

图 12–5　走线架安装示意图

12.3 线缆布放要求

12.3.1 室内电源线的布放要求

（1）室内电源线的规格型号及颜色应符合工程设计要求，布放应排列整齐、美观，不得有交叉，连接良好。室内电源线外皮颜色要求见表 12–1。

表 12–1　室内电源线外皮颜色要求

<table>
<tr><th colspan="2">直流电源</th><th colspan="2">交流电源</th></tr>
<tr><td rowspan="3">正极</td><td rowspan="3">红色</td><td rowspan="3">相线（火线）</td><td>L1 相黄色</td></tr>
<tr><td>L2 相绿色</td></tr>
<tr><td>L3 相红色</td></tr>
<tr><td rowspan="2">负极</td><td rowspan="2">蓝色</td><td>中性线（N）</td><td>浅蓝色</td></tr>
<tr><td>保护地线（PE）</td><td>黄绿色</td></tr>
</table>

（2）采用的室内电源线必须是整条电缆，严禁中间接头；室内电源线外皮应完整，芯线及金属护层对地的绝缘电阻应符合出厂要求。

（3）交 / 直流电源的室内电源线应分开布放；室内电源线与信号线应分开布放，间距不应小于 150mm。

（4）室内电源线拐弯处应圆滑均匀，铠装室内电源线的敷设弯曲半径不得小于其外径的 20 倍，塑包室内电源线的弯曲半径应不得小于其外径的 6 倍。

（5）在室内线缆走道上布放的室内电源线应进行绑扎，绑扎后的室内电源线应相互紧密靠拢，外观应平直整齐，线扣间距应均匀，线扣松紧应适度，每一根横铁上均应绑扎固定，塑料带扎头应放置于隐蔽处。

（6）设备电源引入线一般应利用自带的电源线。当设备电源线引入孔在机架顶部位置时，可沿机架顶部将电源线顺直成把布放。

（7）当馈电母线为铜、铝汇流条时，设备电源引入线应从汇流条的背面引入，连接螺栓应从面板方向穿向背面，连接紧固正负引线和地线应顺直并拢；室内电源线两端应采用焊接或压接方法与铜鼻子可靠连接，并在两端设置明确的标识。

12.3.2 RRU 电源线的布放要求

（1）电源线应采用整段材料，尽量水平或竖直走线，布放整齐、美观，拐弯处以圆弧平滑过渡；

（2）电源线的布放应自然平直，垂直线缆的布放穿线宜自上而下进行，不得将电源线放成死弯或打结，不应受到外力的挤压和损伤；

（3）电源线在室外布放时宜每隔 0.8m 固定一次；

（4）室外 RRU 电源线布放时应采取防雷、接头防水等措施；

（5）电源线在进机房的馈线窗前要做一个回水弯，回水弯最低处宜低于馈线窗下沿 0.1~0.2m，防止雨水顺电源线流入基站室内，电源线进出口的馈孔应用防水、阻燃的材料进行密封；

（6）其他按室内电源线的布放工艺要求执行。

12.3.3 光缆及尾纤的布放要求

（1）光缆的弯曲半径要大于光缆直径的 20 倍，不应把光缆折成直角。

（2）对于室外光纤的布放，沿走线架固定部分使用光电馈缆卡具固定，光缆在室外布放宜每隔 0.8m 固定一次。

（3）光缆在进机房的馈线窗前要做一个回水弯，防止雨水顺光缆流入基站室内。光缆进出口的馈孔应用防水、阻燃的材料进行密封。

（4）光缆在布放时，多余部分放在走线架上绑扎。过长的尾纤应整齐盘绕于光缆绕线架上或绕成直径大于 0.8m 的圈后固定，也可以整齐盘绕于尾纤盒内。未用尾纤的光缆接头应使用保护套保护。

（5）光缆在槽道内应加套管或线槽保护，无套管保护的部分宜用活扣扎带绑扎。机架内用扎带固定尾纤时不应过紧，尾纤在扎带环中可自由抽动。固定尾纤时，推荐在尾纤外面缠绕尼龙粘扣带后，再用扎带固定。尾纤在机架外部布放应加套管保护，套管末端应固定或伸入机柜内部。尾纤保护套管两端应用绝缘胶带封扎，避免尾纤滑动而被套管切口划伤。胶带颜色宜与套管颜色一致。

（6）敷设好的光缆或尾纤不应被重物或其他重量较大的线缆叠压。

（7）光缆连接线两端应粘贴标签，标签应整齐一致，标识应准确、清晰、完整。

（8）光接续盒应安装牢固可靠，密封良好，并易于维护操作。当采用的光缆带有金属铠装层或金属加强筋时，其应在接续盒处可靠接地。

（9）光缆加强芯应进行防雷接地。接地线规格应不小于 16mm^2。

12.3.4　信号线及控制线的布放要求

（1）信号线及控制线规格型号、数量应符合工程设计要求；

（2）布放信号线及控制线应有序、顺直、整齐，避免交叉纠缠；

（3）信号线及控制线弯曲应均匀、圆滑一致，弯曲半径大于 60mm；

（4）信号线及控制线两端应有明确标识。

12.3.5　（超）五类线的布放要求

（1）（超）五类线终接后，应有余量。交接间、设备间对绞电缆长度宜为 0.5～1.0m，工作区为 10～30mm，有特殊要求的应按设计要求预留长度。

（2）（超）五类线在管道内和吊平顶内隐蔽走线位置绑扎的间距不应大于 40cm；在管道开放处和明线布放时，绑扎的间距不应大于 30cm。（超）五类线必须用尼龙扎带牢固绑扎。

（3）对于不能在管道、走线井、吊顶、天花板内布放的（超）五类线，应考虑安装在走线架上或套用 PVC 管。

（4）（超）五类线的布放长度不应超过 100m。如果实际长度大于 100m，则应修改设计，改用其他传输方式。

（5）（超）五类线水晶头（RJ45）接头压制做工需要满足设计、施工要求。

12.3.6　接地线的布放要求

1. 接地线布放通用要求

（1）接地线应采用外护层为黄绿相间颜色标识的阻燃电缆。

（2）接地线上靠近端子处应设置永久保留的标识，并应标明对端位置。

（3）严禁在接地线中加装开关或熔断器。

（4）接地线的敷设应短直、整齐，多余的线缆应截断，不得盘绕；接地线在线槽或走线架上绑扎间距应均匀合理，绑扎扣应整齐，绑扎扣刨头不宜外露。

（5）接地线与设备及接地排连接时必须加装铜接线端子，并应压（焊）接牢固。

（6）接线端子尺寸应与接地线线径吻合；接线端子的平面接触部分应平整、无锈蚀、无氧化；接线端子压（焊）接好后，应套上黄绿双色的热塑套管或缠绕黄绿双色绝缘塑料带。

（7）接线端子与接地排之间应采用镀锌螺栓连接，一个螺栓压接一根地线，连接应可靠、美观，接地排连接处应进行热搪锡处理。

接地线与接地排连接示意图如图 12–6 所示。

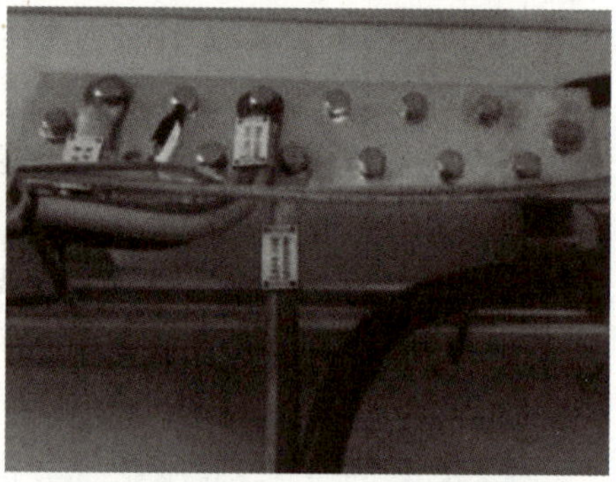

图 12–6　接地线与接地排连接示意图

2. 接地线布放具体要求

（1）电源接地线和保护接地线与交流中线应分开敷设，不能相碰，更不能合用。交流中线应在电力室单独接地。

（2）如果接地线遇到穿墙走线，那么穿墙部分必须加套 PVC 管或波纹管加以保护，穿墙孔 / 口必须用防火泥加以密封。

（3）机房接地母线宜用紫铜带或铜编织带，每隔 1m 左右和电缆走道固定一处。

（4）接地线应连接至大楼综合接地排，走线槽已经与综合接地排相连的，可连接至走线槽。连接业主线槽至大楼的接地网示意图如图 12–7 所示。若无法连接至大楼综合接地排，则可根据室内建筑综合接地情况，选择合适的接地点。

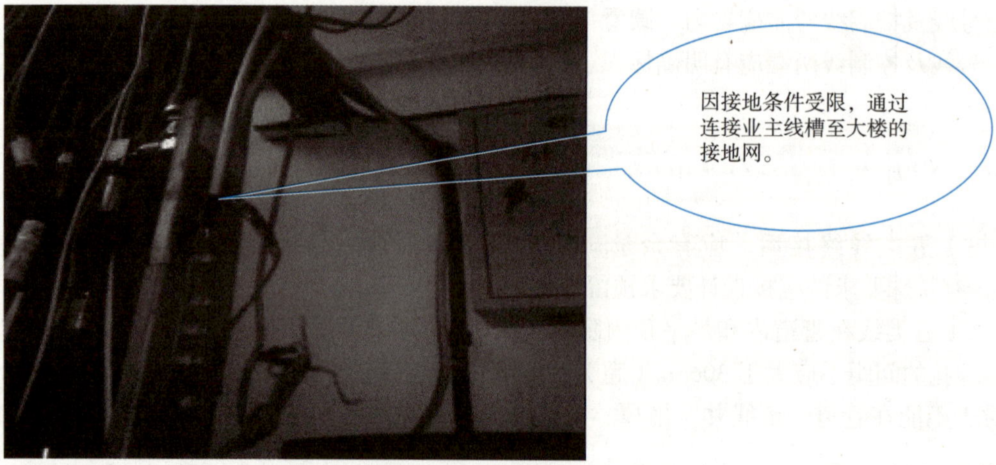

图 12–7　连接业主线槽至大楼的接地网示意图

（5）接地线与接地网连接时，严禁形成倒漏斗（即形成积水漏斗），漏斗方向必须朝下。

（6）接地点应高于接地网，馈线接地要沿着馈线下行方向，绝不允许向上。

（7）室内设备保护接地线禁止接至室外楼顶等高处避雷网（带）上。

（8）馈线上的接地点直接用防水胶泥密封，再用胶布包裹，接地排或接地网上的接地点应做防水、防锈处理。

（9）当接线端子与线料为不同材料时，其接触面应涂防氧化剂。

（10）设备的保护接地线应采用截面积不小于 16mm² 的线缆保护接地。接地位置应符合设计要求。

（11）交流地、直流地、保护地和防雷地应分开。每个接地点要求接触良好，不得有松动现象，并作防氧防锈处理。

（12）避雷针要求电气性能良好，接地良好。室外天线都应在避雷针的 45° 保护角之内。

（13）工作在室外或潮湿环境中的设备与线缆，或天线与线缆，或线缆与线缆之间的所有连接接头处必须采取防水措施。

12.4 天馈线安装要求

天馈线安装主要包括天线和馈线的安装，这是室内分布施工的主要工作，也是建设单位在施工过程和维护过程中与业主交集最多的部分。做好天馈线安装可以有效地减少建设单位与业主之间的矛盾，建设单位在施工过程中一定要严把质量关。

12.4.1 室内分布天线安装要求

室内分布系统主要采用支持单流或双流的室内分布天线。天线的类型一般包括全向吸顶天线、定向吸顶天线、定向壁挂天线、定向窄波束天线（对数周期天线、八木天线）等。

天线安装位置、规格型号及支撑件必须符合工程设计要求，安装时应使用相应的安装件进行固定，并且使其垂直、牢固，不允许悬空放置。

室内分布天线安装示意图如图 12–8 所示。

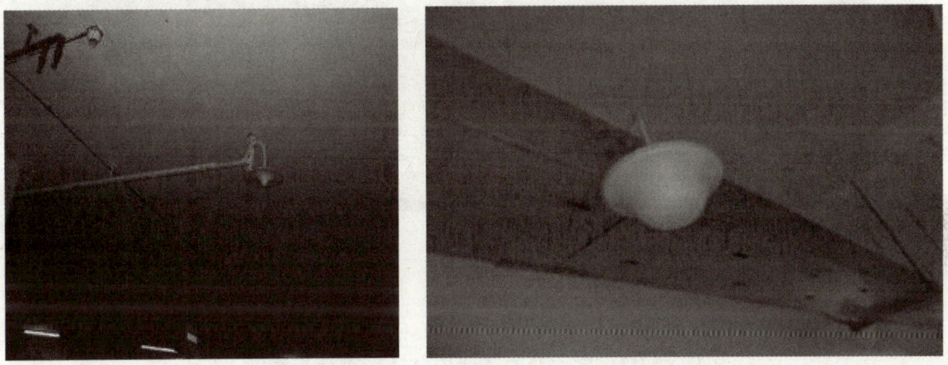

图 12–8　室内分布天线安装示意图

（1）吸顶天线的安装。吸顶天线要求用天线固定件牢固安装在天花板上，并确认所安装天线附近区域无直接遮挡物，尽量远离消防喷淋头。室内分布吸顶天线安装示意图如图 12–9 所示。在施工条件允许的情况下，天线与铁管、日光灯、消防喷淋头和烟雾探测器等设备的水平距离应大于 1m，现场条件受限时该距离不低于 0.5m。吸顶天线不允许与金属天花板吊顶直接接触，需要与金属天花板吊顶接触安装时，接触面间必须加绝缘垫片。天线与吊顶内的射频馈线连接良好，并用扎带固定。

图 12–9　室内分布吸顶天线安装示意图

（2）板状天线的安装。板状天线要求用天线固定件牢固安装在墙壁上，采用壁挂安装方式或利用定向天线支架安装方式，要求天线周围无直接遮挡物，天线主瓣方向正对目标覆盖区，尽量远离消防喷淋头。在施工条件允许的情况下，天线与铁管、日光灯、消防喷淋头和烟雾探测器等设备的水平距离应大于 1m，现场条件受限时不低于 0.5m。电梯内的天线必须用膨胀螺栓固定于电梯井壁，并确认所安装天线附近无直接遮挡物。室内分布板状天线安装示意图如图 12–10 所示。

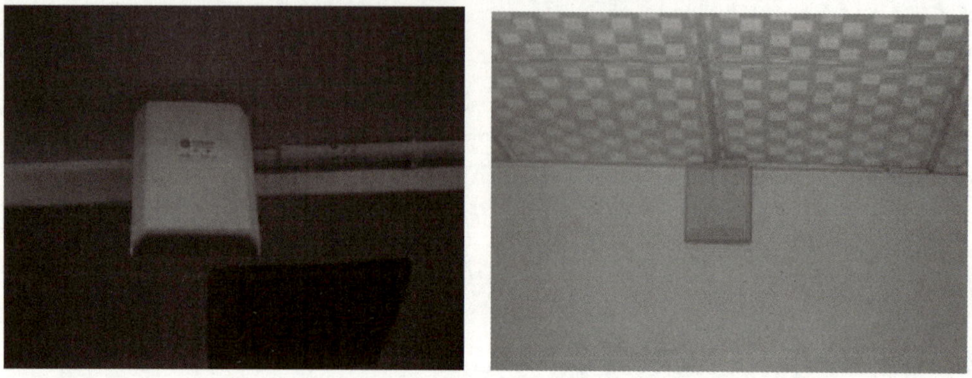

图 12–10　室内分布板状天线安装示意图

（3）室内分布天线的吊挂高度应略低于房梁、通风管道、消防管道等障碍物，以保证天线的辐射特性。室内分布天线安装注意事项示意图如图 12–11 所示。

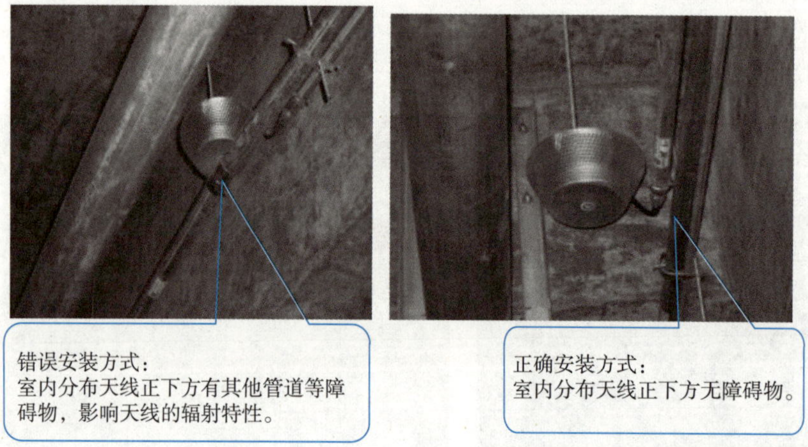

图 12–11　室内分布天线安装注意事项示意图

（4）天线的各类支撑件安装时应保持垂直，整齐牢固，无倾斜现象，所有含铁的材料都应做防氧化处理。

（5）天线安装在天花板吊顶内时，仍需通过吊架或支架进行固定，不得随意摆放。若天花板无维护口，则依据设计要求开设维护口。天花板内安装室内分布天线示意图如图 12–12 所示。

图 12–12　天花板内安装室内分布天线示意图

（6）安装天线的接头必须使用防水胶带做好防水，然后用塑料黑胶带缠好，胶带应做到平整、美观。

（7）对于使用两个单极化天线的双通道室内分布系统，天线间距安装偏差应不超过设计图纸要求的 5%。天线间距控制在 1m 左右，应不小于 0.6m，不大于 1.5m。

（8）室内分布天线的安装应用不小于 M6 的螺栓紧固。

（9）部分安装于室外的天线，如覆盖隧道口、小区或街道的天线，天线方向角、挂高应满足设计文件要求。避雷针安装应牢固可靠，天线应在避雷针 45° 保护角内。

（10）全向天线安装时应保证天线垂直，垂直度各向偏差不得超过 ±1°；定向天线的方向角应符合工程设计要求，安装方向偏差不超过天线半功率角的 ±5%。

头脑风暴

观察所处建筑物内外露的天线，分析它们的安装是否符合规范。

12.4.2 GNSS 时钟天线安装要求

（1）GNSS 天线安装位置应符合工程设计要求，天线应处在避雷针顶点下倾 45° 保护范围内。

（2）GNSS 天线与通信发射天线在水平及垂直方向上的距离应符合工程设计要求。

（3）GNSS 天线应垂直安装，垂直度各向允许偏差为 1° 。

（4）对于安装 2 套及以上 GNSS 天馈系统的，其 GNSS 天线间距应符合设计要求。

（5）GNSS 天线安装在铁塔顶部时，GNSS 馈线应分别在塔顶、机房入口处就近接地；当在机房入口处已安装同轴防雷器时，可通过防雷器实现馈线接地；当馈线长度大于 60m 时，宜在塔的中间部位增加一个接地点。

（6）GNSS 天线设在楼顶时，GNSS 馈线在楼顶的布线严禁与避雷带缠绕。

（7）GNSS 室内馈线应加装同轴防雷器保护。同轴防雷器独立安装时，其接地线应接到馈窗接地汇流排。当馈线在室外绝缘安装时，同轴防雷器的接地线也可接到室内接地汇集线或总接地汇流排。

（8）GNSS 馈线安装在走线架中时，水平方向每隔 0.6～1.5m 用馈线卡固定一次，垂直方向每隔 0.6～1.0m 用馈线卡固定一次。

（9）天线安装支架必须固定，同时做防氧化与接地处理。安装支架及抱杆必须良好接地，应采用直径不小于 95mm² 的多股铜导线或 40mm×4mm 的镀锌扁钢可靠接地。

12.4.3 馈线安装要求

（1）布放馈线时，应整齐美观，避免相互交叉。馈线长度应合适，富余的线缆应排列布置整齐。

布放馈线经过的线井应为电气管井，通常指弱电井，不能使用风管或水管管井。馈线尽量避免与强电高压管道和消防管道一起布放，避免强电、强磁的干扰，馈线安装应采用专用的走线架或走线管道。

对于不在机房、线井和天花板吊顶中布放的馈线，应套用 PVC 管。要求所有走线管布放整齐、美观，转弯处使用 PVC 软管连接。

馈线布放示意图如图 12–13 所示。

（2）馈线安装在走线架（槽）中时，水平方向每隔 0.6～1.5m 用馈线卡固定一次，垂直方向每隔 0.6～1.0m 用馈线卡固定一次。若无法用馈线卡子固定，则用扎带将馈线之间相互绑扎。馈线安装固定要求见表 12–2。

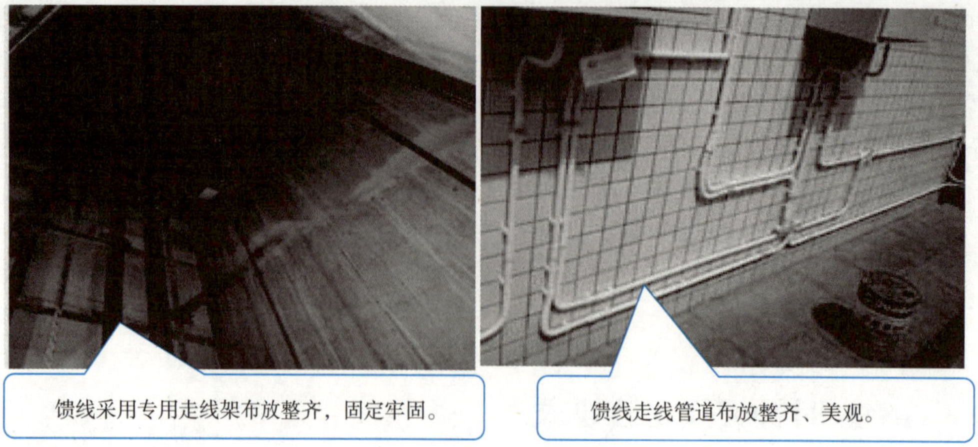

图 12-13　馈线布放示意图

表 12-2　馈线安装固定要求

	1/2 英寸馈线	7/8 英寸馈线
馈线水平走线时固定间距	1.0m	1.5m
馈线垂直走线时固定间距	0.8m	1.0m

垂直布放馈线时，要求合理安装，以方便器件的制作。施工人员在穿 PVC 管时，每隔 1m 用一个扎带固定。

横线穿放 PVC 管时，要求布放平整，不可捆绑在细的线缆上。在天花板内每隔 1.5m 用一个扎带固定，明线每隔 0.6m 用一个扎带固定。

（3）室内分布馈线应尽量在线井和吊顶内布放，并用扎带进行固定，严禁馈线沿建筑物避雷带或楼宇消防管道、水管等捆扎。

应避免与强电管道、消防管道、热力管道、通风管道一起布放走线，若不能避免则应按设计要求采用相应的套管等保护措施。

馈线布放不能有交叉和空中飞线。若走线管无法靠墙布放（如在地下停车场布放），馈线走线管可与其他线管一起走线，并用扎带与其他线管固定。地下停车场的布线应高于排风、消防等管道，以免因布线过低而引起车辆挂断馈线的事故。

（4）馈线（含 GNSS 馈线）、室外各种连接缆线和控制线的规格、型号、路由走向、布放、绑扎及接地方式等应符合工程设计要求，馈线拐弯处应圆滑、均匀，一次弯曲半径不应小于 20 倍馈线外径，软馈线的弯曲半径不应小于 10 倍馈线外径。馈线安装弯曲半径要求见表 12-3。

表 12-3　馈线安装弯曲半径要求表

线 径	最小弯曲半径（多次弯曲）	最小弯曲半径（单次弯曲）
1/2 英寸馈线	125mm	80mm
7/8 英寸馈线	250mm	140mm

（5）馈线的连接头应安装牢固，接触良好，并做防水密封处理。馈线进出口的墙孔应用防水、阻燃材料进行密封。室外馈线从馈线口进入室内前，要求有“回水弯”（或斜向上走线），以防止雨水沿着馈线渗入室内。馈线及各种线缆标识应准确、清晰、完整。

（6）室外馈线必须采用接地卡进行接地处理，按设计要求就近接地。

（7）馈线与天线的连接处馈线不宜太紧，接头处宜留有一定富余度。天馈线系统的电压驻波比不应大于 1.5。

本章小结

严格把控 5G 室内分布系统施工建设要求，包括设备及器件安装、走线架安装、线缆布放、天馈线安装要求等内容，提升对施工标准的认知。

施工标准要细化，设备及器件安装包括设备机架安装要求、机架内设备安装要求、壁挂设备安装要求和室内分布系统器件安装要求，每个安装子项目有各自详细的标准，工程管理人员、监理人员、施工人员需要认真研究相关施工规范，按要求管理、施工和验收。

课后习题

一、单选题

1. 时钟天线安装位置应符合工程设计要求，时钟天线应处在避雷针顶点下倾（　　）保护范围内。

A. 30°　　B. 45°　　C. 60°　　D. 75°

2. 在有衬砌的隧道内，泄漏电缆采用卡具方式固定，卡具间隔宜为 1~1.3m, 每隔（　　）设置 1 个防火卡具。

A. 5~10m　　B. 10~15m　　C. 5~20m　　D. 20~25m

3. 施工条件允许的情况下，天线与铁管、日光灯、消防喷淋头和烟感探头等设备的水平距离应大于 1m，现场条件受限时不低于（　　）m。

A. 0.2　　B. 0.3　　C. 0.5　　D. 06

4. 如果壁挂设备（含机框）的重量大于（　　）kg 且设备中心与墙体的距离大于 150mm，则在设备底部增加三角支架进行支撑。

A. 0.2　　B. 0.3　　C. 0.5　　D. 06

二、填空题

1. 设备机架的防震加固应符合____________和工程设计要求。

2. 馈线安装在走线架（槽）中时，水平方向每隔____________用馈线卡固定一次，垂直方向每隔____________用馈线卡固定一次。

3.（超）五类线在管道内和吊平顶内隐蔽走线位置绑扎的间距不应大于____________cm；在管道开放处和明线布放时，绑扎的间距不应大于____________cm。（超）五类线必须用____________牢固绑扎。

三、简答题

1. 说明吸顶天线的安装规范。

2. 说明信号线及控制线的布放要求。

第13章

5G 室内分布系统建设管理

学习目标

- 熟悉 5G 室内分布系统工程建设的全过程管理。
- 掌握 5G 室内分布系统节能相关技术和方法。

素养目标

- 通过对 5G 室内分布系统建设管理的学习，深化对室内分布系统工程建设流程的认识，培养爱岗敬业的精神。
- 学习无线工程节能新技术，强化科技节能责任意识。

本章从工程建设和管理角度讲述室内分布工程管理。本章通过分析 5G 室内分布系统工程建设的全过程管理，对工程项目的全生命周期的各环节进行把控。本章还提出了 5G 室内分布系统的多维度节能方案，从设备、配套到网络全面优化，显著提升了能效比与减排效果。

13.1 5G 室内分布系统工程建设的全过程管理

5G 室内分布系统工程建设的全过程管理是对工程项目的全生命周期的各个环节进行管控。

13.1.1 项目全过程流程

基本建设程序是对基本建设项目从酝酿、规划到建成投产所经历的整个过程中的各项工作开展的先后顺序的规定。基本建设程序划分为若干个进展阶段和工作环节，它们之间的先后次序和相互关系不是任意决定的，有着严格的先后顺序，不能任意颠倒。室内分布系统项目基本建设程序流程如图 13–1 所示。

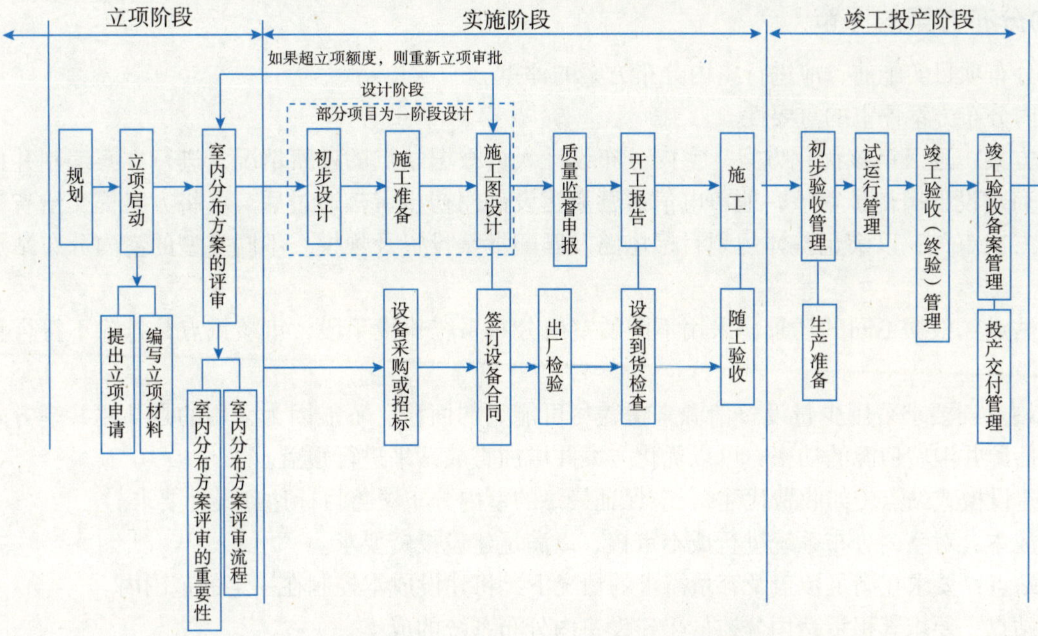

图 13-1　室内分布系统项目基本建设程序流程图

13.1.2　立项阶段管理

1. 规划

室内分布系统建设也需要规划，不能简单地认为只要有需求就可以马上开始建设。为了指导并规范实际工程建设的开展，达到全局把控、投资管控的目的，必须积极开展室内分布系统的规划工作。

以某电信运营商为例，每年年中启动规划，用以指导未来三年网络建设发展方向，尤其是对第二年的建设规模及建设投资具有很强的指导意义。

规划期间，需要进行网络建设需求分析，开展站址预规划工作，进行站址匹配。站址匹配的原则需要从多个方面进行考虑，如建设场景的重要性、经济与人口重点区域、建设优先级排序等。站址匹配需要遵循电信运营商网络结构、覆盖指标、服务质量、共建共享等要求，提升规划站址的准确性。

2. 立项启动

根据规划的批复资金及规模，准备建设相关室内分布系统的立项启动工作。

（1）提出立项申请。

首先，向相关项目主管部门提出立项申请，主要内容包括介绍需要立项的项目的理由、规模及投资；其次，召开相关会议，决策是否立项。

（2）编写立项材料。

根据相关决策，如果决定立项，则启动相关的立项工作，编制相关立项材料。

立项材料包括可行性研究报告或项目建议书，一般应包括投资必要性、技术可行性、财务可行性、组织可行性和风险评估等内容。

可行性研究报告或项目建议书可由建设单位委托相关设计单位进行编制。

立项文件编制完成后，由建设单位进行评审，并进行可研（立项）批复。

3. 室内分布方案的评审

在室内分布项目实施前，应进行室内分布方案的评审。

（1）室内分布方案评审的重要性。

①优化方案：逐级审核优化方案，室内分布设计人员根据站点的勘察情况，进行方案编制并提交地市电信运营商建设部门初步审核，地市电信运营商建设部门初步审核通过后，可将方案提交给省建设主管部门进行二次审核，以满足整体规划目标思路及匹配批复投资及规模。不同类型的室内分布站点优化方案如下。

a. 自建站点：根据不同的场景，采用不同的室内分布系统建设手段，审核重点是排除不符合相关场景的覆盖手段。

b. 租赁站点：要求采用少量设备信源来覆盖尽可能大的面积。不能因为采用的是共建共享方式，而过多地采用信源并浪费信源的功率，可以优化方案并增加直放站来进行覆盖。

c. 其他建设模式站点（如收费代建）：应保证最终的室内分布覆盖目标达到设计要求。

②控制成本：对室内分布系统进行成本审核，以满足建设投资要求。

a. 自建站点：要求在满足覆盖及容量需求的情况下，将建设成本控制在一定的范围内。

b. 租赁站点：要求其租赁费用分摊低于建设室内分布系统的成本。

c. 其他建设模式站点（如收费代建）：主要成本为主设备本身的采购成本和维护成本。

③理清思路：由于网络建设的各个阶段有不同的情况，如建设资金、信源等，因此建设思路会有一定的变化。对不同阶段提交的室内分布系统方案进行审核，使其符合规划建设思路的变化。

（2）室内分布方案评审流程。

典型的室内分布方案评审流程如图 13–2 所示。

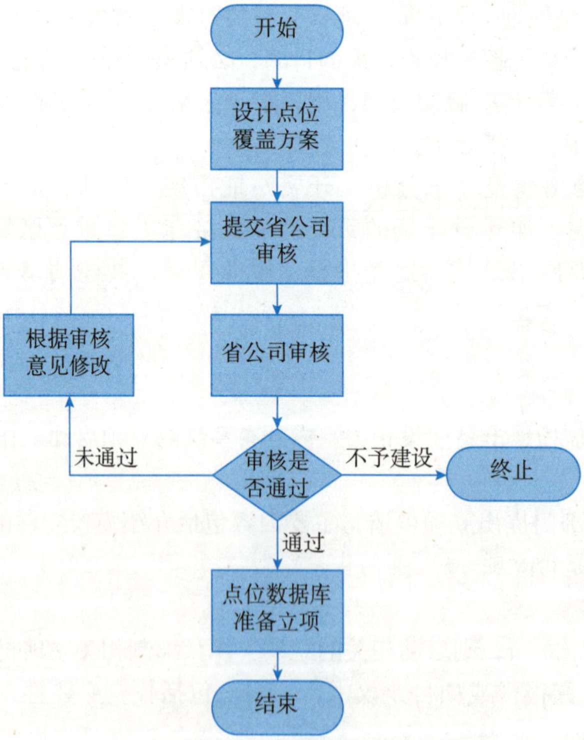

图 13–2　典型的室内分布方案评审流程图

室内分布方案审核的重点是投资方案审核和成本方案审核。

①投资方案审核：核实建设的场景、审核方案的合理性和审核投资的合理性。

②成本方案审核：核实建设的场景、审核方案的合理性和审核租金的合理性。

13.1.3　实施阶段管理

1. 设计阶段

室内分布系统项目立项后，进入项目的设计阶段，由建设方委托相关设计院编制实施计划。具体分为以下两种情况：

（1）工程项目采用二阶段设计，包括初步设计和施工图设计，在初步设计阶段编制设计概算，在施工图设计阶段编制施工图预算。

（2）工程项目采用一阶段设计，同步完成施工图设计及预算编制。

初步设计及施工图设计需要进行设计评审，如果最终概（预）算投资额度超过可行性研究报告批复的立项额度，则需要重新评估项目的可行性，必要时，需要重新进行立项审批。

设计评审通过后，根据评审纪要进行修改，并由建设方进行设计批复。

采用二阶段设计的工程项目，在初步设计完毕后，开始进行施工准备工作。

2. 设备采购

（1）无线网主设备采购的意义：

无线网主设备采购是项目流程中非常重要的一个阶段，对项目的工程质量与造价影响巨大。

目前，无线网主设备的配置复杂，尤其是 5G 主设备的设备类型众多，功能多样化，价格差别较大，需要采购人员进行无线网主设备配置的核对及价格的确认工作。采购人员应对最终设备配置进行监督核查，采购到更符合实际、性价比更高的产品。

（2）无线网主设备采购流程如下：

①研究采购文件，包括主设备目录库及报价、采购要求等。

②组织相关采购专家，根据实际项目需求，编制设备采购需求表。

③设备采购需求表经确认后，发给相关设备厂商，由设备厂商提供详细配置及报价。

④电信运营商采购部门根据建设部门需求，审核设备厂商的详细配置和报价，并提出进一步修改要求。

⑤根据修改要求，相关设备厂商进行配置及报价的修改。以上修改流程需要反复进行，直至采购文件符合本项目的规模和价格要求。一般每期项目工程会规定上限采购价格，不得超出该上限。

⑥相关主设备厂商提交最终符合本次采购要求的文件，由电信运营商组织采购专家再次确认，确定相关文件无误后，提交上级采购部门。

⑦根据最终的设备采购清单挂账、下单。设备厂商发货，建设部门接收，设备到货检验后安装。

3. 质量监督申报

（1）建设单位应当在通信建设工程开工 5 个工作日前办理通信建设工程质量监督申报手续。投资规模较小的通信建设工程项目可以集中办理通信建设工程质量监督申报手续。

建设单位办理通信建设工程质量监督申报手续，应当通过质量监督管理平台提交“通信建设工程质量监督申报表”和以下文件材料：

①项目立项批准文件；

②施工图设计审查批准文件；

③工程勘察、设计、施工、监理等单位的资质等级证书；

④其他相关文件。

（2）质量监督的内容：

①检查工程质量责任主体执行建设工程质量法律法规和通信建设工程强制性标准的情况；

②检查工程质量责任主体落实工程质量的责任和义务、建立质量保证体系和质量责任制度的情况；

③检查影响工程质量、安全和主要使用功能的关键部位和环节；

④检查工程使用的主要材料和设备的质量；

⑤检查工程防雷、抗震等情况；

⑥检查工程质量监督申报、工程竣工验收的组织形式及相关资料。

（3）质量监督流程如图 13–3 所示。

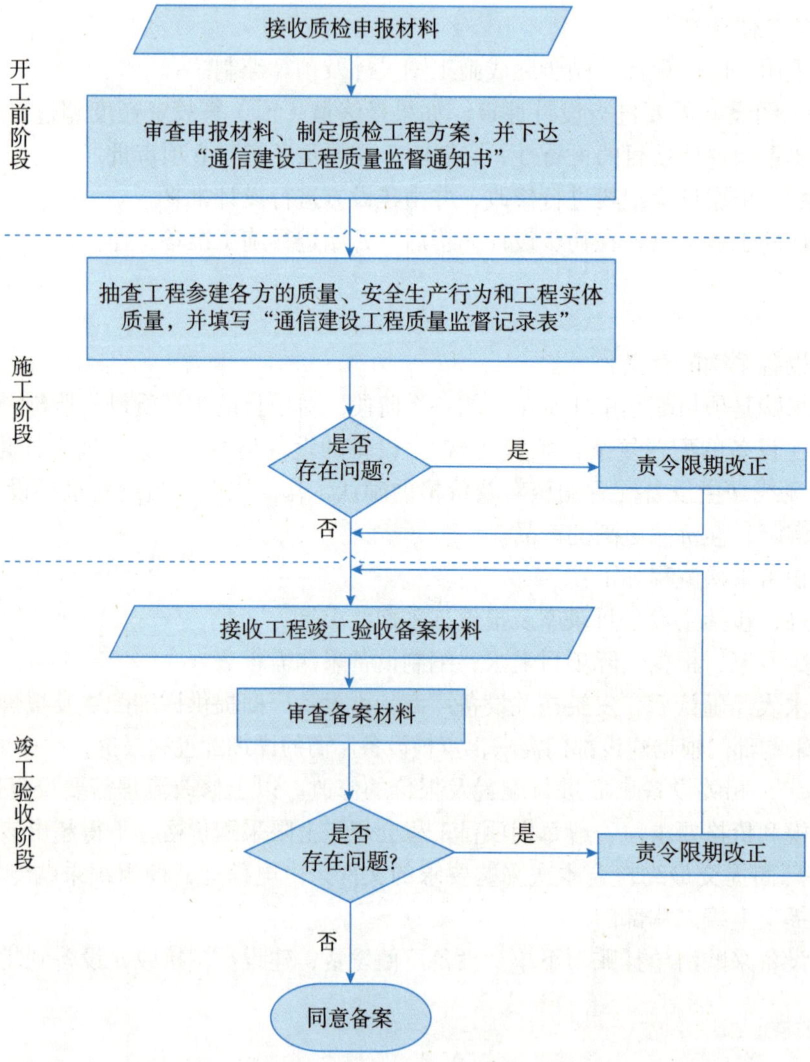

图 13–3　质量监督流程图

4. 开工报告

开工报告由施工单位在工程项目施工前由施工单位编制，一般应包括施工许可、设计交底记录及施工组织设计方案等。

建设单位（或监理单位）应审查施工单位提交的施工组织设计中的资质，含企业资质和安全生产许可证，审查项目经理和专职安全生产管理人员是否具备通信行业监管部门颁发的相应类别的“安全生产考核合格证书”B 证、C 证。审查批准施工单位提出的施工组织设计、安全技术措施和危险性较大的分部分项工程安全专项施工方案；监督检查安全技术措施、施工技术方案和施工进度计划的实施情况。

13.1.4　竣工投产阶段管理

竣工投产阶段分为初步验收、试运行、竣工验收（终验）、竣工验收备案、投产交付几个阶段。

1. 初步验收管理

工程项目达到预定可使用状态以后，由建设单位组织财务部门和网络维护部门等相关部门共同组成初验小组，并召集设计单位、施工单位和监理单位等参加，共同对项目进行初步验收，并形成初验文件。

（1）验收条件：

①施工单位完成项目主体工程量，工程自检合格，提交完工报告；

②施工单位提交正式的竣工资料（包括竣工文本、材料平衡表、工程余料退库等）。

（2）验收组织构成：

验收组织一般由建设单位、财务部门、网络维护部门、设计单位、施工单位、监理单位等组成。

（3）初步验收内容：

①核查工程质量，主要包括项目实现设计要求的功能、性能情况和施工工艺质量，确定是否达到施工验收规范和设计文件要求；

②核查工程量，核对竣工图的准确性、规范性；

③核查竣工图，包括确认标注准确、设备端口和地址等资源配置准确、距离标注准确；

④核查竣工图的图章、责任人签字。

（4）形成初步验收意见，编制初验报告、初验会议纪要，如果存在问题则出具整改通知书。

（5）初验日期：初验批复签发之日即为通过初步验收的日期。

（6）签发初验证书：初步验收通过后，初验小组给主设备厂商及施工单位签发初验证书。

2. 试运行管理

（1）试运行通知。

项目初验合格后，电信运营商建设部门向接收部门下发试运行通知。建设单位联合相关业务部门对设备进行试运行测试，验证工程是否符合合同要求。试运行结束后，业务部门应出具试运行报告，经部门负责人或其授权人员审核后，提交建设单位负责人审批。

（2）试运行报告。

试运行结束后，使用部门应出具试运行报告，由部门负责人或其指定人员审阅。然后，试运行报告交由建设部门项目管理人员审阅并接收，开始组织终验。

（3）试运行报告出具单位。

试运行报告由使用部门编制，提交建设部门。

3. 竣工验收（终验）管理

项目初验后，建设单位在收到施工单位提交的工程结算报告（包括竣工文本、结算文本）以后，由该工程负责人或其授权人审核，审核无误后，提交审计部门，对项目进行结算审计。

（1）终验条件：

①初步验收 3～6 个月以上（或根据相关协议约定）；

②试运行通过，初步决算经过审核或审计，工程余料退库已移交完毕，初验遗留问题已整改，并已复验通过；

③所有工程技术文档已系统整理，可以移交维护和归档；

④对不影响工程生产能力和发挥效益的少量收尾工作，建设单位应该在竣工验收后继续负责完成。

（2）终验报告。

完成试运行后，建设单位组织财务部门、网络维护部门、设计单位、施工单位和监理公司对项目进行验收，审阅竣工验收文件。审阅无误后，由验收小组出具终验报告并签字，然后根据终验流程生成终验批复文件。

（3）竣工决算。

项目竣工决算是反映项目建设成果和财务情况的总结性文件，是正确核定新增固定资产价值、办理固定资产交付使用手续的依据。建设单位应重视项目竣工决算的编制工作，做到编报及时、数字准确、内容完整。

（4）签发终验证书。

终验通过后，建设单位向主设备厂商与施工单位签发终验证书。

4. 竣工验收备案管理

建设单位应当自通信建设工程竣工验收合格之日起 15 日内，通过质量监督管理平台提交“通信建设工程竣工验收备案表”及“通信建设工程竣工验收报告”。

通信质量监督机构收到“通信建设工程竣工验收报告”后，应当重点对基本建设程序、竣工验收的组织形式、竣工验收资料是否符合有关规定进行监督，若发现有违反相关规定的行为，则应责令停止使用，限期改正。建设单位改正后，应当重新组织工程竣工验收。

5. 投产交付管理

投产交付管理需要重点关注工程档案的管理。

工程档案需要在工程竣工验收后 3 个月内归档，并按规定向有关部门移交。

工程档案管理需要重点关注的内容包括：项目建设依据性文件、法律性文件、基础性文件、施（竣）工文件、工程竣工图的齐全完整和编制质量情况。

围绕项目管理全生命周期的归档文件包括：项目审批流程文件、合同、设计文件、监理文件、施工（竣工）文件等。

各阶段的主要文件材料如下：

（1）工程立项阶段的文件材料，包括：①项目建议书及批复文件；②选址意见书及批复文件；③可行性研究报告（含修改稿）及批复文件；④可行性研究评审会议纪要。

工程评估内容应包括：①环境预测报告、调查报告、专家意见、环境影响报告书及批复；②项目计划任务书。

（2）工程管理阶段文件材料，包括：①征地、拆迁文件；②计划、投资、管理文件；③专项审批文件；④招标投标、承 / 发包合同协议；⑤设备采购文件（含涉外文件）；⑥生产技术准备和试运行文件；⑦工程财务文件；⑧工程监理文件。

（3）工程设计阶段文件材料，包括：①设计基础文件；②设计文件。

（4）工程施工阶段文件材料，包括：①施工过程控制文件；②工程实施成果文件；③竣工验收归档文件。

（5）工程验收阶段文件材料，包括：①初步验收文件；②竣工验收文件。

13.2 5G 室内分布系统节能管理

5G 网络的速率、容量、传输时延、频谱效率、连接密度等能力有了质的飞跃，从而可以支撑更加丰富的业务场景和应用，赋能千行百业，实现数字化转型。但与此同时，5G 网络的能耗增加，也给电信运营商带来了新的挑战。

实现碳达峰碳中和，是贯彻新发展理念、构建新发展格局、推动高质量发展的内在要求，是党中央统筹国内国际两个大局作出的重大战略决策。5G 网络作为重要的数字信息基础设施，目前正处于规模建设及高速发展期，能耗与碳排放将持续快速增长，5G 网络实现绿色低碳高质量发展对于国家“双碳”战略实施至关重要。

头脑风暴　碳达峰碳中和的含义是什么？

在此背景下，大力研发和推广节能降耗技术，打造低功耗的 5G 网络，是通信行业自身降本增效的需求，更是通信行业在实践中积极践行绿色低碳的社会责任。

5G 室内分布系统的节能管理主要从设备选型节能、室内分布系统配套节能、合理组织网络和优化网络节能等方面进行考虑。

13.2.1 设备选型节能

5G 网络的高性能，势必使带宽、发射通道数、频段、计算量及基站规模等增大，导致 5G 网络的能耗较之前制式的网络有了显著的增加。5G 网络能耗主要是基站能耗，而基站能耗主要是主设备能耗。降低主设备能耗对 5G 网络建设意义重大。

提高主设备的能效，需要从设备硬件（如功率放大器模块、数字基带、收发机等）节能技术、设备软件节能技术、设备节能选型原则等方面考虑。

1. 设备硬件节能技术

5G 基站设备主要包括功率放大器、基带 / 数字中频、小信号、电源等功能单元。各功能模块的能耗占比会随着业务负荷的变化而有所不同。当前，移动网络中主设备在满载条件下，功率放大器的能耗占比最高，可达 60% 或以上；在空载条件下，基带 / 数字中频部分的能耗占比最高，平均可达 40%。因此，要降低 5G 基站设备的能耗，需要提升功率放大器的效率，同时降低基带 / 数字中频的基础能耗。5G 基站设备在不同负荷的情况下，其功耗的占比也不同，典型 5G 设备在不同话务负荷下功耗占比如图 13–4 所示。

（1）采用低功耗基带芯片。

目前，业界主流芯片的制造工艺可以达到 7nm，采用片上系统（System on Chip，SOC）架构，按场景灵活分配功耗，优化电压、时钟、频率调制等低功耗技术，优化 5G 链路处理能效比。

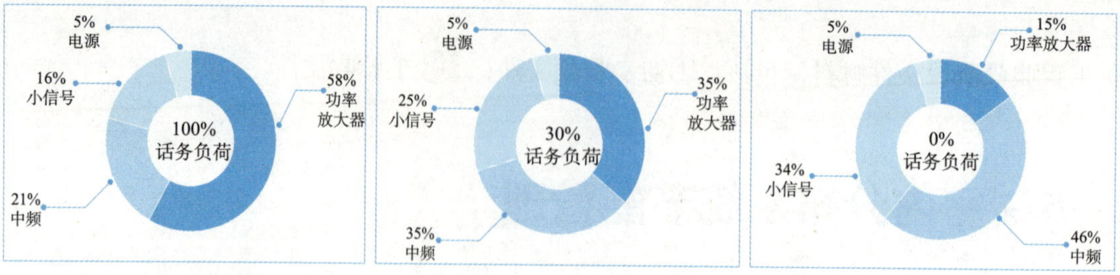

图 13–4　典型 5G 设备在不同话务负荷下功耗占比图

（2）采用低功耗中频芯片。

主流芯片的制造工艺达到 7nm，采用数据处理位宽可变、链路模块可关闭等低功耗技术。单芯片集成度高，功耗可以有效降低。

（3）采用低功耗设计的收发信机。

收发信机是模拟器件，与数字器件相比，更难提升制程工艺。采用 28nm 至 14nm 以下先进芯片制程工艺的 5G 收发信机，通过缩小晶体管尺寸与优化漏电流，可显著降低基站设备功耗。

（4）采用新材料功率放大器。

功率放大器通过选用适合 5G 高频、大带宽的材料（如氮化镓）功率放大器，配合高效率电路架构和先进算法，可有效提升功率放大器效率。

（5）创新的散热材料、结构及工艺。

1）采用高导热材料，以及半固态压铸技术，提升导热系数；

2）采用碳纳米管导热垫，将导热系数提升 5 倍；

3）对光模块精确控温，实现光模块故障监控及寿命预测；

4）优化设备正面散热结构，优化散热气流，避免热空气级联，提升散热效率；

5）优化设备侧面散热结构，反射太阳辐射，增加冷空气迎风换热面；

6）采用新型超导板，等效导热系数提升，远超合金材料；

7）采用新型的光谱选择性辐射制冷涂层，实现太阳光波段高反射率，大气窗口波段高发射率，提高热辐射散热效率。

2. 设备软件节能技术

5G 主设备还可以通过不同的软件配置，达到节能的目的。比较关键的几项节能技术包括符号（时隙）关断、通道关断、载波关断和深度休眠。

（1）符号（时隙）关断。

基站不是任何时候都工作在最大流量的状态，所以对于子帧中的符号来说，不是时时刻刻都填满了有效信息。开启符号（时隙）关断功能后，可根据负荷的繁忙程度，通过业务数据量预测，AAU/RRU 自检测在无有效信息传输的符号时间内关闭功率放大器，或者将少量的用户数据调度集中在几个时隙传输，在剩余无用户数据的时隙上关闭功率放大器，使得在更大的时间范围内可以获得符号（时隙）关断的节能收益，降低实时能耗。符号（时隙）关断示意图如图 13–5 所示，图中，CSI-RS 信号包含低功耗唤醒信号，与系统检测到业务量少时，关闭剩余无用户数据的时隙上功放（PA OFF）。

（2）通道关断。

通道关断是指当某小区话务负荷很轻时，允许关闭本小区的部分发射通道，以节省能耗。为了保证控制信道覆盖和业务不受影响，系统会自动调整小区用户的传输模式并提升控制信道的发射功率。当检查到业务负载增加后，退出关断模式，恢复原有的通道发射状态。通道关断 / 开启均需要判断相应小区的物理资源块（Physical Resource Block，PRB）利用率、无线资源控制（RRC）连接用户数、语音用户数等负荷状态。通道关断示意图如图 13–6 所示。

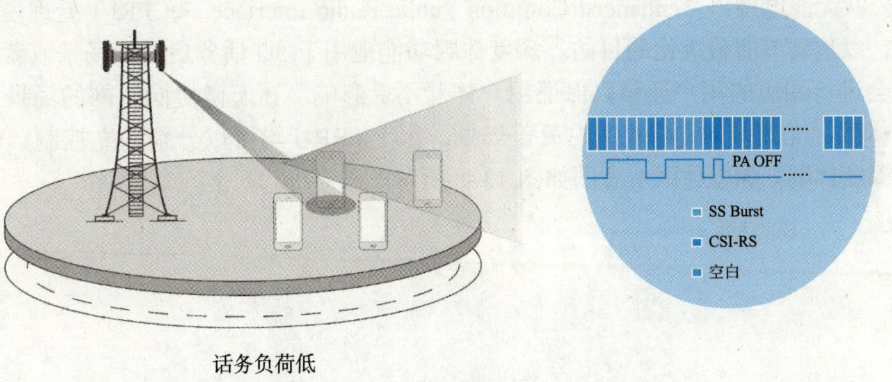

图 13–5　符号（时隙）关断示意图

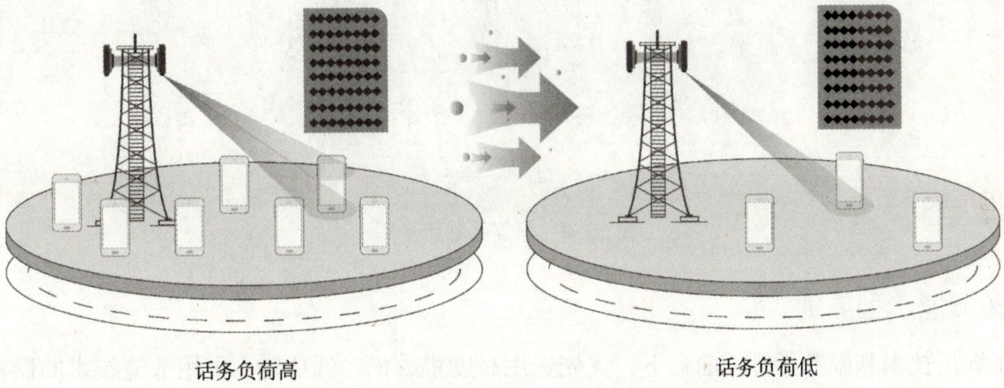

图 13–6　通道关断示意图

（3）载波关断。

当网络有多频多制式小区同覆盖时，在小区话务负荷低的情况下，可以考虑关闭其中一个或者多个载波，从而降低站点能耗。

载波关断可以分为制式内载波关断（LTE 制式内或者 NR 制式内）和制式间载波关断（4G/5G 协同载波关断）。将其中一层作为覆盖层，另一层作为容量层，在小区话务负荷低的情况下，关断容量层，保留覆盖层。载波关断示意图如图 13–7 所示。

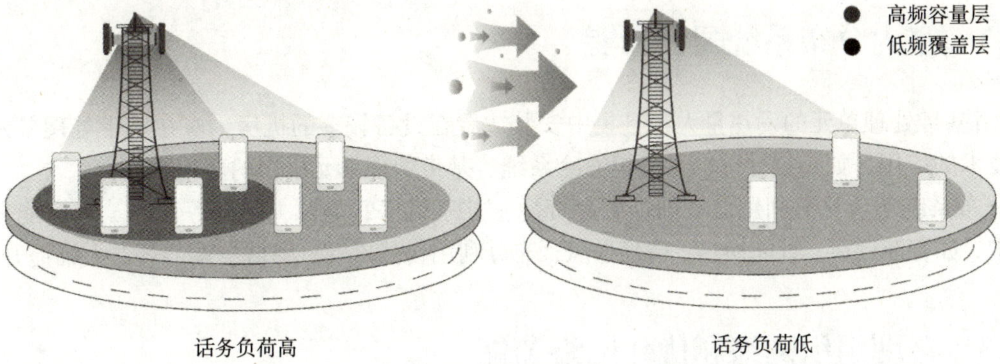

图 13–7　载波关断示意图

（4）深度休眠。

基站关闭 AAU/RRU 功率放大器等大部分射频及数字通路，仅保留 AAU/RRU 上最基本的电源模块和增强型通用公共无线电接口（enhanced Common Public Radio Interface，eCPRI）处理模块，使设备进入深度休眠状态，以达到节能最大化的目的。深度休眠功能适用于 5G 话务负荷低场景或者时段，在设备进入深度休眠前会进行相应的用户迁移以保证用户体验不受影响。在宏微协同组网的场景下，同样可以对微站进行深度休眠，尤其针对 QCell 室内覆盖场景，每个 pRRU 均可以分别独立控制，在话务负荷低时段进行 pRRU 深度休眠。深度休眠示意图如图 13–8 所示。

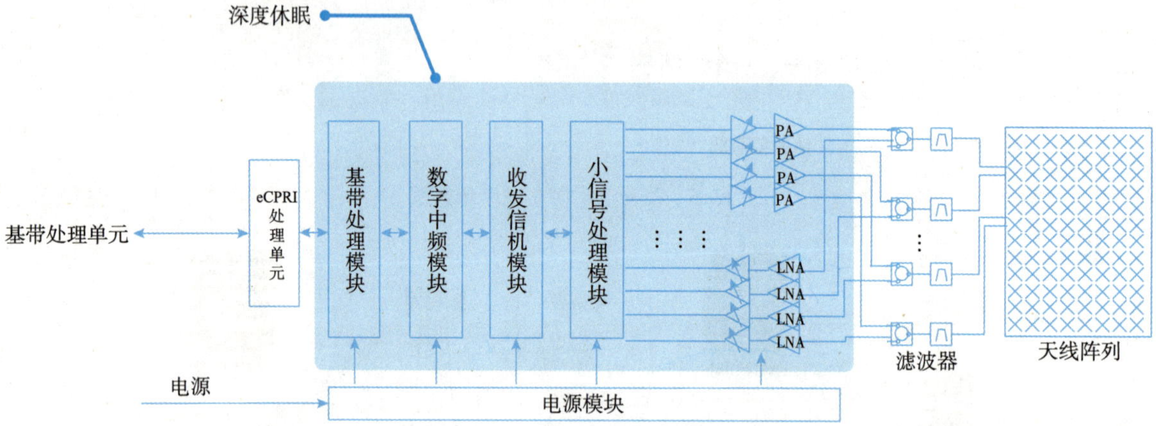

图 13–8　深度休眠示意图

3. 设备节能选型原则

（1）在满足技术和服务指标的前提下，优先选用高度集成化、低功耗、采用节能技术的设备。

（2）在基站软硬件节能中引入 AI 大数据分析，结合场景设置基站关断切换策略，实时评估节能效果，在线迭代更新节能策略，基于负荷预测实现多层多制式网络智能节能，实施“一站一策”动态优化，达成能效与性能的平衡。

（3）推广采用分布式基站（含基带处理单元集中）和室外一体化基站等新技术、新设备。

（4）5G 设备应可与 4G 设备共用基带处理单元，减少基带处理单元配置数量；建议采用同时支持 4G/5G 的 AAU/RRU 双模设备。

（5）在满足设备正常运行、维护要求的基础上，优先选用自然散热产品，减少风扇的使用。

13.2.2　室内分布系统配套节能

5G 网络基带处理单元的发热量大，且集中安装放置在设备较多的机房，应在基带处理单元机房考虑节能减排技术的应用，如基带处理单元机柜液冷系统、基带处理单元机房的新风系统等。

室内分布系统还应充分利用已有站址配套资源，共享机房、电源、空调等设施。机房配套应采用节能减排技术，如智能通风、智能换热、精确送风，充分利用自然冷源，降低空调能耗，大幅提升站点效率。

13.2.3　合理组织网络和优化网络节能

合理组织网络和优化网络，积极采用各种节能技术，具体包括以下几个方面：

（1）顺应通信技术演进趋势，使用 IP 技术架构网络；

（2）优化网络设计，简化网络结构，提高网络利用率，避免设备闲置；

（3）制定无线网络方案时，在满足覆盖指标和质量要求的前提下，尽量减小基站覆盖的重叠区域，并合理采用各种覆盖增强技术，以节省基站站址及设备资源；

（4）基带处理单元集中设置，实现机房集中化，同时推进基站极简建设模式，节省传输及基站机房资源；

（5）4G/5G 网络协同优化，使全网的能耗与网络性能达到最优化，实现多制式无线网络设备的智能能耗管理；

（6）构建网络智能节能技术体系，从设备级、站点级、网络级多个层面开展技术创新，多维度推动无线网络向绿色、高效、智能化发展。

本章小结

本章通过分析室内分布系统工程建设的全过程管理，对工程项目的全生命周期的各环节进行把控。

基本建设程序是对基本建设项目从酝酿、规划到建成投产所经历的整个过程中的各项工作开展的先后顺序的规定。基本建设程序划分为若干个进展阶段和工作环节，它们之间的先后次序和相互关系有着严格的先后顺序。

通过对立项阶段、实施阶段、竣工投产阶段管理的细化，严格把控工程质量，确保 5G 室内分布系统工程的顺利实施。

实现碳达峰碳中和，是贯彻新发展理念、构建新发展格局、推动高质量发展的内在要求，是党中央统筹国内国际两个大局作出的重大战略决策。

5G 室内分布系统的节能管理主要从设备选型节能、室内分布系统配套节能、合理组织网络和优化网络节能等方面进行考虑。

课后习题

一、单选题

1. 按规定，建设单位应当在通信建设工程开工（　　）个工作日前办理通信建设工程质量监督申报手续。

A. 3　　B. 4　　C. 5　　D. 7

2. 5G 网络能耗主要是基站能耗，而基站能耗主要为（　　）能耗。

A. 主设备　　B. 传输设备　　C. 馈线传输　　D. 电源转换

二、多选题

1. 根据规定，施工单位提交正式的竣工资料需要包含（　　）。

A. 竣工文本　　B. 材料平衡表　　C. 设计方案　　D. 工余料退缴料清单

2. 5G主设备还可以通过不同的软件配置，实现其节能目的。比较关键的几项节能技术是（　　）。

A. 符号（时隙）关断　　B. 通道关断　　C. 载波关断　　D. 深度休眠

3. 建设单位办理通信建设工程质量监督申报手续，应当通过质量监督管理平台提交“通信建设工程质量监督申报表”和以下文件材料：(　　)。

A. 项目立项批准文件

B. 施工图设计审查批准文件

C. 工程勘察、设计、施工、监理等单位的资质等级证书

D. 其他相关文件

三、填空题

1. 基本建设程序划分为若干个__________和工作环节，它们之间有着严格的先后顺序。

2. 提高主设备的能效，需要从__________、__________等方面考虑。

四、简答题

1. 请用图或文字的方式说明典型的室内分布方案评审流程。

2. 请说明通信工程验收的终验条件。

3. 目前5G能耗大已经影响到5G的推广，请结合本教材，查阅资料，说明现在比较有效的5G节能减排措施。

参考文献

[1] 吴为. 无线室内分布系统实战必读 [M]. 北京：机械工业出版社，2012.

[2] 高泽华，等. 室内分布系统规划与设计 [M]. 北京：人民邮电出版社，2013.

[3] 广州杰赛通信规划设计院. 室内分布系统规划设计手册 [M]. 北京：人民邮电出版社，2016.

[4] 汪丁鼎，等. 5G 无线网络技术与规划设计 [M]. 北京：人民邮电出版社，2019.

[5] 张建国，等. 5G NR 物理层规划与设计 [M] . 北京：人民邮电出版社，2020.

[6] 李江，等. 5G 网络建设实践与模式创新 [M]. 北京：人民邮电出版社，2021.

[7] 周亮，金明阳，万俊青，等 . 基于广角漏缆的 5G 室内低成本覆盖分析 [J]. 移动通信，2022（2）.

[8] 陶昕，万俊青，李益锋，等 . 基于射线追踪传播模型实现 5G 室内分布系统仿真的研究 [J]. 电信科学，2022（2）.

[9] 徐辉，万俊青，于江涛，等 . 5G 频段材质穿透损耗模型及其应用研究 [J]. 电信工程技术与标准化，2022（8）.

[10] 贾帆，徐羲晟，李益锋，等 . 白盒化基站设备在 5G 网络室内覆盖的研究 [J]. 信息通信技术，2022（4）.

[11] 李益锋，金超，陶昕. 地铁民用通信的 5G 覆盖解决网络研究 [J]. 电子技术应用，2020（8）.

[12] 邬贺铨. 5G 时代的网络安全挑战与服务 [J]. 中国信息安全，2020（10）.

附录

缩略语

1G	The 1st Generation Mobile Communication System	第一代移动通信系统
5G	The 5th Generation Mobile Communication System	第五代移动通信系统
ACLR	Adjacent Channel Leakage Ratio	邻道泄漏比
ACR	Attenuation to Crosstalk Ratio	衰减串扰比
ACS	Adjacent Channel Selectivity	邻道选择性
AI	Artificial Intelligence	人工智能
AMF	Access and Mobility Management Function	接入和移动性管理功能
AMPS	Advanced Mobile Phone System	高级移动电话系统
ANR	Automatic Neighbor Relation	自动邻区关系
AR	Augmented Reality	增强现实
ATS	Automatic Transfer Switch	自动转换开关
BBU	Base Band Unit	基带单元
BDS	BeiDou Navigation Satellite System	北斗卫星导航系统
BLER	Block Error Rate	误块率
BSC	Base Station Controller	基站控制器
BSS	Base Station Subsystem	基站子系统
BTS	Base Transceiver Station	基站收发信机
CA	Carrier Aggregation	载波聚合
CCSA	China Communications Standards Association	中国通信标准化协会
CDMA	Code Division Multiple Access	码分多址
CP	Cyclic Prefix	循环前缀
CPRI	Common Public Radio Interface	通用公共无线电接口
CQT	Call Quality Test	呼叫质量测试
CU	Centralized Unit	集中式单元
CW	Continuous Wave	连续波
DAS	Distributed Antenna System	分布式天线系统
DC	Direct Current	直流
DCDU	Direct Current Distribution Unit	直流配电单元
DCU	Distributed Control Unit	分布式控制单元
DL	Downlink	下行
D2D	Device to Device	设备直连通信
DL-RS	Downlink Reference Signal	下行参考信号
DU	Distributed Unit	分布式单元
eCPRI	enhanced Common Public Radio Interface	增强型通用公共无线电接口

续表

EDGE	Enhanced Data Rate for GSM Evolution	增强型数据速率 GSM 演进技术
eMBB	enhanced Mobile Broadband	增强移动宽带
eMTC	enhanced Machine-Type Communications	增强型机器类通信
E-PDCCH	Enhanced Physical Downlink Control Channel	增强物理下行控制信道
EU	Extend Unit	扩展单元
FDD	Frequency Division Duplexing	频分双工
FDMA	Frequency Division Multiple Access	频分多址
GERAN	GSM EDGE Radio Access Network	GSM EDGE 无线接入网
GGSN	Gateway GPRS Support Node	网关 GPRS 支持节点
GMSC	Gateway Mobile Switching Center	网关移动交换中心
GNSS	Global Navigation Satellite System	全球导航卫星系统
GPRS	General Packet Radio Service	通用分组无线业务
GPS	Global Positioning System	全球定位系统
GSM	Global System for Mobile Communications	全球移动通信系统
HN	Heterogeneous Network	异构网络
IEC	International Electrotechnical Commission	国际电工委员会
IMT-2000	International Mobile Telecommunications-2000	国际移动通信 -2000
IoT	Internet of Things	物联网
IP RAN	IP Radio Access Network	IP 无线接入网
ITU	International Telecommunication Union	国际电信联盟
ITU-R	ITU-Radiocommunication Sector	ITU 无线电通信部门
LA	Location Area	位置区
LNA	Low Noise Amplifier	低噪声放大器
LOS	Line of Sight	视距
LTE	Long Term Evolution	长期演进
Massive MIMO	Massive Multiple-Input Multiple-Output	大规模多输入多输出
MAC	Medium Access Control	媒体接入控制
MEC	Multi-access Edge Computing	多接入边缘计算
MIMO	Multiple-Input Multiple-Output	多输入多输出
MME	Mobility Management Entity	移动性管理实体
mMTC	massive Machine-Type Communications	海量机器类通信
MR	Measurement Report	测量报告
MS	Mobile Station	移动台
MSC	Mobile Switching Center	移动交换中心
NLOS	Non-Line of Sight	非视距
NR	New Radio	新空口
NSS	Network Switching Subsystem	网络交换子系统
OBSAI	Open Base Station Architecture Initiative	开放式基站架构协议
OFDM	Orthogonal Frequency Division Multiplexing	正交频分复用
OFDMA	Orthogonal Frequency Division Multiple Access	正交频分多址
PBCH	Physical Broadcast Channel	物理广播信道
PCFICH	Physical Control Format Indicator Channel	物理控制格式指示信道
PCH	Paging Channel	寻呼信道

续表

PCI	Physical Cell Identifier	物理小区标识
PLMN	Public Lands Mobile Network	公众陆地移动通信网络
PIM	Passive Intermodulation	无源互调
POE	Power Over Ethernet	以太网供电
POI	Point Of Interface	多系统合路平台
PRB	Physical Resource Block	物理资源块
pRRU	pico Remote Radio Unit	微微射频拉远单元
PSNEXT	Power Sum Near-End Crosstalk	功率和近端串扰
PSS	Primary Synchronization Signal	主同步信号
PSTN	Public Switched Telephone Network	公共交换电话网
PTN	Packet Transport Network	分组传送网
QAM	Quadrature Amplitude Modulation	正交调幅
QoS	Quality of Service	服务质量
QPSK	Quadrature Phase Shift Keying	正交相移键控
RA	Routing Area	路由区
RB	Resource Block	资源块
RNC	Radio Network Controller	无线网络控制器
RNS	Radio Network Subsystem	无线网络子系统
RRC	Radio Resource Control	无线资源控制
RRU	Remote Radio Unit	射频拉远单元
RS	Reference Signal	参考信号
RSRP	Reference Signal Received Power	参考信号接收功率
RU	Remote Unit	远端单元
SAE	System Architecture Evolution	系统架构演进
SBA	Service-based Architecture	服务化架构
SC-FDMA	Single Carrier Frequency Division Multiple Access	单载波频分多址
SDN	Software Defined Network	软件定义网络
SGSN	Serving GPRS Support Node	服务 GPRS 支持节点
S-GW	Serving GateWay	服务网关
SINR	Signal to Interference and Noise Ratio	信号干扰噪声比
SMF	Session Management Function	会话管理功能
SOC	System on Chip	片上系统
SS	Synchronization Signal	同步信号
SSCH	Secondary Synchronization Channel	辅助同步信道
SSS	Secondary Synchronization Signal	辅同步信号
STP	Shielded Twisted Pair	屏蔽双绞线
TA	Tracking Area	跟踪区
TACS	Total Access Communication System	全接入通信系统
TDD	Time Division Duplexing	时分双工
TDMA	Time Division Multiple Access	时分多址
TD-SCDMA	Time Division-Synchronous Code Division Multiple Access	时分同步码分多址
TE	Transverse Electric Mode	横电模式
TEM	Transverse Electromagnetic Mode	横向电磁模式

续表

TM	Transverse Magnetic Mode	横磁模式
TIA	Telecommunications Industry Association	电信工业协会
UDM	Unified Data Management	统一数据管理
UE	User Equipment	用户设备
UL-RS	Uplink Reference Signal	上行参考信号
UPF	User Plane Function	用户平面功能
UTRAN	UMTS Terrestrial Radio Access Network	UMTS 陆地无线接入网
UTP	Unshielded Twisted Pair	非屏蔽双绞线
uRLLC	ultra-Reliable and Low Latency Communications	超高可靠低时延通信
VLR	Visitor Location Register	访问位置寄存器
VoLTE	Voice over LTE	LTE 语音
VR	Virtual Reality	虚拟现实
WCDMA	Wideband Code Division Multiple Access	宽带码分多址